民航空管安全亚健康研究

岳仁田 著

应 急 管 理 出 版 社

·北 京·

图书在版编目（CIP）数据

民航空管安全亚健康研究 / 岳仁田著 . -- 北京：应急
管理出版社，2023

ISBN 978 - 7 - 5020 - 9918 - 3

Ⅰ.①民… Ⅱ.①岳… Ⅲ.①民用航空—空中交通管
制—航空安全—安全管理—研究 Ⅳ.①V355.1

中国国家版本馆 CIP 数据核字（2023）第 079592 号

民航空管安全亚健康研究

著　者	岳仁田	
责任编辑	孟　楠	
编　辑	王　晨	
责任校对	李新荣	
封面设计	罗针盘	

出版发行　应急管理出版社（北京市朝阳区芍药居 35 号　100029）
电　话　010 - 84657898（总编室）　010 - 84657880（读者服务部）
网　址　www. cciph. com. cn
印　刷　北京虎彩文化传播有限公司
经　销　全国新华书店

开　本　880mm×1230mm$^1/_{32}$　**印张**　11　**字数**　281 千字
版　次　2023 年 8 月第 1 版　2023 年 8 月第 1 次印刷
社内编号　20221422　　　　**定价**　39.00 元

序

自然物质最基本的状态是三态，固态、液态与气态；人的精神有三态，乐观、悲观与达观；哲学有唯物、唯心与辩证；世界有阴、阳与混沌。视乎三态是世界、事物、人与社会的普遍规律。

本书的作者推崇用荷兰艺术家埃舍尔的作品《天与水》作为封面，可谓立意深远，令人兴趣盎然。《天与水》涉及了图形的镶嵌和渐变，鸟和鱼在天与水之间的渐变，让人自然而然联想到阴阳平衡以及黑白之间存在灰（混沌）、健康和疾病之间存在亚健康，而作者是一位长期从事空中交通安全管理的学者，专注于安全的第三态研究，即除了事故的"发生与不发生"、"安全与危险"、风险"可接受与不可接受"、安全监管"许可与不许可"、安全审核"通过与不通过"等"正与反"两态外，安全还存在的第三种状态——系统的亚健康状态，如事故的潜在状态、风险的 ALARP 状态、危险源的耦合状态、风险源的叠加状态、安全技术的失控状态、安全管理的失效状态、人的安全行为失能状态、企业的非本质安全状态等。由此，安全科学领域的"纳泰克事件"（Natech）、"索泰克事件"（Sotech）、灰犀牛风险、黑天鹅风险的概念前沿显现，预防为主、防患于未然、系统本质安全的理念得以确立，超前防范、关口前移、标本兼治、安全治理向事前转型、分类分级科学精准防控的策略确立了明确要求。

安全是民航的生命线，空管安全又是民航安全的重要组成部分，而空管系统是个开放复杂系统，多因素强耦合下时常处于亚健康运行状态。作者依托国家自然科学基金课题"亚健康理论方法在空管运行安全管理中的应用研究"（U1533112）和中央高校基本科研业务费重点项目"基于耦合-脆弱性的空域运行亚安全分析识别与调控"（3122022103），结合智慧民航发展战略，锚定民航空管安全需求，深耕民航空管安全亚健康研究，产出了丰富的研究成果，该书可以说是这些研究成果的一次集中呈现。

本书从宏观视角，具有以下特点：

一是以重大需求为引导，进行前沿性的系统探索。聚焦保障我国空管系统持续安全高效运行的重大现实需求，紧密结合我国国家空管系统建设的国家战略需求，探索适用于未来空管一体化运行的安全基础理论，具有超前的创新性探索。

二是综合多学科原理与理论，进行交叉性、复合性科学研究。综合运用事故致因理论、复杂系统理论、复杂网络理论、脆弱性理论和博弈论等多种理论，结合人工智能、机器学习、大数据等新技术新概念，涉及交通运输、安全工程、信息技术、控制工程等多个学科领域，具有交叉研究特色。

三是科学的系统思想，进行战略性的综合分析研究。按照"发现问题—分析问题—解决问题"的思路顺序推进,形成完整研究链条,全面系统,各种分析结果作为各种调控方法研究的重要依据,具有理论分析和调控方法相结合的特色。

本书从微观视角,具有以下特色:

一是形成了空管安全亚健康"建模分析—评估预测—仿真调控"管理理论体系。针对强耦合性构建递阶层次结构模型和有向加权网络模型分析网络统计特性、耦合交互作用及传导过程,实现基于支持向量机、随机森林和神经网络等方法的预测,识别关键致因提出断链控制策略。

二是提出了基于网络的航空事故致因分析研究新范式。分别基于复杂网络理论、扎根理论-贝叶斯网络和反向模糊 Petri 网等进行事故致因分析,新方法具有不依赖专家经验和定量分析的优点。

三是提出了定性与定量相结合的空管亚安全诊断识别方法;提出了航空运输系统风险因素分析方法;提出了着陆阶段航空器航迹检测与风险识别方法。

本书理论联系实际,深入浅出,将亚健康理论方法应用于民航空管安全研究,初步揭示了民航空管安全亚健康发生、发展演化及调控的基本规律,进一步丰富了空管安全基础理论,为深层认知民航空管运行薄弱环节,科学防控事故,持续提高空管运行安全水平提供了理论支撑和方法指导。

本书立意新颖、理论系统、方法科学,为民航空管安全提供了一种实践、实效的技术方案和路径，值得民航安全同仁，甚或工业安全、公共安全领域的同行参考、借鉴。

2023 年 1 月

前　言

由于运行环境复杂多变、航空器之间复杂交互、航空运输高度安全敏感，空中交通管理系统（简称空管系统）是一个对安全性要求极高的运行系统。虽然迄今为止我国民航空管系统安全水平世界领先，但事实上存在的严重超负荷运行蕴含了巨大的安全风险。如何诊断这种尚未发生的安全问题，如何持续保证民航空管系统的健康运行，急需进行研究。而更为复杂的人体健康状态的研究，则为民航空管安全管理理论的突破提供了重要启示。

世界卫生组织（WHO）对健康的定义是一种身体上、精神上和社会上的完满状态，而不只是没有疾病和虚弱现象。全球性调查结果表明，真正健康的人（第一状态）占5%，经医生检查、诊断有病的人（第二状态）占20%，75%的人处于健康和患病之间的过渡状态，WHO称其为第三状态，国内常称之为亚健康状态。亚健康（sub-health）概念的提出，使得医学界开始关注患病风险和提前预防，是21世纪国际医学界的重要突破。研究表明，采取有效的控制措施可以显著提高人的健康水平，而忽视则会导致进一步的恶化。空管不安全事件的时有发生，警示民航空管系统已经处于某种不稳定的状态，准确把握并控制其发展，无疑对保证飞行安全具有重大意义。

亚健康理论方法应用到民航空管安全管理中的重要意义体现在：

（1）空管安全是民航发展的永恒主题，亚健康研究将事故防控关口前移，未雨绸缪，有助于消除事故隐患。没有事故并不代表整个系统处于安全的状态，一次事故的发生看似具有突发性和偶然性，但大多与事故征候相关联，大多是隐患相互耦合作用的结果。事实上，民航空管系统中潜伏着能导致系统处于亚健康状态的各种隐患，隐患堆积时会引发事故征候甚至事故（相当于发生疾病）。因此，研究民航空管亚健康理论方法，及时找出并控制隐患就成为民航空管安全管理的关键。

（2）亚健康理论已经成功应用于人体疾病的预防治疗，但尚未应用于空管领域，通过学习借鉴，可推动学科交叉融合。针对亚健康的概念、特性、评价、诊断、调理治疗及在线评测平台等多个方面，国内外均有相关论述和研究，其相关理论与方法若成功借鉴应用到空管，可进一步推动交通运输学、安全学、医学、管理学等学科的交叉融合。

（3）开拓扩大民航空管安全管理的思路，有利于创新、丰富空管安全管理理论方法。既有的许多空管安全管理的定性研究侧重在宏观上指导安全管理，但操作性差，而定量研究得出的结果不少与实际出入很大或不能很好地使用，缺少既能定性分析又能定量研究的理论和方法。而亚健康理论方法能兼顾定性和定量研究，做到理论与实践紧密结合。

　　本书针对民航空管系统存在诸多隐患而时常处于亚健康状态这一事实，分析航空事故致因，探索民航空管安全亚健康概念、影响因素、聚类分析及划分、识别与诊断、评估、仿真干预及应急管理的理论方法，揭示民航空管安全亚健康发生、发展及演化的规律，实现民航空管安全管理关口的前移，完成民航空管安全管理理论上的一个创新。

　　本书在编写过程中，得到了徐肖豪、杨新湦、赵嶷飞、杜红兵、白福利、石庆研、李君尉、韩蒙、韩亚雄、韩娜、张知波、贾天琪、焦阳、高静、刘敬轩等的大力支持，得到了侯博文、杨果果在图表绘制和校对方面的帮助，在此，谨表诚挚谢意。

　　恩师罗云教授在百忙之中抽出时间审阅文稿，提出宝贵意见，并作序以示鼓励，在此，致以衷心的感谢！

　　鉴于作者学识和水平所限，加之时间仓促，书中存在的错误和遗漏恳请读者批评指正。

作　者

2023 年 1 月

目　次

1　亚健康与事故致因理论 ················ 1

　1.1　亚健康概念 ···················· 1

　1.2　民航空管安全需求 ················ 3

　1.3　航空事故致因理论 ················ 5

2　基于网络理论的航空事故致因分析 ········ 11

　2.1　基于复杂网络理论的航空事故致因分析········ 11

　2.2　基于反向模糊 Petri 网的航空事故致因分析 ···· 34

　2.3　基于多因素耦合的航空运输系统脆弱性分析········ 46

3　民航空管安全亚健康影响因素分析 ········ 77

　3.1　基于 ISM 的空管运行亚健康影响因素分析 ······· 77

　3.2　管制员个体因素对空管运行亚健康影响的结构方程模型研究 ················ 90

　3.3　航空公司安全风险因素分析的 DEMATEL-ISM 模型研究 ···················· 102

4　民航空管安全亚健康态聚类分析及划分 ········ 113

　4.1　管制运行亚健康状态的 Ward 系统聚类及分析······ 113

　4.2　基于熵权-FCM 的区域管制席亚健康状态划分方法 ···················· 123

　4.3　基于练习数据的管制席健康状态聚类分析及预测 ···················· 131

5 民航空管安全亚健康态识别与诊断 ⋯⋯⋯⋯ 141

5.1 基于灰色聚类的管制扇区运行健康识别方法 ⋯⋯ 141

5.2 基于 Kmeans-AdaBoost 的管制扇区运行亚健康
识别方法 ⋯⋯⋯⋯⋯⋯⋯⋯ 154

5.3 基于模糊软集合的管制扇区运行亚健康预测
方法 ⋯⋯⋯⋯⋯⋯⋯⋯ 164

5.4 基于四诊法的管制席安全运行状态诊断 ⋯⋯⋯ 176

5.5 脆弱性多因素耦合作用下空管亚安全态识别 ⋯⋯ 189

6 民航空管安全亚健康态评估 ⋯⋯⋯⋯⋯⋯ 206

6.1 基于灰色层次分析法的空管运行亚健康评价
研究 ⋯⋯⋯⋯⋯⋯⋯⋯ 206

6.2 基于 PSR 和未确知测度的空管运行系统风险
评估 ⋯⋯⋯⋯⋯⋯⋯⋯ 212

6.3 基于 DEMATEL-Choquet 积分的航班运行风险
评价 ⋯⋯⋯⋯⋯⋯⋯⋯ 222

6.4 着陆阶段航空器航迹检测与风险识别方法 ⋯⋯ 233

7 民航空管亚健康态仿真干预 ⋯⋯⋯⋯⋯⋯ 245

7.1 空管系统运行亚健康状态的系统动力学
仿真 ⋯⋯⋯⋯⋯⋯⋯⋯ 245

7.2 基于 BP 神经网络的扇区空管运行亚健康
关联因子预测 ⋯⋯⋯⋯⋯⋯⋯⋯ 256

7.3 反脆弱视角下空管运行亚安全态调控策略
研究 ⋯⋯⋯⋯⋯⋯⋯⋯ 272

7.4 民用多旋翼无人机运行风险控制网络模型 ⋯⋯ 291

8 民航安全应急管理 ⋯⋯⋯⋯⋯⋯⋯⋯ 304

8.1　改进 STAMP 应急响应系统设计与情报体系
　　　构建 …………………………………………… 304
8.2　民用机场应急管理能力评价方法研究 …………… 319
8.3　航空安全风险管理模式探讨 ………………………… 329

参考文献……………………………………………………… 333

1　亚健康与事故致因理论

　　作为复杂系统的人在特定情况下会有亚健康状态的出现，同样，作为复杂系统的民航空管系统，在特定情况下也会有亚健康状态的出现。空管系统运行中存在诸多事故隐患，当这些隐患互相叠加、耦合产生集聚效应时，可导致空管系统运行处于亚健康状态，在特定的条件下引发不安全事件或事故。空管安全是民航安全的重要组成部分，探究空管系统亚健康概念具有重要意义。

1.1　亚健康概念

　　随着社会经济的不断发展与提高，人们对"健康"一词的认识也有了重新的定义，不再认为不生病就是健康，而是不仅仅没有疾病或者衰弱现象，更指在躯体上、精神上和社会适应上的一种完好状态。由此可见，健康至少要包括健壮的体魄、健全的心理精神状态和良好的社会适应状态三个方面。世界卫生组织将机体无器质性病变，但是有一些功能改变的状态称为"第三状态"，中国称为"亚健康状态"。

　　2007年中华中医药学会发布的《亚健康中医临床指南》指出：亚健康是指人体处于健康和疾病之间的一种状态。处于亚健康状态者，不能达到健康的标准，表现为一定时间内的活力降低、功能和适应能力减退的症状，但不符合现代医学有关疾病的临床或亚临床诊断标准。

　　中国历史上与亚健康相关的概念或论述有：

　　（1）治未病。"上医治未病"源自《黄帝内经》所说"上工治未病，不治已病，此之谓也"。"治"，为治理管理的意思，"治未病"即采取相应的措施，防止疾病的发生发展，其在中医中的主要思想是未病先防和既病防变。

（2）未雨绸缪。该成语出自西周·佚名《诗经·豳风·鸱鸮》，意思是天还没有下雨，先把门窗绑牢。比喻事先做好准备工作。

（3）履霜坚冰至。"履霜坚冰至"出自周文王姬昌《周易·坤》，意思是践踏着薄霜，坚厚的冰层快要冻结成了。比喻看到事物的苗头，就对它的发展有所警戒。原文：积善之家，必有馀庆；积不善之家，必有馀殃。臣弑其君，子弑其父，非一朝一夕之故，其所由来者渐矣，由辩之不早辩也。易曰："履霜坚冰至。"盖言顺也。

（4）为之于未有，治之于未乱。《道德经·第六十四章》提道："其安易持，其未兆易谋，其脆易泮，其微易散。为之于未有，治之于未乱。合抱之木，生于毫末；九层之台，起于累土；千里之行，始于足下。为者败之，执者失之。是以圣人无为故无败，无执故无失。民之从事，常于几成而败之，不慎终也。慎终如始，则无败事。是以圣人欲不欲，不贵难得之货；学不学，复众人之所过，以辅万物之自然而不敢为。"

在此，老子强调了应该遵循客观规律，防患于未然，抓住事情处于萌芽状态的有利时机去解决问题，努力做到善始善终。

（5）居安思危。春秋·左丘明《左传·襄公十一年》："《书》曰：'居安思危'，思则有备，有备无患。"居安思危指处于安全的环境，要想到可能出现的危难。

（6）最善为医。《鹖冠子》中提道：魏文王问扁鹊："子昆弟三人其孰最善为医？"扁鹊曰："长兄最善，中兄次之，扁鹊最为下。"魏文王曰："可得闻邪？"扁鹊曰："长兄于病视神，未有形而除之，故名不出于家。中兄治病，其在毫毛，故名不出于闾。若扁鹊者，镵血脉，投毒药，副肌肤，闲而名出闻于诸侯。"

扁鹊十分重视疾病的预防，从蔡桓公这个案例来看，他之所以多次劝说及早治疗，就寓有防病于未然的思想。他认为对疾病需要预先采取措施，把疾病消灭在萌芽里，这样可以达到事半功倍的效果。他曾颇有感触地指出：客观存在的疾病种类很多，但医生却苦于治疗疾病的方法太少。

（7）千里之堤毁于蚁穴。《韩非子·喻老》："千丈之堤，以蝼蚁之穴溃；百尺之室，以突隙之炽焚。"千里之堤，毁于蚁穴，意思是一个小小的蚂蚁洞，可以使千里长堤毁于一旦。比喻小事不注意会造成大乱子。

（8）远见未萌避危无形。司马相如《上书谏猎》中提道："盖明者远见于未萌而智者避危于无形，祸固多藏于隐微而发于人之所忽者也。"

（9）防微杜渐。"防微杜渐"出自《后汉书·丁鸿传》"若敕政责躬，杜渐防萌，则凶妖销灭，害除福凑矣"，指在错误或坏事刚露出苗头的时候就加以制止，不使其发展。

亚健康态是系统运行处于安全和危险之间的一种状态，该状态下虽然没有事故发生，但是相较于安全态，其抗干扰能力与应对突发事件的能力已明显不足，运行风险大大增加，如果不能引起安全管理的足够重视，将会引发更多不安全事件甚至事故的发生。一次不安全事件的发生看似具有突发性和偶然性，但大多与致因相关联，往往是多个致因相互作用与叠加的结果，当致因间发生强耦合作用的时候，极易引发事故征候，甚至导致事故的发生。

可见，探索安全亚健康态发生和演化机理，实现亚健康态的分析预判和调控，将事故防控的关口前移，实现系统安全管理，守住安全底线，就成为安全管理的关键。目前，智慧安全、智慧应急、本质安全、安全脆弱性、安全领导力、党政同责已成为未来研究热点。

1.2　民航空管安全需求

未来空域系统由超低空、城市、区域、枢纽和亚轨道等 5 个运行主体组成,如图 1-1 所示,呈现出空天地一体化运行、多航空用户混合运行和多利益主体协同运行等特点。空管已从服务军事和运输航空为主,走向保障经济社会众多领域用空活动的时代,降低不同用空活动相互牵制影响,确保用空安全的压力越来越大。

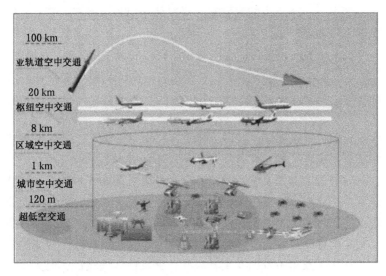

图 1-1 未来层次化空域系统运行概念示意图

空管系统属于典型的开放复杂系统,人、飞行器、空域、环境和事件等要素之间存在复杂的耦合关系。管制负荷居高不下、各类飞行器复杂交互、空域柔性使用、运行环境复杂多变和相关运行标准不一致等情况,导致跑道侵入、飞行器间小于规定间隔和航空器特情等不安全事件时有发生,军民航空管融合运行、航天发射次数屡创新高和亚轨道飞行已成商业航天发展热点等也给空管安全运行带来巨大压力,种种迹象表明空管系统时常处于亚健康运行状态,如图 1-2 所示。

空管运行具有参与交互实体多、动态性高和不确定性强等特点,针对性考虑各类空域用户及各种运行模式的具体特点,分析

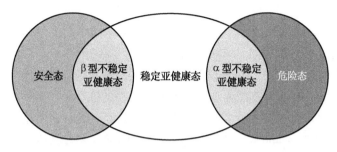

图 1-2　亚健康态示意图

验证空管亚健康运行致因复杂强耦合性,分析确定空管亚健康运行稳定态和不稳定态及其边界,探究适用的调控方法,提高风险防范化解能力,保证空管系统持续安全运行,成为急需和前瞻的研究内容。

复杂网络、脆弱性和复杂系统等理论已初步应用于航空运输和空管安全运行领域。通过复杂网络与脆弱性相结合分析航空运输系统的脆弱性,通过亚健康理论在空管运行安全管理中的应用研究,探索发现空管运行中各种亚健康态,从本质上识别空管运行的薄弱环节,未雨绸缪及时从源头上控制隐患,持续提高空管运行安全水平,具有重要的理论意义和应用价值。

1.3　航空事故致因理论

1.3.1　航空事故致因研究现状

航空事故致因研究旨在分析航空事故的致因及演化路径,为制定航空事故预防与控制策略提供依据。目前航空事故致因研究大多是以航空事故调查报告为基础,进行数理统计分析、数据挖掘、事故发生预测,或者基于某种单因素下的航空事故致因分析。

根据事故调查统计分析,约 70% 的航空事故致因因素是人为因素。因此,对航空事故致因理论的研究集中于人为因素对航空安全的影响。国外对于航空事故致因的研究较早，在 1972 年 Edwards 教授提出了 SHEL 模型，Hawkins 则在 SHEL 模型上改进得到以生命件（L）为中心与硬件（H）、软件（S）、环境（E）相互作用的界面，突出了航空事故中人为因素的主要作用。1990 年 James Reason 教授考虑了导致人为失误的隐性原因，描述了由组织行为到不安全行为的发生机理，提出了 Reason 模型。2000 年 Scott A. Shappell 通过对 Reason 模型的详细化与具体化，提出了 HFACS 模型。同时，根据保证航空运输安全高效运行的专业技术岗位的不同，在航空安全人为因素的研究，也有针对不同专业技术人员的人为因素研究理论及模型，例如：欧洲空管委员会为了研究管制员人为因素所提出的 JANUS 模型；波音公司针对机务维修差错所导致的不安全事件，提出了 MEDA 模型。

除了关于航空事故模型的研究之外，2015 年 Ancel Ersin 等基于概率模型建立航空事故的贝叶斯网络，定量推断出致因因素的状态变化以及事故形态。2018 年 Evgeniy Kuklev 等基于模糊集方法探讨导致不同类型航空事故的致因因素及途径。2020 年 Dae HoKim 从系统安全角度运用 STAMP、HFACS 和 FRAM 模型对航空事故案例进行系统分析，预测航空事故未来研究趋势。

国内针对航空事故致因的相关研究较晚，集中于航空事故预测、影响因素分析与评价、文本挖掘等方面。

1.3.2 事故致因理论及模型

事故致因理论是对事故致因分析的理论基础，起源于 1919 年资本主义工业化进程中，M. Green 和 H. H. Woods 描述了行为举止异常与精神状态不佳的企业工人是事故频发倾向者，并归纳为事故频发倾向理论。之后事故致因理论发展主要分为 3 个阶段，20 世纪初的事故因果连锁理论，主要从人的角度研究事故致因；第二次世界大战时期的事故致因理论，开始关注于因素间的相互作用，其代表理论包括流行病学方法论与能量意外释放论，但无法表现复杂系统的非线性特性与动态特性；1960 年后，随着系统论、控制论与信息论的出现，涌现了很多新型的事故致因理论与模型，如"2-4"事故模型与STAMP模型。

1.3.2.1 "2-4"事故模型

该模型将事故发生原因分为组织内部与外部原因，其中组织内部原因又可分为组织行为与个人行为两个层面，即"2"，并分别经过根源原因、根本原因、间接原因以及直接原因四个阶段，即"4"，依次演变导致事故的发生，如图1-3所示。

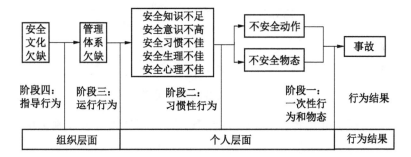

图1-3 "2-4"事故模型

由图1-3可知，"2-4"事故模型认为事故的根源原因为组织层面的安全文化缺失，引致安全管理体系欠缺，使得个人行为或物品状态无法得到约束，产生不安全动作与不安全物态，最终造成事故的发生。

1.3.2.2 STAMP模型

STAMP模型是Leveson教授提出的一个可用于复杂非线性系统安全性分析的事故模型。该模型是从系统论的角度来分析事故发生过程，识别出系统存在的不安全控制行为，对系统安全进行分析，如图1-4所示。目前，STAMP模型已广泛应用于化工生产、交通运输、施工建筑等领域的事故致因研究或系统安全分析。除此之外，STAMP模型也开始应用于应急联动系统的设计，如王起全等基于STAMP模型的原理，设计了应对地铁拥挤踩踏的应急联动系统，用于监测人流密度与紧急疏散。

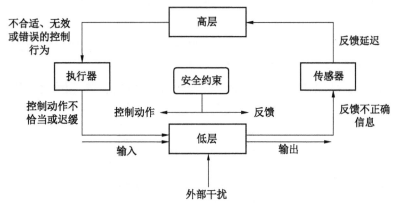

图 1-4　STAMP 模型的原理

由图 1-4 可知，STAMP 模型是以复杂系统理论中控制理论的控制与反馈思想为基础。通过高层的控制器发出控制指令，到达低层接受且执行指令，并反馈高层的控制器执行后的状态，再由高层的控制器根据反馈信息修正状态，其目的在于保证控制与反馈过程的动态平衡。当存在不合适或无效的控制反馈行为、控制反馈过程不恰当或不及时等情况，则可能导致事故的发生。因此，通过 STAMP 模型对安全系统进行分析，发现控制或反馈的缺陷，设立安全约束条件，可用于预防事故的发生。

1.3.3　航空事故致因模型

航空事故致因模型的研究集中于人为因素的研究，最开始主要是分析个体的生理和认知原因导致的人为差错，如 SHEL 模型，该模型具有 4 个界面，软件、硬件、环境以及生命件，其中以生命件为核心，研究生命件与其他要件相互作用对航空安全的影响，但事故的发生不仅仅是个体因素所引起的。之后，人为因素的研究转移至深层原因的组织因素的研究，其中以 Reason 模型为代表，提出了管理失误、技术失效等概念，并沿着事故发生机理过程方向研究，发现隐藏性的深层原因才是导致航空事故的根本原因，如图 1-5 所示。

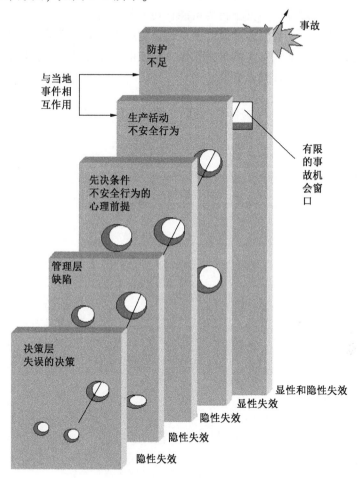

图 1-5　Reason 模型示意图

由图 1-5 可知，该模型认为促进航空事故发生的原因是存在一个被穿透的组织缺陷集，当这些组织缺陷同时出现或递次传递时，不安全事件就会发生。其中组织因素可能存在安全文化缺失、规章制度不完善等缺陷；不安全的监督可能存在监管监督失察的情况；不安全行为的前提条件包括工作程序不完善或设施设备运行失效等；不安全行为可能存在人的差错等。

随之，人为因素的研究重点过渡到组织环境、文化、决策等主要因素对事故发生的促进作用，相应的事故预防工作，应从根本原因即组织管理上开展。

2 基于网络理论的航空事故致因分析

2.1 基于复杂网络理论的航空事故致因分析

分析事故的致因因素及成因机理，有利于识别航空运输系统安全运行能力的不足，可为航空事故预防提供理论依据。航空运输系统是一个复杂系统，航空事故致因也构成了一个复杂系统，而复杂网络是一个分析复杂系统的组成及其相互联系的有效工具。基于此，选取257份航空事故调查报告，基于扎根理论与"2-4"事故致因理论，得到事故致因因素及其相互关系，用以构建航空事故致因网络，具体从度及度分布、平均路径长度、网络直径、聚类系数方面分析事故致因因素，利用网络邻接信息熵，得到各节点的综合信息熵值，按照熵值的大小进行排序，识别关键致因因素。

2.1.1 复杂网络理论

复杂网络是研究复杂系统的一种方法，由于复杂系统是由多个子系统及其相互关系所组成的，可利用复杂网络中的节点抽象描述为子系统，边描述为子系统之间的关系。通过复杂网络对复杂系统的描述，可将复杂系统可视化，了解其拓扑结构，深化对复杂系统的认识。

复杂网络理论起源于美国学者关于"小世界"网络与"无标度"网络的研究。随后学者们将复杂网络理论运用于各大领域研究，包括社交网络、金融传播网络、区块链网络以及交通运输网络。近年来，一些学者将复杂网络理论运用在安全管理领域，用于安全分析与事故预防等。

2.1.1.1 基本概念

复杂网络可以将复杂系统的组成及其相互关系，通过拓扑结构进行呈现，对研究复杂系统的结构起到重要的作用。复杂网络起源于图论，图论用于描述事物之间的关系，一个图是由节点以及描述节点之间连接关系的边组成，被研究的事物可视为节点，事物之间的关系可视为边。复杂网络则是具有大量节点与错综复杂关系的边的图，同时也与现实世界存在的各种高度复杂系统关系密切，例如生物系统、计算机系统以及交通运输系统。

一个复杂系统的组成子系统可抽象为复杂网络的节点，子系统之间的关系可抽象为复杂网络的边，设一个网络 $G=(V,E)$，其中节点总数 $N=|V|$，边的总数 $M=|E|$。同时也可采用邻接矩阵来描述节点之间的相互关系，设邻接矩阵 $A=(a_{ij})_{N \times N}$，当 $a_{ij}=1$ 时，表示节点 i 与节点 j 存在关联，当 $a_{ij}=0$ 时，表示节点 i 与节点 j 并不存在关联。除此之外，通过对网络的边添加流向指示与添加权重，用于指示节点之间不同的关联方式。按照是否具有边的方向与权重，可将网络分为 4 种类型，包括无向无权网络、有向无权网络、无向有权网络以及有向加权网络。

航空事故的发生是一系列致因因素相互影响及作用导致的结果，可将航空事故致因因素抽象成为节点，致因因素间的相互联系以及强度抽象为边与权重，由此构建航空事故致因网络。因此，可构建航空事故致因网络为有向加权网络，并设该网络 $G=(V,E,W)$，其中节点集 V，有向弧 E，W 表示有向弧的权重。

2.1.1.2 拓扑特性

每一个网络都具有自身的特性，通过对复杂网络的拓扑特性进行分析，能够刻画出该网络所描述的复杂系统的特殊性质。因此，分析复杂网络的拓扑特性是研究复杂系统结构特征以及行为特性的关键。复杂网络具有众多的拓扑特性，例如度、度分布、平均路径长度等。在此主要介绍本研究中所应用的拓扑特征。

1. 节点度

节点 v 的度 d_v 表示的是节点关联的边的情况。在有向加权网络 $G=(V,E,W)$ 中，入度 d_v^{in} 表示以其他节点为起始指向该节点的边的数目总和，出度 d_v^{out} 表示以该节点为起始指向其他节点的边的数目总和，总度为入度与出度的总和，即 $d_v=d_v^{out}+d_v^{in}$。

节点强度 sd_v 是考虑边的指向与权值的关系，反应与关联节点相互关系的强弱，包括：出强度 sd_v^{out} 表示该节点指向其他节点的边的权值之和，即 $sd_v^{out}=\sum_j w_{ij}$；入强度 sd_v^{in} 表示其他节点指向该节点的边的权值之和，即 $sd_v^{in}=\sum_j w_{ji}$；总强度 sd_v 为出强度与入强度的综合，即 $sd_v=sd_v^{out}+sd_v^{in}$。

度分布 $P(k)$ 表示随机选取一个节点 v，其度值为 k 的概率。同时 $P(k)$ 可以用网络节点度数 k 的节点数量与网络总节点数 N 的比值表示，即 $P(k)=n(k)/N$。根据网络度分布的情况，可以分为不同类型的网络，若每个节点度 k 相同，$P(k)$ 服从冲击函数分布，该网络称为规则网络；若 $P(k)$ 服从泊松分布，该网络称为随机网络；若 $P(k)$ 服从幂律分布，该网络称为无标度网络，现实中大部分网络为无标度网络，其特征符合帕累托原则。

2. 平均路径长度

平均路径长度 L，设任意两节点的距离为 l_{ij}，则 L 为所有节点对之间距离的平均值，反映了节点之间相互影响的平均快慢程度，同时也可用来判断小世界现象是否明显，计算式为

$$L=\frac{2}{N(N-1)}\sum_{i=1}^{N-1}\sum_{j=i+1}^{N}l_{ij} \tag{2-1}$$

3. 网络直径

网络直径 Diameter 为网络中任意两节点之间距离的最大值，仅在网络连通时具有意义；否则非连通网络的网络直径为无穷大，同时也可与平均路径长度结合用于判断网络是否具有小世界现象，聚类系数大、平均路径长度短的网络称为小世界网络，网

络直径计算公式为

$$Diameter = \max_{i,j}\{l_{ij}\} \tag{2-2}$$

4. 聚类系数

聚类系数 C_i 用于分析网络中节点之间链接紧密的特性。若考虑网络中度的节点 i 的 k_i 个相邻节点两两相连的边数最多时，则节点 i 相邻节点之间的边数为 $k_i(k_i-1)/2$。若考虑网络中度的节点 i 的 k_i 个相邻节点两两相连的实际边数时，则节点 i 相邻节点之间的边数为 E_i，则聚类系数 C_i 计算式为

$$C_i = \frac{E_i}{k_i(k_i-1)/2} = \frac{2E_i}{k_i(k_i-1)} \tag{2-3}$$

2.1.1.3 模型应用假设

1. 复杂网络节点及边假设

基于复杂网络理论基础，可知复杂网络是由节点集与边集组成的，节点用于描述系统的组成个体，边用于描述节点之间存在的关系。而航空事故致因分析主要是从致因因素及其作用机理两方面进行。因此，可将航空事故致因因素抽象成为复杂网络的节点，致因因素之间的相互关系抽象成为复杂网络的边，据此构建航空事故致因网络。

2. 复杂网络为有向加权网络假设

复杂网络依据节点间的指向关系，分为有向和无向网络。事故致因因素之间关系主要包括一个因素指向另一个因素、一个因素指向多个因素、多个因素指向一个因素以及两个因素互相指向4种形式，如图2-1所示。为了更真实地描述事故致因，将选择有向网络进行模型构建。由于在航空事故调查报告中，某些因素之间未能清晰描述其因果关系，或者某些因素之间并非单一的前因后果关系，而是相互作用与相互影响的关系，此时应考虑为两个因素互相指向形式。每一个事故案例均能提取对应的事件链，则在一定数量上的事故案例存在相同的致因因素及其相互关系，还应引入边权描述致因关系，并根据相同致因因素及其相互关

系出现的次数，确定边的权重值。

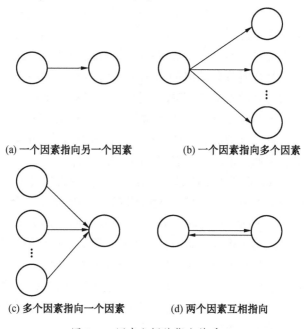

(a) 一个因素指向另一个因素　　　　(b) 一个因素指向多个因素

(c) 多个因素指向一个因素　　　　(d) 两个因素互相指向

图 2-1　因素之间的指向关系

3. 网络拓扑特征可反映事故致因性质假设

对复杂网络进行网络拓扑特征分析，可获得网络的性质、功能及结构等。基于此，可通过对航空事故致因网络的相关网络特征，分析各类致因因素及相互关系的各种性质，可分析节点度及度分布、平均路径长度、网络直径及聚类系数等网络拓扑特征。其中，节点度可表征事故致因因素受到其他因素的影响程度；平均路径长度可反映事故的发生需要经过多少致因因素；网络直径所描述的节点可发现因素之间的间接关联；聚类系数可描述致因因素及其周边因素的聚集程度。

2.1.2　致因网络构建

以航空安全网收录的航空事故调查报告或事故简介为基础，

构建航空事故致因网络。目前航空安全网收录了 1919 年至今的客机（大于 12 人）、军用运输类飞机以及喷气式飞机的不安全事件描述。考虑到 1919—2020 年期间经过多次航空技术的进步与航空安全水平的提升，某些致因因素随着时代的推移已逐渐消失，将原始资料收集的时间范围确定为 2009—2019 年。在该时间范围内的事故选取应遵循一定原则，包括：事故描述详细清晰；航空公司应为公共航空运输公司，非通用航空与军事航空；机型为常见飞机制造商生产的机型；特殊原因导致的航空事故不予考虑，例如马来西亚航空 MH370 失踪事件。

基于此，共选取 257 起由英国航空事故调查局（Air Accidents Investigation Branch，AAIB）与美国国家运输安全委员会（National Transportation Safety Board，NTSB）等事故调查局公布的公共航空运输事故调查报告，其中包含了特别重大飞行事故、重大飞行事故、一般飞行事故、飞行事故征候及地面事故征候等不同等级的不安全事件。同时结合国际民用航空组织（ICAO）、国际航空运输协会（IATA）与欧洲航空安全局（EASA）的安全统计分析报告予以辅助参考。

2.1.2.1 网络节点确定

在模型应用假设中，提到了可将航空事故致因因素抽象为网络节点，但航空事故调查报告中所描述的致因因素众多，且相同或相似的因素由于事故调查机构等的差异会造成描述方式的差别，若利用穷举法对致因因素进行全部列举，不利于后续的分析工作。因此，拟采用扎根理论的编码提取方法，用以归类并提取航空事故致因因素，作为网络节点。

扎根理论是指从原始的经验资料进行深入归纳整理，由上至下对资料不断提炼逐步形成理论框架并开展概念界定的定性分析方法，能够实现对数量庞大的致因因素的归类合并，集成相似的因素，为确定网络节点提供理论基础，其具体研究流程，如图 2-2 所示。

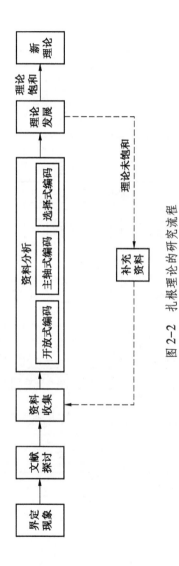

图 2-2 扎根理论的研究流程

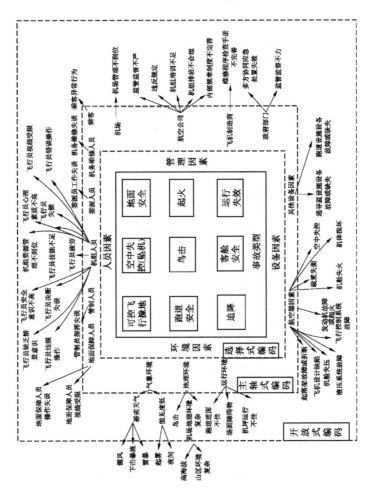

图 2-3　航空事故致因因素的概念模型

　　由图 2-2 可知，利用扎根理论实现提取航空事故致因因素工作的核心是资料分析步骤，该步骤包括了 3 个环节，开放式编码、主轴式编码与选择式编码。其中，开放式编码是针对原始资料进行概念化分析，对资料内容进行提炼而形成概念。主轴式编码是在开放式编码的基础上，分析各个概念及其相互关系，进一步对概念进行比较与归纳总结，往更高层次方向整合，确定概念的研究范畴。选择式编码是在主轴式编码的基础上，根据所确定的研究范畴之间的关系，提炼出一个核心类属。

　　结合上一节的数据采集，重点选取航空事故调查报告所记录的促成原因、事故造成后果以及安全建议等，作为该研究问题的原始资料，基于扎根理论的研究流程，实现致因因素的提取。

　　基于所选取的 257 起航空事故，运用扎根理论的研究流程，得到航空事故致因因素的概念模型，如图 2-3 所示。

　　由图 2-3 可知，采用开放式编码所得到的 45 个致因因素作为航空事故致因网络的节点，其中各个致因因素的节点编号及节点相关描述见表 2-1。

表 2-1　航空事故致因因素节点编号及描述

编号	致因因素	编号	致因因素
P1	飞行员技能不足	P11	飞行员决断失误
P2	飞行员违规操作	P12	地面保障人员操作失误
P3	飞行员错误操作	P13	地面保障人员视线受限
P4	飞行员疲劳	P14	管制员指挥失误
P5	飞行员缺乏情景意识	P15	机务维修失误
P6	飞行员视线受限	P16	签派员工作失误
P7	飞行员安全意识不高	P17	乘客异常行为
P8	飞行员心理素质不高	A1	起落架故障或折断
P9	机组资源管理不到位	A2	液压系统故障
P10	飞行员失能	A3	发动机故障或起火

表2-1 (续)

编号	致因因素	编号	致因因素
A4	飞行控制系统故障	E5	鸟击
A5	机舱失火	E6	机场地理环境复杂
A6	机舱失压	E7	场面障碍物
A7	机体损伤	M1	机组培训不足
A8	空中失控	M2	机组排班不合理
A9	载重失衡	M3	航空公司内部规章制度不完善
A10	飞机设计缺陷	M4	航空公司监管监督不严
A11	通导监设施设备故障或缺失	M5	航空公司违反规定
A12	跑道设施设备故障或缺失	M6	机场管理不到位
E1	能见度低	M7	飞机制造商维修程序检查手册不完善
E2	恶劣天气	M8	政府部门监管监督不力
E3	跑道道面不佳	M9	多方协同应急处置失效
E4	机坪运行不佳		

由图2-3可知,得到9个事故类型,事故类型的确定参考了CAST/ICAO通用分类标准,值得注意的是一起事故可能涉及多种事故类型,在这种情况下,则以导致人员伤亡以及财产损失最直接关联的事故类型为判定标准,其中各个事故类型及相关描述见表2-2。

表2-2 航空事故类型及描述

节点编号	事故类型	描述
Z1	可控飞行撞地	飞机处于可控状态,但由于飞行员操作失误等原因,使飞机撞上地面、障碍物、水面坠毁
Z2	空中失控 (坠机)	飞机发生气动失速或进入复杂状态,使飞行员无法操作,导致飞机失控/失速导致坠机
Z3	跑道不安全事件	重着陆、跑道入侵、冲偏出跑道、跑道外接地、机尾擦地

表2-2（续）

节点编号	事故类型	描　述
Z4	地面不安全事件	两架飞机地面碰撞、飞机与场面障碍物相撞
Z5	鸟击	发动机吸入鸟类、鸟类撞击机体
Z6	起火	飞机起火/冒烟——非事故撞击引起或事故撞击引起
Z7	迫降	飞机故障或损坏以及其他紧急情况所要求需要迫降
Z8	客舱不安全事件	乘客、机组异常行为
Z9	运行失效	航空器系统/部件失控——主要为起落架与发动机、危险接近/空中相撞

2.1.2.2　网络边确定

根据模型应用假设可知，将事故致因因素之间的关系抽象为网络的边，以及航空事故致因网络应为有向加权网络。因此，如何确定事故致因因素之间的关系以确定网络边，是构建网络的重点。航空事故调查报告详细列明了事故发生的经过，但是存在致因因素之间指向不清的问题。为此，可考虑引入事故致因理论用于辅助确定致因因素的指向关系。考虑到系统事故模型中"2-4"模型的发生路径描述为系统网状，分析因素和对象涵盖全面，较适用于后面的事故致因网络构建。因此采用"2-4"模型作为事故致因因素之间关系分析的理论基础。

以"2-4"模型为逻辑框架，以航空事故调查报告所记录的事故发生经过为事实基础，每一个航空事故可得到一条由致因因素构成的事件链，根据所确定的致因因素，将各致因因素视为独立的节点，同时在分析事故致因时，可发现某些因素之间不完全构成因果关系，包括促进、相互作用等关系。因此，将致因因素之间的因果关系或促进关系等视为有向边，相同因素之间共发生的次数作为边的权重，下面以两个航空事故调查报告的事件链提取为例。

1. 事例一

2010 年 1 月 25 日，UTC 00：41：30，埃塞俄比亚航空公司 ET409 航班，B737-800，坠入地中海贝鲁特-拉菲克西南地区。航班 ILF 起飞，地区有雷暴、低云。管制发出右转航向，飞机出现颠簸，后飞机经过两次可恢复的失速状态。其间，由于机组排班不好导致飞行员疲劳驾驶，情景意识丧失，加上恶劣天气的压力下导致飞行员轻微失能，机组资源管理不到位，飞行员未能正确操作飞机的速度、高度、航向和姿态，机长和副驾驶的飞行控制输入不一致，在最后阶段，飞机进入了一个不受控的螺旋式俯冲，导致坠机，如图 2-4 所示（调查单位：NTSB，ECAA，BEA）。

2. 事例二

2010 年 8 月 24 日，UTC 13：38：08，河南航空公司 VD8387 航班，ERJ-190，在黑龙江伊春林市机场 30 号跑道进近时坠毁。进近时，机场起雾，飞行员未能建立着陆所必需的目视参考的条件下，违反规定仍然实施进近。最后，飞行员在飞机的撞地警告提醒且未看见机场跑道的情况下，仍然不采取复飞政策，导致可控飞行撞地事故，如图 2-5 所示。

由图 2-4 与图 2-5 可知，航空事故的事件链提取符合"2-4"事故模型的事故机理，也遵循事故发生的事实经过，同时事件链是以事故类型的节点为终点。基于此，其他航空事故的事件链提取依此类推。

2.1.3　致因网络拓扑特征分析

2.1.3.1　网络可视化

航空事故致因网络可视化拟采用 Pajek 软件实现，Pajek 软件可实现大型复杂网络的可视化，并提供相关网络拓扑特征有效算法，用于网络分析，具有操作简单方便的优点。根据前两节方法确定的网络节点以及网络边，构建航空事故致因网络，并利用 Pajek 软件将其可视化，如图 2-6 所示。

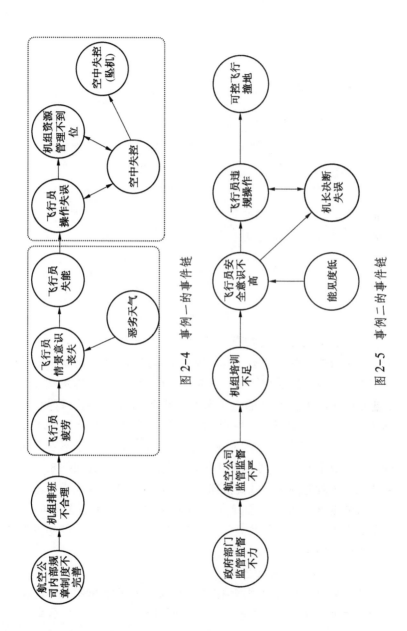

图 2-4 事例一的事件链

图 2-5 事例二的事件链

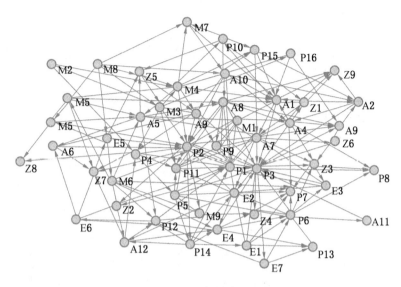

图 2-6　航空事故致因网络

由图 2-6 可知，航空事故致因网络具有 54 个节点，304 条边，大多数的致因因素会受到其他多个因素的影响，证明事故的发生并不是单一致因的结果，而是多个因素相互耦合作用所导致的。根据事故类型节点的入度分析，得到 10 起可控飞行撞地、18 起空中失控（坠机）、99 起跑道不安全事件、49 起地面不安全事件、11 起鸟击、13 起起火、8 起迫降、16 起客舱不安全事件、33 起运行失效。其中跑道不安全事件占事故总数的 38.5%，可知飞机进近着陆是事故高发阶段；其次是地面不安全事件占事故总数的 19%，可知地面航空器事故征候也是导致航空不安全情况的重要因素；而导致人员伤亡与财产损失占比最大的是可控飞行撞地与空中失控（坠机）。

2.1.3.2　网络拓扑特性分析

通过对航空事故致因网络拓扑特性进行分析，能够从不同拓扑特性角度，多方面分析航空事故致因过程，为日后事故预防控制工作提供一定理论依据。因此，关于复杂网络拓扑特性，选取了节点度、平均路径长度、网络直径、聚类系数、中介中心性以及接近中心性等指标进行分析，并利用 Pajek 软件的算法加以实现，得到航空事故致因网络的拓扑特性分析。

1. 节点度

航空事故致因网络是有向加权网络，网络节点度可以从出度、入度以及总度三方面进行分析。其中，总度值大的节点所代表的致因因素，相较于其他致因因素而言，这些因素与更多因素有直接的因果或相互作用关系，在事故发生的过程中会起到关键作用；入度值大的节点所代表的因素更容易受到其他因素的影响，出度值大的节点所代表的因素则更容易对其他因素造成影响。选取航空事故致因网络节点的总度值大于 15 的节点度值情况，如图 2-7 所示。

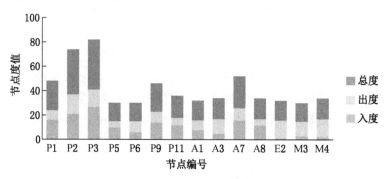

图 2-7　网络节点度值（总度大于 15）

由图 2-7 可知，人员因素的总度值在所有因素的总度值中占比最大，在人员因素中飞行员因素的总度值占比最大，说明飞行员因素与其他因素具有较多的关联，对航空事故致因起重要作用，其次分别是航空器相关因素、管理因素以及天气因素的总度值。入度值较大的节点为 P3（飞行员错误操作）、P2（飞行员违规操作）、P1（飞行员技能不足）、A7（机体损伤）、P9（机组资源管理不到位），这些因素容易被其他因素影响所产生，成为事故发生的直接原因之一。出度值较大的节点为 P2（飞行员违规操作）、P3（飞行员错误操作）、E2（恶劣天气）、M4（航空公司监管监督不严）、M3（航空公司内部规章制度不完善），这些因素容易促进其他因素产生，成为事故发生的本质原因之一。值得注意的是，P3（飞行员错误操作）与 P2（飞行员违规操作）的出入度值都较大，这说明两者容易与其他因素相互作用与相互影响，是导致事故发生的危险因素。

节点度分布服从 $P(k) = 0.1568k^{-0.854}$ 的幂律分布，说明该网络符合无标度网络特征。但是根据度分布情况，约 30% 的节点总度值占全部节点总度值的 53%，可见相比于传统意义上的无标度网络，航空事故致因网络的重要节点更具复杂性。

2. 节点强度

节点强度更强调节点之间的相互连接程度关系，与节点度类似，节点强度也分为入强度、出强度以及总强度。其中，总强度度值大的节点所代表的致因因素，因素之间相互连接程度更大；入强度度值大的节点所代表的因素被其他因素指向的连接性更大，出强度值大的节点所代表的因素则指向其他因素的连接性更大。选取航空事故致因网络的节点的总强度值大于 50 的节点度值情况，如图 2-8 所示。

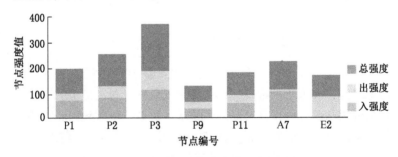

图 2-8　网络节点强度值（总强度大于 50）

由图 2-8 可知，节点总强度大于 50 的节点依次为 P3（飞行员错误操作）、P2（飞行员违规操作）、A7（机体损伤）、P1（飞行员技能不足）、P11（飞行员决断失误）、E2（恶劣天气）、P9（机组资源管理不到位），说明这些因素与其他因素的连接性更强，导致事故发生的概率越高。同时 P3（飞行员错误操作）、A7（机体损伤）、E2（恶劣天气）和 M6（机场管理不到位）分别是人员因素层、设备因素层、环境因素层、管理因素层里总强度最大的节点（致因因素）。绝大部分的节点强度较小，小部分节点强度较大，约 22% 的节点强度占总强度的约 52%，通过控制这部分节点，可以有效地降低致因因素间的连接程度。

3. 平均路径长度和网络直径

平均路径长度能反映因素间的影响能力的强弱，表明节点之间的分离程度，若平均路径长度越短，表明致因因素之间的信息交流通过的节点越少，越快到达路径的终点。这说明了平均路径长度值的大小，反映在事故的发生需要经过多少个致因因素。通过计算可得，此事故致因网络的平均路径长度为 2.543，说明事故的发生平均需要通过 3 个节点即可到达。各事故类型的平均路径长度，如图 2-9 所示。

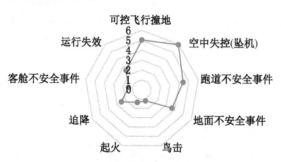

图 2-9　各事故类型的平均路径长度

由图 2-9 可知，造成重大人员伤亡的可控飞行撞地与空中失控（坠机）的平均路径较长，事故发生机制较为复杂，当某一致因因素触发时，在到达下一个因素前，相应的应急响应处置工作能够有效控制致因因素间的传递，则可避免事态的进一步恶化。运行失效、起火、鸟击事故征候较多是由于航空器起落架、发动机、飞行控制系统故障所导致的。跑道不安全事件一般是在飞机处于不利于降落着陆的环境中，飞行员违规或错误操作所导致的。地面不安全事件则是由于机场管理不到位，地面保障人员操作失误，所造成的航空器的碰撞，导致机翼、水平安定面、升降舵等机体损伤情况。客舱不安全事件是乘客异常行为造成的，较少会到达飞行事故等级。

此事故致因网络的网络直径为 7，所代表的路径是飞机设计缺陷（A10）至飞行员失能（P10），在现实案例分析中飞机设计缺陷（A10）较难直接导致飞行员失能（P10）的发生，但网络直径的分析，说明涉及的两个因素之间存在间接关系。由此可见，通过构建事故致因网络，计算网络直径，可以有效识别难以直接发现的致因因素关系。

4. 聚类系数

网络聚类系数可以反映复杂网络节点的聚集情况，节点的聚类系数越大，表明该节点与周围节点越聚集，联系越紧密，同时聚类系数与平均路径长度可以判断网络是否具有小世界效应。选取节点的聚类系数大于 0.25 的节点聚类系数，如图 2-10 所示。

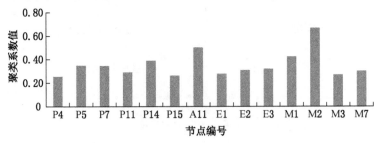

图 2-10　网络节点的聚类系数值（聚类系数大于 0.25）

由图 2-10 可知，聚类系数较大的节点有 M2（机组排班不合理）、A11（通导监设施设备故障或缺失）、M1（机组培训不足）、P14（管制员指挥失误）、P5（飞行员缺乏情景意识）、P7（飞行员安全意识不高），这些因素具有较强的聚集能力，表现为当这些因素存在或发生异常时，容易与其他因素相互作用，导致事件链的形成。因此，控制聚类系数较高的节点能有效阻止网络中的连锁反应。

基于复杂网络的小世界效应理论，若网络同时满足较短的平均路径长度（<10）与较大聚类系数（>0.1），则可认为网络具有小世界效应。此事故致因网络的聚类系数为 0.2176，结合该网络的平均路径长度 2.543，可判断航空事故致因网络具有小世界效应。这也意味着，航空事故致因因素之间的连通具有随机性，致因因素在网络中传播速度较快，当某一因素产生时，容易产生事件链条，进而使事态恶化，增加了航空事故控制的难度。

2.1.4 致因网络关键节点确定及分析

2.1.4.1 基于网络节点信息熵的关键节点算法

根据网络拓扑特征分析，可知航空事故致因网络兼具无标度特性与小世界效应。无标度特性反映出事故致因网络遵循帕累托原则，少部分的节点控制着整个网络效率，对蓄意攻击下的网络具有较高的鲁棒性。因此，识别航空事故致因网络的关键节点，对其进行移除或控制，即采用蓄意攻击的方式，能够实现切断事件链的形成，降低事故致因在网络的传播速度，使网络的小世界效应弱化，达到事故预防的目的。

网络拓扑特征可以作为确定关键节点（致因因素）的指标，但若以其中一个网络拓扑特征作为确定关键致因因素的指标，可能具有局限性，同时考虑到网络节点的确定是经过扎根理论的三级编码过程，具有一定的信息不确定性。因此，引入网络节点的邻接信息熵的概念，通过计算节点在相邻节点被选择的概率，确定各节点的邻接度，结合信息熵的概念，计算得到各节点的信息熵，并根据节点的信息熵大小进行排序，进而识别网络的关键节点，具体算法过程如下所示。

1. 计算各节点的综合强度值

根据致因网络各节点的入强度 s_i^{in} 和出强度值 s_i^{out} 计算综合节点的综合强度值 s_i：

$$s_i = \lambda s_i^{\text{in}} + (1-\lambda) s_i^{\text{out}} \tag{2-4}$$

式中，$\lambda = 0.80$。

2. 计算各节点的综合邻接强度值

根据致因网络各节点与其相邻节点的连接情况，进而计算各节点的综合邻接强度值 Q_i：

$$Q_i = \lambda \sum_{w \in \Gamma} s_{wi} + (1-\lambda) s_{iw} \tag{2-5}$$

式中，s_{wi} 为相邻节点 v_w 指向节点 v_i 的综合强度值；s_{iw} 为节点 v_i 指向相邻节点 v_w 的综合强度值。

3. 计算各节点的连接概率

考虑各节点与相邻节点的连接概率，计算各节点概率 p_i：

$$p_i = \frac{s_i}{Q_j} \tag{2-6}$$

式中，Q_j 为节点 v_j 的综合邻接强度值。

4. 计算各节点的信息熵

基于信息熵的概念，根据各节点的连接概率 p_i，计算各节点信息熵 H_i，见式（2-7），最后根据各节点信息熵值的大小进行排序，用以确定关键节点。

$$H_i = \sum_{j \in \Gamma_i} \left| (-p_i \log_2 p_i) \right| \tag{2-7}$$

2.1.4.2 关键节点确定及分析

根据网络各节点的强度值，代入式（2-4）至式（2-7）依次计算，得到各节点的信息熵值及排序，见表 2-3。

表 2-3 各节点的信息熵值及排序

节点编号	s_i	Q_i	H_i	排序
P1	53.0	405.8	1.6459	13
P2	64.0	445.6	3.7987	4
P3	90.6	483.6	4.2778	2
P4	14.8	126.6	1.2068	24
P5	20.4	263.4	1.4070	18
P6	17.4	187.6	1.3351	21
P7	12.0	246.2	1.0302	27
P8	3.0	61.8	0.1734	42
P9	30.2	388.0	2.3970	8
P10	1.8	22.0	0.0612	43
P11	45.6	296.0	1.5836	15
P12	22.4	108.6	1.1998	25
P13	7.6	68.6	0.3627	37
P14	9.4	239.0	1.3073	22
P15	15.6	86.4	1.4612	17
P16	5.0	69.8	0.2985	38
P17	3.8	71.2	0.2633	40
A1	32.6	218.4	2.1532	10
A2	5.0	87.0	0.4389	36
A3	15.8	195.4	2.1826	9
A4	9.6	169.2	1.5860	14
A5	9.0	123.4	1.4039	19
A6	4.0	48.8	0.0099	45
A7	74	310.8	1.9168	11
A8	22.4	199.8	0.5110	35
A9	9.6	110.0	0.6245	32

表2-3（续）

节点编号	s_i	Q_i	H_i	排序
A10	5.8	125.0	1.0373	26
A11	0.4	20.6	0.0302	44
A12	8.0	114.2	0.9415	28
E1	4.6	57.6	0.8324	29
E2	14.6	87.2	3.8640	3
E3	22.6	175.8	1.3562	20
E4	19.0	157.4	2.5668	7
E5	7.6	81.0	0.6509	30
E6	4.2	55.0	0.5942	33
E7	1.2	28.4	0.2420	41
M1	11.4	121.2	1.7326	12
M2	9.4	52.8	0.2785	39
M3	10.2	156.0	3.1528	5
M4	14.2	120.4	4.9337	1
M5	4.0	47.6	0.5387	34
M6	13.0	53.0	2.6762	6
M7	6.4	60.2	0.6469	31
M8	5.2	7.0	1.5330	16
M9	6.6	158.8	1.2625	23

　　由表2-3可知，引入网络节点的邻接信息熵后，相较于考虑单一网络拓扑特性，节点值的排序有一定的变化。根据各节点的信息熵值，可知：M4（航空公司监管监督不严）、P3（飞行员错误操作）、E2（恶劣天气）、P2（飞行员违规操作）、M3（航空公司内部规章制度不完善）为排名前五的致因因素，集中于飞行员违规、差错以及航空公司管理方面，也验证了人员因素在航空安全管理的重要作用以及管理因素是航空安全管理的本质

因素。除此之外，恶劣天气在航空事故演化中起着促进作用，即当航班运行时，处在恶劣天气中，将会加大飞行员的操作错误或违规等因素的发生。

从各因素层的角度来看，人员因素中飞行员因素是至关重要的致因因素，其中飞行员的操作技能类因素是影响航空器安全运行的关键，应加强飞行员驾驶技术与操作技能的培训。设备因素中航空器的起落架与发动机因素容易出现故障，而导致不安全事件发生。环境因素的信息熵值的排序处于中间部分，说明环境因素是属于过渡类原因，是造成人员因素与设备因素的前置原因，其中恶劣天气是影响飞行安全的关键原因，机坪运行不佳则是影响地面安全的关键原因。管理因素的机场管理不到位是导致地面事故征候的重要因素之一，而航空公司方面的管理因素，如机组排班不合理、机组培训不足则容易造成人员因素的发生。

为探究基于复杂网络理论对航空事故关键致因因素的应用，选取欧洲航空安全局（European Union Aviation Safety Agency, EASA）在2020年发布的 *Annual Safety Review* 年度航空总结中对事故致因因素的总结，与之进行对比分析。在年度报告中 EASA 列举了41个事故原因及发生的次数，并引入 ERCS 评分机制，将事故原因转化为风险等级进行分析。根据列表，可得风险评分最高的5个事故原因，分别为健康状况和职责（State of wellbeing and fit for duties）、技术故障处理（Handling of technical failures）、机组资源管理（CRM）、飞行参数检测和自动化模式（Monitoring of flight parameters and automation modes）、飞行计划与准备（Flight planning and preparation），说明飞行员是否适用于飞行任务，面对航空器运行失效时的操作技术，机组资源管理、飞行计划与准备是导致事故发生的关键原因，这与本研究所识别的飞行员操作错误等关键因素相似。而飞行参数检测和自动化模型原因与本研究识别的关键因素不相同，更侧重于航空器设施设备方面的问题，与本研究确定排名前五因素的恶劣天气与航空公司管理因素有所区别。

2.2　基于反向模糊 Petri 网的航空事故致因分析

结合模糊 Petri 网的原理，将航空事故看作航空运输系统出现故障，构建一个航空事故致因诊断库，根据反向模糊 Petri 网的逆向推理算法，可完成针对某一事故的结果命题的相关前置致因因素的提取，用于分析某一结果命题的前置致因的可信情况。

2.2.1　模糊 Petri 网理论

2.2.1.1　模糊 Petri 网基本原理

Petri 网是一个可描述系统信息动态流向，以网络图形式呈现的数学模型，其基本组成要素有库所（Place）、变迁（Transition）以及有向弧（Arc）。库所反映了系统可能出现的各类型的局部状态；变迁反映了可改变系统局部状态的事件；有向弧连接库所与变迁，其指向可规定局部状态与变迁之间的流向关系。其图形化的表示，用"○"表示库所，即系统的局部状态；用"｜"表示变迁，即可改变库所的事件；用"→"表示有向弧，即描述库所与变迁之间的关系，如图 2-11 所示。

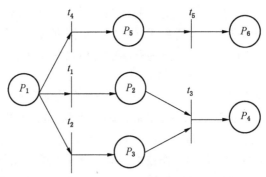

图 2-11　Petri 网图形化示意图

由图 2-11 可知，库所集为 $P=\{P_1,P_2,P_3,P_4,P_5,P_6\}$，变迁集为 $T=\{t_1,t_2,t_3,t_4,t_5\}$，有向弧描述的关系有 $F=\{(P_1,t_1),$

$(P_1,t_2),(P_1,t_4),(t_1,P_2),(t_2,P_3),(t_4,P_5),(P_2,t_3),(P_3,t_3),$
$(P_5,t_5),(t_3,P_4),(t_5,P_6)\}$。

模糊 Petri 网，最早在 1999 年，由 Meimei Gao 等将模糊数学与 Petri 网结合一起，在普通 Petri 网的基础上进行模糊化，并根据相应的产生规则，从而形成模糊 Petri 网。基于普通 Petri 网，模糊 Petri 网可定义为一个八元组，计算式为

$$\text{FPN} = \{P, T, D, I, O, f, \alpha, \beta\} \tag{2-8}$$

式中，$P = \{p_1, p_2, \cdots, p_n\}$ 为库所集合，每一个 p_i 表示事故诊断致因因素；$T = \{t_1, t_2, \cdots, t_n\}$ 为变迁集合，每一个 t_i 表示致因因素发生的过程；$D = \{d_1, d_2, \cdots, d_n\}$ 为库所对应命题的集合，即 d_i 与 p_i 相对应；I 反映库所到变迁之间的输入关系和连接的权系数；O 反映变迁到库所之间的输出关系和连接的可信度；f 表示变迁由 0 到 1 之间的实数映射；α 表示库所由 0 到 1 之间的实数映射；β 表示库所到对应命题之间的映射关系。

2.2.1.2 模糊 Petri 网适用性分析

根据模糊 Petri 网基本原理，可知模糊 Petri 网是基于 Petri 网在模糊产生规则下的一个研究不同元件间因果关系的推理诊断网络。引入模糊数学后，可处理系统动态变化的不确定与模糊性所产生的误差，使复杂的知识简单化与清晰化。作为一种描述系统信息动态流向的工具，已广泛应用于系统故障诊断中。除此之外，模糊 Petri 网开始应用于事故致因研究，例如海上碰撞事故致因分析、高速公路交通事故研究以及罐区油库火灾致因推理等。

航空事故的发生可抽象为航空运输系统产生故障，故障的原因可归纳为事故致因因素，通过模糊 Petri 网的模糊产生规则以及图形化的表达方式，能够直观呈现出各致因因素之间的动态演化过程，同时若将有向弧进行逆向处理后，可通过推理规则以及命题的可信度，反向推理出前置命题（致因因素）的可信度，实现"由果溯因"的量化分析。这也表明，模糊 Petri 网在航空事故致因应用具备双向推理的功能，根据命题（致因因素）正

向推理规则可以建立的航空事故诊断库，并以此为基础，通过某一结果命题（事故类型）可以根据反向推理规则，关联前置致因，找出与该事故类型相关的致因因素，提供了一种快速简易的"寻因"方式，为航空事故致因判断工作提供一个新思路，丰富相关领域研究。

2.2.2 致因模糊 Petri 网建模

2.2.2.1 模型应用假设

1. 模糊 Petri 网组成元素假设

基于模糊 Petri 网的相关定义，可将库所描述为航空事故致因因素，变迁描述为致因因素之间动态影响过程，可信度描述为变迁到库所的可信程度，即该事故致因因素影响过程导致下一个致因因素的可能性。

2. 模糊 Petri 网建模规则假设

模糊 Petri 网的建模是基于一系列的产生式规则。产生规则中的命题与库所相对应，即航空事故致因因素；规则的运用为变迁是否触发，即前置致因因素是否触发后置因素发生的过程；命题的可信度为库所的托肯数，且可信程度的取值范围可以根据命题相关的历史统计数据的概率值所设定。模糊 Petri 网的建模规则还应避免出现：等价原则，即两条规则中的结论相同；重复原则，即某一个命题的条件相同，且经过多条命题后，得到等价的最终结论，则所经过的规则命题重复；矛盾原则，命题相同但结论互斥的规则；循环原则，某一命题经过多个规则后，结论仍为该命题，即形成了一个闭合回路。

基于此，其基本形式：

$$R1: \text{if } d_i \text{ then } d_j (CF = u) \qquad (2-9)$$

式中，d_i 和 d_j 表示命题，且 d_j 是 d_i 的结果，每一个命题由一个 [0，1] 之中的数值对命题发生的真实度量化，该数值越大，表明命题真实度越高，CF 是由一个 [0，1] 之中的数值对规则的可信程度量化，数值越大，表明可信程度越高，可信程度及相应取值范围，见表2-4。

表2-4 可信程度及取值范围

可信度量值	取值范围	可信度量值	取值范围
一直真实	[1.00, 1.00]	有些真实	[0.30, 0.44]
极为真实	[0.95, 0.99]	一点真实	[0.10, 0.29]
非常真实	[0.80, 0.94]	可信甚小	[0.01, 0.09]
相当真实	[0.65, 0.79]	不真实	0
较为真实	[0.45, 0.64]	—	—

例如，设规则 R: if 飞行员操作失误 then 事故发生（CF = 0.95）且假设"飞行员错误操作"命题的真实度为 0.9。因此，该规则可以描述为 FPN = $\{P, T, D, I, O, f, \alpha, \beta\}$。

其中，$P = \{p_3, p_{22}\}$，$T = \{t_3\}$，$D = \{$事故发生$\}$，$I(t_3) = \{p_3\}$，$O(t_3) = \{p_{22}\}$，$f(t_3) = 0.95$，$\alpha = \{0.90, 0\}$，$\beta = \{$飞行员操作失误，事故发生$\}$。

2.2.2.2 航空事故诊断 Petri 网模型

基于事故致因网络的各节点信息熵值，设置熵值为 1，得到 27 个航空事故致因因素，据此作为构建航空事故诊断库的基础，同时为了各致因因素逻辑衔接性与事故诊断库的完整性，适当增加 3 个命题。之后，根据航空事故致因网络的各节点强度值、事故发生过程以及各事故致因因素之间的关系，得到 29 个模糊 Petri 网产生规则。基于 29 个模糊 Petri 网产生规则，共得到 30 个库所及 29 个变迁，其中库所及其对应的命题，见表 2-5；29 个规则对应的变迁及置信度，见表 2-6。

表2-5 库所及对应命题

库所	命题	库所	命题
p_1	飞行员技能不足	p_3	飞行员错误操作
p_2	飞行员违规操作	p_4	飞行员疲劳

表2-5（续）

库所	命题	库所	命题
p_5	飞行员缺乏情景意识	p_{18}	飞机设计缺陷
p_6	飞行员视线受阻	p_{19}	恶劣天气（风切变，暴雨）
p_7	飞行员安全意识不高	p_{20}	恶劣天气（雨雪结冰）
p_8	机组资源管理不到位	p_{21}	跑道道面不佳
p_9	飞行员决断失误	p_{22}	机坪运行不佳
p_{10}	地面保障人员操作失误	p_{23}	机组培训不足
p_{11}	管制员指挥失误	p_{24}	航空公司内部规章制度不完善
p_{12}	机务维修失误	p_{25}	航空公司监管监督不严
p_{13}	起落架故障或折断	p_{26}	机场管理不到位
p_{14}	发动机故障或起火	p_{27}	政府部门监管监督不力
p_{15}	飞行控制系统故障	p_{28}	多方协同应急处置失效
p_{16}	机舱失火	p_{29}	飞行操作困难
p_{17}	机体损伤	p_{30}	事故发生

表2-6 变迁及其置信度

变迁	置信度	变迁	置信度
t_1	0.90	t_{11}	0.85
t_2	0.90	t_{12}	0.75
t_3	0.85	t_{13}	0.40
t_4	0.85	t_{14}	0.55
t_5	0.85	t_{15}	0.65
t_6	0.75	t_{16}	0.40
t_7	0.75	t_{17}	0.45
t_8	0.80	t_{18}	0.40
t_9	0.90	t_{19}	0.90
t_{10}	0.35	t_{20}	0.75

表 2-6（续）

变迁	置信度	变迁	置信度
t_{21}	0.65	t_{26}	0.55
t_{22}	0.70	t_{27}	0.90
t_{23}	0.80	t_{28}	0.50
t_{24}	0.90	t_{29}	0.80
t_{25}	0.75		

根据 29 个规则、表 2-5 的库所与表 2-6 的变迁及置信度值，将其图形化表述，得到以模糊 Petri 网为载体的航空事故诊断库，如图 2-12 所示。该事故诊断库可以通过一些推理算法，实现由结果推理前置致因的目的。

2.2.3 诊断模型反向推理算法及应用

2.2.3.1 反向推理算法

为了能够根据某次事故的直接致因，快速进行事故致因分析，需要对航空事故诊断模型的模糊 Petri 网进行反向处理，并应用反向推理算法，搜索与事故发生相关的前置致因，如图 2-13 所示。

由图 2-13 可知，反向推理过程可以分为三大步骤，与直接致因相关的子系统提取，模糊 Petri 网反向处理，以及反向模糊 Petri 网的反向推理算法，各步骤的算法如下所述。

1. 与直接致因相关的子系统提取

根据某次事故的直接致因，先通过对子系统的提取，能够排除与直接致因无关联的致因链，保留与该结果命题的相关链，简化后续的前置致因搜索工作，其算法为：

建立 $n \times m$ 维的关联矩阵 $\boldsymbol{H} = \{h_{ij}\}$，其中 n 与 m 分别表示库所与变迁的数量，$i = 1, 2, \cdots, n$，$j = 1, 2, \cdots, m$。

建立初始库所向量 $\boldsymbol{A}_0$ 与初始变迁库所向量 $\boldsymbol{B}_0$，其中 $\boldsymbol{A}_0 = (a_0, a_1, \cdots, a_n)^{\mathrm{T}}$，$\boldsymbol{B}_0 = (b_0, b_1, \cdots, b_n)^{\mathrm{T}}$。

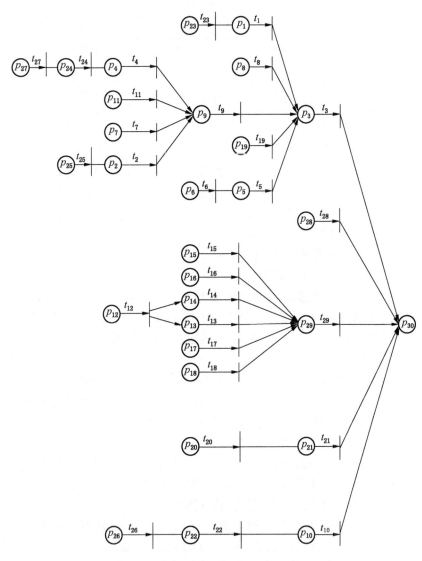

图 2-12　航空事故诊断的模糊 Petri 网模型

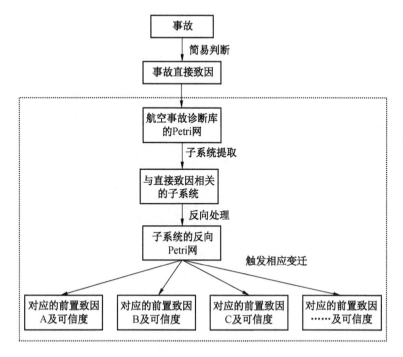

图 2-13 航空事故诊断反向推理流程图

迭代计算使得 $B_i = B_{i+1}$：

$$B_i = (-H^T) \otimes A_{i-1} \tag{2-10}$$

$$A_i = H \otimes B_i \oplus A_{i-1} \tag{2-11}$$

式中，直乘算子 $\otimes$ 表示为，当 $A \otimes B = C$ 时，A、B、C 分别是 $m \times p$、$p \times n$、$m \times n$ 矩阵，则 $c_{ij} = \max\{a_{ik} \times b_{kj}\}$；加法算子 $\oplus$ 表示为，当 $A \oplus B = C$ 时，A、B、C 分别是 $m \times p$、$p \times n$、$m \times n$ 矩阵，则 $c_{ij} = \max\{a_{ij}, b_{ij}\}$。当 $B_i \neq B_{i+1}$ 时，继续重复该计算，使得 $B_i = B_{i+1}$。

2. 模糊 Petri 网反向处理

不继续利用模糊 Petri 网的逆向推理算法来搜索前置致因，其原因是推理过程会出现结论与前命题互斥现象，同时命题的可信度可能出现多种情况，需要进行排序等处理，导致整个推理过程较为复杂。因此，根据彭磊提出的反向模糊 Petri 网定义及推理算法，可以使搜索前置致因工作效率提高。

将模糊 Petri 网进行反向，矩阵化为六元组：

$$\mathbf{RFPN} = \{P', T', \Delta', \Gamma', M', V'\} \quad (2-12)$$

式中，$P' = P = \{p_1, p_2, \cdots, p_n\}$ 表示库所的集合；$T' = T = \{t_1, t_2, \cdots, t_n\}$ 表示为变迁集合；$\Delta = \{\delta_{i \times j}\}$ 为模糊 Petri 网的输入矩阵，且 $\delta_{i \times j} = \begin{cases} 1, & p_i \in I(t_j) \\ 0, & p_i \notin I(t_j) \end{cases}$ 表示 p_i 对 t_j 的输入，在反向模糊 Petri 网中 $\Delta' = \Gamma$；Γ 为输出矩阵，且 $\gamma_{i \times j} = \begin{cases} 1, & p_i \in O(t_j) \\ 0, & p_i \notin O(t_j) \end{cases}$，在反向模糊 Petri 网中 $\Gamma' = \Delta$；$M' = M = \{\theta_1, \theta_2, \cdots, \theta_n\}$ 表示库所可信度的集合，其中 θ_i 为库所 p_i 的可信度，$V' = V = (v_{ij})_{m \times n}$ 为输入矩阵，$v_{jj} = \dfrac{1}{u_{jj}}$，其中 u_{jj} 表示变迁可信度矩阵 $U = (u_{ij})_{m \times n}$ 的对角元素，且当 $i \neq j$ 时，$v_{ij} = 0$。

3. 反向模糊 Petri 网的反向推理算法

构建反向模糊 Petri 网后，利用反向推理算法，可以通过某一结果命题（简易判断的事故直接致因）的输入，触发其对应变迁，计算得到最终的输出库所及其可信度，分析前置致因导致该事故的可能程度，其具体的推理算法为：

设向量 $\boldsymbol{\rho}(0) = [\rho_1, \rho_2, \cdots, \rho_m]$ 表示变迁的输入库所的可信度的最小值；设向量 $M(0) = [\theta_1, \theta_2, \cdots, \theta_n]$ 表示库所 p_i 的可信度；简化输入矩阵 $\boldsymbol{\Delta} = \{\delta_{i \times j}\}$，即将全为 0 的行删除，使得目标库所的输入变迁 $I_k = \boldsymbol{\Delta} \times V$；

通过迭代计算使得 $M(k) = M(k-1)$，k 为迭代的次数；

其中，先确定变迁输出库所 $M(k) = I_k \otimes p(k)$，将前面得到的 $M(k)$ 替换到该式的 $M(k) = M(k-1) \oplus M(k)$，若 $M(k) \neq M(k-1)$，则重复该计算过程。

2.2.3.2 模型应用

人为因素在航空事故致因占比较大，若假设某次事故发生的直接原因认定为飞行员操作失误。假设模糊 Petri 网的结果命题为（飞行员错误操作），通过上述的航空事故诊断模糊 Petri 网，可构建关联矩阵，并经过反向推理算法可得以下矩阵：

$A_0 = (0,0,1,0,0,0,0,0,0,0,0,0,0,0,0,0,0,0,0,0,0,0,0,0,0,0,$
$0,0,0,0,0,0,0)^T$

$B_0 = (0,0,0,0,0,0,0,0,0,0,0,0,0,0,0,0,0,0,0,0,0,0,0,0,0,0,$
$0,0,0,0,0,0,0)^T$

将 A_0、B_0、$-H^T$ 以及 H 进行迭代计算可得

$B_1 = (1,0,0,1,0,0,1,1,0,0,0,0,0,0,0,0,0,0,1,0,0,0,0,0,$
$0,0,0,0,0,0,0)^T$，以及

$A_1 = (1,0,1,0,1,0,0,1,1,0,0,0,0,0,0,0,0,0,1,0,0,0,0,0,$
$0,0,0,0,0,0,0)^T$；

$B_2 = (1,1,1,1,1,1,1,1,0,1,0,0,0,0,0,0,0,1,0,0,0,1,0,$
$0,0,0,0,0,0,0)^T$ 与

$A_2 = (1,1,1,1,1,1,1,1,1,0,1,0,0,0,0,0,0,0,1,0,0,0,1,$
$0,0,0,0,0,0,0)^T$；

$B_3 = (1,1,1,1,1,1,1,1,0,1,0,0,0,0,0,0,0,1,0,0,0,1,1,$
$1,0,0,0,0,0)^T$ 与

$A_3 = (1,1,1,1,1,1,1,1,1,0,1,0,0,0,0,0,0,0,1,0,0,0,1,$
$1,1,0,0,0,0,0)^T$；

$B_4 = (1,1,1,1,1,1,1,1,0,1,0,0,0,0,0,0,0,1,0,0,0,1,1,$
$1,0,1,0,0,0)^T$ 与

$A_4 = (1,1,1,1,1,1,1,1,1,0,1,0,0,0,0,0,0,0,1,0,0,0,1,$
$1,1,0,1,0,0,0)^T$ 且 $B_4 = B_5$。

因此，假设结果命题为 p_3 时，将得到与之相关的初始库所为 $\{p_6, p_7, p_8, p_{11}, p_{19}, p_{23}, p_{25}, p_{27}\}$，且 p_3 的搜索致因路径共有 8

条, 分别为 $p_6 \rightarrow p_5 \rightarrow p_3$、$p_8 \rightarrow p_3$、$p_{23} \rightarrow p_1 \rightarrow p_3$、$p_{19} \rightarrow p_3$、$p_{27} \rightarrow p_{24} \rightarrow p_4 \rightarrow p_9 \rightarrow p_3$、$p_{11} \rightarrow p_9 \rightarrow p_3$、$p_7 \rightarrow p_9 \rightarrow p_3$、$p_{25} \rightarrow p_2 \rightarrow p_9 \rightarrow p_3$。

完成与某次事故直接致因的子系统提取后, 应构建该子系统的反向模糊 Petri 网。同时设某次事故发生被认定结果命题 p_3 致因的真实度为 0.400, 并通过反向推理算法, 确定变迁触发顺利, 计算得到相关致因链及对应的可信度。根据上述的结果命题 p_3 所提取的子系统, 构建关于 p_3 的反向模糊 Petri 网, 如图2-14所示。

构建输入矩阵 $\boldsymbol{\Delta}$ 与输入矩阵 $\boldsymbol{V}$, 并得到初始标识矩阵 $\boldsymbol{M}(0) = [0,0,0.4,0,0,0,0,0,0,0,0,0,0,0,0,0]^T$ 与对应的变迁的输入库所的可信度的最小值 $\boldsymbol{\rho}(0) = [0.4,0,0,0.4,0,0,0.4,0.4,0,0.4,0,0,0,0,0]^T$。

通过迭代计算:

$\boldsymbol{M}(1) = [0.444,0,0.400,0,0.471,0,0,0.500,0.444,0,0.444,0,0,0,0]^T$

$\boldsymbol{\rho}(1) = [0.400,0.444,0.444,0.400,0.471,0.444,0.400,0.400,0.444,0.400,0.444,0,0,0]^T$

$\boldsymbol{M}(2) = [0.444,0.493,0.400,0.522,0.471,0.628,0.592,0.500,0.444,0.522,0.444,0.555,0,0,0]^T$

$\boldsymbol{\rho}(2) = [0.400,0.444,0.444,0.400,0.471,0.444,0.400,0.400,0.444,0.400,0.444,0.522,0.493,0]^T$

$\boldsymbol{M}(3) = [0.444,0.493,0.400,0.522,0.471,0.628,0.592,0.500,0.444,0.522,0.444,0.555,0.580,0.657,0]^T$

$\boldsymbol{\rho}(3) = [0.400,0.444,0.444,0.400,0.471,0.444,0.400,0.400,0.444,0.400,0.444,0.522,0.493,0.580]^T$

$\boldsymbol{M}(4) = [0.444,0.493,0.400,0.522,0.471,0.628,0.592,0.500,0.444,0.522,0.444,0.555,0.580,0.657,0.644]^T$ 且 $\boldsymbol{M}(4) = \boldsymbol{M}(5)$, 迭代结束。

因此, 当 $p_3 = 0.400$ 真实度时, 基于反向推理可知, 飞行员

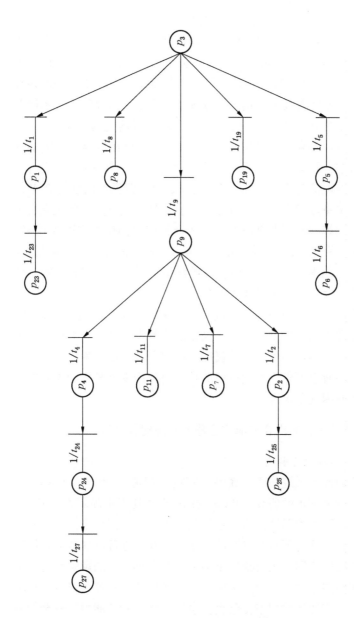

图 2-14 p_3 反向模糊 Petri 网

技能不足可信度为 0.444，其前置致因的机组培训不足可信度为 0.555；当飞行员错误操作的真实度为 0.400 时，飞行员决断失误可信度为 0.444，可能导致飞行员决断失误的有：飞行员疲劳及其可信度为 0.522，同时飞行员疲劳前置致因有航空公司内部规章制度不完善及其可信度为 0.580 与政府部门监管监督不严及其可信度为 0.644；管制员指挥失误及其可信度为 0.522；飞行员安全意识不高及其可信度为 0.592；飞行员违规操作及其前置致因航空公司监管监督不严的可信度为 0.493 与 0.657。飞行员视线受限可信度为 0.628，飞行员缺乏情景意识可信度为 0.471，这种情况一般发生在飞机着陆时，容易导致复飞点决断失误造成的重着陆等跑道不安全事件。当飞行员错误操作真实度为 0.400时，机组资源管理不到位可信度为 0.500，恶劣天气（风切变、暴雨）可信度为 0.444，特别是当着陆遇到下击暴流时，容易导致飞机失速和飞行员操作失误。

除此之外，当致因相关链越长，关联致因因素越多的时候，其前置致因的可信度也越高，这是因为累积相乘的次数也多。因此，当致因因素的可信度不仅能反映出前置致因因素出现的可能程度，同时也可作为致因链条的长短及致因因素是否为本质原因或初始原因判断参考。

2.3 基于多因素耦合的航空运输系统脆弱性分析

2.3.1 脆弱性理论

脆弱性是系统的固有属性，其概念起源于 1968 年自然灾害领域中的地下水的研究，Margat 提出的"地下水脆弱性"概念，并认为地下水脆弱性是指在自然条件下，存在污染物由地表慢慢渗透并扩散到地下水的可能性。之后，脆弱性理论在各大领域得到了广泛的应用，主要集中于各大系统受到扰动的影响研究。国内对于脆弱性理论的应用集中于生态领域的自然灾害对生态环境的影响、交通运输网络受到突发事件的运行服务能力、安全领域中系统安全危险暴露程度以及敏感性与恢复能力方面的研究。近年来，脆弱性理论也成为安全科学领域的研究热点，刘铁民等认为系统的脆弱性是导致事故灾难发生的根本原因，并决定及可能放大事故灾难的严重程度；宋守信等在研究城市轨道交通系统脆弱性时，将脆弱性定义为系统存在缺陷时，抵抗系统内外部扰动和应对事故能力不足。

2.3.1.1　基本概念

由于各个领域研究背景与意义不同，脆弱性概念也存在差异，例如：在自然灾害学领域，Timmerman 等认为脆弱性是在自然灾害事件发生时对系统产生不利影响的程度；在气象科学领域，联合国政府间气候变化专门委员会（Intergovernmental Panel on Climate Change，IPCC）在第四次评估报告中对脆弱性的定义为系统是否容易受到气候变化的不利影响以及是否具备应对不利影响的能力。

航空运输系统是属于交通运输系统的子系统，对交通运输系统的脆弱性定义为交通运输系统容易受到某一事件的影响，而导致的提供交通运输服务能力的下降，并关注于关键链路的中断对整个交通运输系统性能的影响。考虑到研究对象为航空事故或不安全事件，因此，还可将脆弱性运用到航空运输系统的研究中。

2.3.1.2　脆弱性特征要素

根据脆弱性定义，可知脆弱性是系统在受到扰动时的变化程度，以及系统对受到扰动后不利影响的自我恢复能力的一种固有属性。根据此定义，脆弱性具备三个特征要素：暴露度、敏感度和适应度，且呈现递次演化规律。

1. 暴露度

暴露度是指系统在受到系统内外扰动时的暴露程度，该程度取决于暴露于扰动的频次、范围和时间。暴露度越高，系统脆弱性越大，意味着当系统受到扰动时，系统运行能力下降越快，甚至会导致功能瘫痪。

2. 敏感度

敏感度是指系统受到内外扰动后,对扰动所反映的不利程度,该程度取决于系统自身的功能状态,敏感度越高,系统脆弱性越大,意味着当系统受到扰动时,系统对扰动的表现越敏感,越容易导致运行能力的下降以及功能病态。

3. 适应度

适应度是指系统受到内外扰动后,对扰动所产生的不利影响的恢复程度,该程度取决于恢复的反应时间与力度,适应度越高,系统脆弱性越小,意味着当系统受到扰动时,系统对不利影响的恢复程度越高,越容易使系统恢复至正常运行水平。

将从航空运输系统脆弱性的定义出发,识别影响航空运输系统脆弱性的因素,根据脆弱性理论的三个特征要素,采用触发器原理分析航空运输系统脆弱性特征要素耦合过程。通过建立航空运输系统脆弱性三个特征要素影响因素的 N-K 模型对多因素耦合进行量化,并利用 IFS-TOPSIS 评估脆弱性因素的交互耦合影响,最后基于模型的计算结果,提出考虑交互耦合效应的修正 Reason 模型,并分析脆弱性及其特征要素的影响因素各耦合类型。

2.3.2 影响因素识别与分析

2.3.2.1 脆弱性影响因素

航空运输系统是指在使用航空器实现人员、货物和邮件运输的基础上,通过航空器系统、机场系统、空中交通管理系统、航班运行管理系统以及飞行航线系统的相互作用,达到安全快速完成运输任务的目标。根据脆弱性理论概述,目前中国对于航空运输系统脆弱性的研究是基于交通运输系统脆弱性理论基础,集中于空中交通网络在不同扰动下的脆弱性研究。但本节的研究对象为航空事故,因此只考虑在安全科学领域下的脆弱性定义。将脆弱性理论应用到航空安全的研究中,有助于研究航空事故发生的本质,识别影响航空运行安全的脆弱性因素,并提供一个新的视角分析航空安全问题,以期为航空运输安全管理提供深层次的理论支撑。

基于安全科学领域对脆弱性概念的定义，结合航空运输系统的特点，航空运输系统脆弱性定义为，航空运输系统在受到扰动时的暴露程度、产生的不利影响的程度以及能从不利影响中恢复正常运行的能力。

以安全管理学科中"人、物、环境、管理"为对象，对航空事故致因因素进行归类，并参考中国民航局已施行的航空公司安全评估系统和《航空公司安全审计手册》中的指标，进而确定航空运输系统脆弱性的影响因素。

1. 人的因素

在航空运输系统中，人的因素是影响航空安全的最关键因素，同时也是导致航空事故发生的最主要原因。在航空事故致因方面研究也侧重于人为因素的分析，包括人的不安全行为，自身心理状态等，结合航空事故调查报告中所列举的人为因素，主要分为两大类，一类是机组人员，体现在：机组违规操作、机组决断失误、机组心理素质较差、安全意识薄弱、飞行前准备不充分等；另一类是其他保障航空安全运行的重要参与人员，包括空中交通管制员、签派人员、机务维修人员等，体现在：管制员指挥的失误情况，机务的素质与技能水平的高低情况，签派人员决策失误等均会对航空安全产生影响。除此之外，还应考虑乘客是否有异常行为，地面保障人员的操作水平等。

2. 航空器因素

航空器是实现旅客、货物、邮件等安全运输最重要的设备，同时在事故等级评定中，将航空器的损坏程度作为重要考量标准，因此本节在安全管理学科的"物"这一因素中考虑为航空器。航空器因素主要为两大类，一类是航空器在执行航班任务滑行、起飞、巡航、降落等过程中发生的故障，如空中停车、飞机系统异常、空中失去控制（并非由于飞机系统组件或故障所引起的）等；由于航空器是一个复杂的机械系统，需要进行严谨的维修保养工作，因此另一类则是与飞机日常管理相关因素，如飞机故障频率，某种机型的设计缺陷等。

3. 环境因素

环境因素可分为两大类型，地理环境与运行环境。其中地理环境类因素，主要包括：天气情况是否对飞行构成安全隐患，气象预报准确性高低是否对航班的放行产生影响，航路航线的结构是否增加飞行难度等。运行环境类因素，主要包括：空中交通运行系统情况，具体可考虑空中交通流密度、航班高峰期架次、空域环境繁忙情况等；机场运行系统情况，具体可考虑机场放行正常率、机场起降架次、离港/到港正常率等；航空公司运行系统情况，具体可考虑航班计划执行情况等，以及发挥保障航班运行安全作用的通信导航监视设备故障率等。

4. 管理因素

航空运输的安全运行需要多个组织管理部门共同协作完成，在此主要考虑 4 个组织管理部门，分别是政府部门、空管单位、航空公司以及机场。各组织管理部门通过制定与实施的规章制度、安全文化、监督管理、组织架构等，实现对人员、航空器、环境因素的相互关系的干预，是保障航空安全运行的根本。各个组织管理部门均有各自的管理制度和方法，机场、航空公司等是否根据政府的相关规定，严格制定并实施适合组织本身的规章制度等，都会从根源上影响着航空运输的安全，体现为人员培训不达标、安全监管不到位、管理标准失察率等。

2.3.2.2 脆弱性特征要素影响因素

基于所识别的航空运输系统脆弱性影响因素，结合脆弱性特征要素的定义，可根据脆弱性特征要素，对脆弱性影响因素进行特征要素的归类。

1. 暴露度

暴露度是指航空运输系统受到扰动作用下的暴露程度，体现在系统受到扰动产生不利影响的概率，该程度取决于受到扰动的概率、位置和强度。在"人-机-环-管"中,如机组违规操作的严重程度、空中停车的情况、天气恶劣程度、安全监管不到位程度等。

2. 敏感度

敏感度是衡量系统受到扰动产生的不利影响程度,即系统偏离正常状态的程度,同时也能反映出系统自身的情况。在"人-机-环-管"中,如机组安全意识的高低,飞机故障频次、机场运行状态的好坏、管理标准失察率的高低等。

3. 适应度

适应度是衡量系统受到扰动后产生不利影响时恢复正常的能力。在"人-机-环-管"中,如机组应急处理能力的高低、飞行告警系统的有效性、机场应急保障情况、应急预案制定与实施情况等。以近地告警特情为例,假若机组违规操作导致航空器过于接近山地,此时航空器配备的近地警告系统,对机组人员提出注意,机组人员立即采取应急措施,则可避免特情事件进一步恶化为事故。

由于航空运输系统的"人-机-环-管"所涉及的因素众多,不同事件或事故所涉及的脆弱性因素亦不尽相同,难以通过枚举法识别全部的脆弱性影响因素,故仅将典型的脆弱性影响因素进行展示,同时结合脆弱性的特征要素,得到航空运输系统脆弱性典型影响因素,见表2-7。

2.3.2.3 脆弱性特征要素递次呈现过程分析

航空运输系统是一个复杂系统,事故的发生往往是安全隐患、人为差错、功能失效和机械故障等共同作用的结果。航空运输系统脆弱性特征要素之间均存在信息、能量和物质的交换,且暴露度、敏感度以及三要素存在递次呈现的规律。

为更好地分析航空运输系统脆弱性特征要素间的关系,以2018年8月16日厦门航空CXA8667航班在菲律宾马尼拉的尼诺·阿基诺国际机场发生跑道横向偏离事故为例,分析系统脆弱性特征要素的递次呈现过程,建立事故脆弱性影响因素关联图,如图2-15所示。

表2-7 航空运输系统脆弱性典型影响因素

第一层级	第二层级	第三层级	航空运输系统脆弱性典型影响因素			说明
航空运输系统脆弱性	暴露度	人	机组违规操作	管制员发错指令	乘客异常行为	暴露度取决于系统受到扰动的概率、位置和强度,例如机组违规操作、空中停车等都会直接增加系统暴露威胁的程度
		人	机组错误判断	管制员超负荷工作	签派员决策失误	
		机	空中停车	飞机系统异常	空中失去控制	
		环	天气恶劣程度	机场环境复杂	空管运行失衡	
		管	部门冲突概率	安全监管不到位	安全政策执行不到位	
	敏感度	人	机组心理状态	管制员知识技能水平	机务素质水平	敏感度是衡量系统受到扰动产生的不利影响程度,具体是指能对系统偏离正常状态的程度,其中机组安全意识不足等会容易导致系统偏离正常状态,是事故发生的隐患
		机	飞机故障频次	飞机固有设计缺陷	—	
		环	机场运行状态	通导监设备故障率	恶劣天气出现频率	
		管	管理标准失察率	安全方针的制定与实施情况	规章制度效能	
	适应度	人	机组应急处理能力	管制员特情应对能力	签派员应急协调能力	适应度是衡量系统受到扰动后产生不利影响时恢复正常的能力,例如当机组违规操作导致飞机近地,此时近地警告提醒飞行员注意,飞行员立即采取措施,将可避免事故发生
		机	飞机告警系统有效性	—	—	
		环	机场应急保障情况	空管系统告警服务	—	
		管	应急预案制定与实施情况	应急资源保障情况	—	

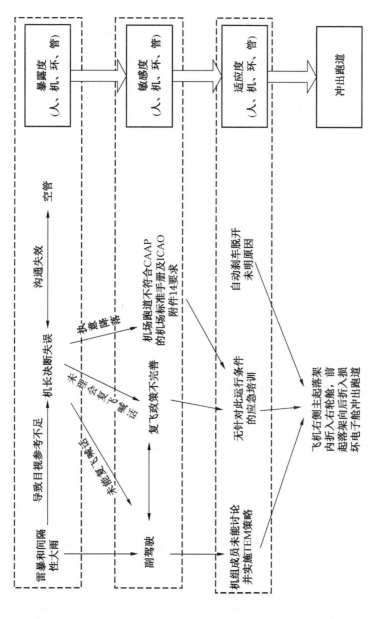

图 2-15 厦门航空 CXA8667 航班事故脆弱性影响因素致因关联图

为进一步厘清航空运输系统在受到扰动后直到发生事故的过程中影响因素的传递过程，以及递次呈现过程中影响因素的耦合作用，故采用触发器原理分析航空运输系统脆弱性递次过程。在实际的数学系统中，把在时钟信号触发时才能动作的存储单元电路称为触发器，只有当时钟脉冲出现才会被"触发"而动作，从而改变信号输出状态。利用耦合触发器原理可以判断脆弱性因素耦合作用是否会刺激触发器产生新脉冲进而引发一系列变化规律，使系统运行功能病态导致事故发生。若 T 为扰动作用于系统的时间周期，$R(t_1)$ 为 t_1 时刻因扰动作用产生的脆弱性影响脉冲，$D_H(t_1)$、$D_A(t_1)$、$D_E(t_1)$、$D_M(t_1)$ 分别为 t_1 时刻暴露度中人、机、环、管脆弱性影响因素的阈值；$C_H(t_2)$、$C_A(t_2)$、$C_E(t_2)$、$C_M(t_2)$ 分别为 t_2 时刻敏感度中人、机、环、管脆弱性影响因素的阈值；$R(t_2)$ 为经过暴露度后 t_2 时刻的脆弱性影响因素脉冲；$B_H(t_3)$、$B_A(t_3)$、$B_E(t_3)$、$B_M(t_3)$ 分别为 t_3 时刻适应度中人、机、环、管脆弱性影响因素的阈值；$R(t_3)$ 为 t_3 时刻出现的耦合脆弱性影响因素脉冲。脆弱性影响因素耦合过程，如图 2-16 所示，系统受到扰动后的运行状态，如图 2-17 所示。

结合图 2-16 与图 2-17 分析可知：

（1）系统受到扰动，t_1 时刻出现了因扰动而产生的脆弱性影响脉冲 $R(t_1)$，此时 A 点暴露度出现，系统运行状态开始下降，并达到最低点。

若 $R(t_1) \leq \min\{D_H(t_1), D_A(t_1), D_E(t_1), D_M(t_1)\}$，则表明系统并未突破暴露度中人、机、环、管脆弱性影响因素的阈值，但会对安全造成威胁。

若 $R(t_1) > \min\{D_H(t_1), D_A(t_1), D_E(t_1), D_M(t_1)\}$，则表明冲破暴露度中人、机、环、管脆弱性影响因素的阈值，将会到达敏感度。

（2）从 A 点到 B 点是敏感度作用的阶段，敏感度取决于系统本身状态，能够缓冲威胁带来的危害，$R(t_1)$ 经暴露度作用后变化为 $R(t_2)$。

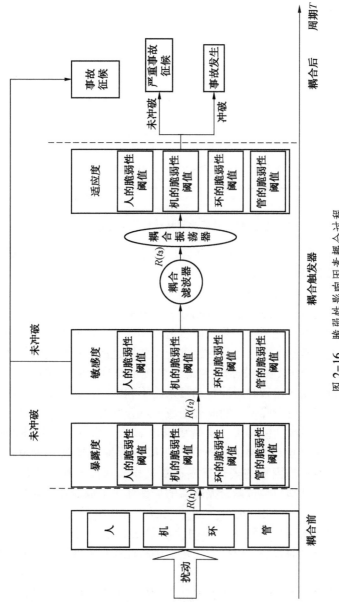

图 2-16 脆弱性影响因素耦合过程

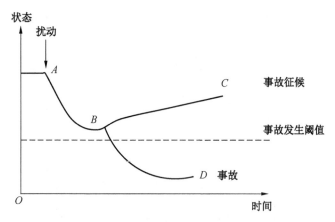

图 2-17 系统受到扰动后的运行状态

若 $R(t_2) \leqslant \min\{C_H(t_2),C_A(t_2),C_E(t_2),C_M(t_2)\}$，则表明系统并未突破可运行状态阈值。

若 $R(t_2) > \min\{C_H(t_2),C_A(t_2),C_E(t_2),C_M(t_2)\}$，则表明冲破系统可运行状态阈值，可能导致事故的发生。

（3）B 点之后，则是适应度起作用阶段，此时 $R(t_1)$ 脉冲经暴露度与敏感度递次呈现后经耦合滤波器过滤后将产生新的脉冲 $R(t_3)$，其中滤波器是指航空运输系统本身具有的过滤功能，会通过自身的作用暂时缓冲扰动带来的不利影响，此时的影响因素耦合程度会有所降低，暂时处于较低耦合状态。当 $R(t_1)$ 突破暴露度阈值后到达敏感度，会视敏感度影响因素（即系统本身的情况）承受扰动带来的运行状态下降的程度。当航空运输系统各脆弱性影响因素的耦合集成不断累积，则很大程度会超过阈值，并突破阀门经过耦合振荡器的振荡作用形成新脉冲 $R(t_3)$。

若 $R(t_3) \leqslant \min\{B_H(t_3),B_A(t_3),B_E(t_3),B_M(t_3)\}$，则系统运行状态逐渐回升，到达 C 点时为较稳定状态，但因为已经对安全产生较大的影响，根据上述定义则将此扰动事件归纳为事故征候。

若 $R(t_3) > \min\{B_H(t_3),B_A(t_3),B_E(t_3),B_M(t_3)\}$，则表明新

的脉冲 $R(t_3)$ 突破了适应度的恢复能力，导致事故发生，如图 2-17 中 D 点所示。

由此可见，系统在 t_1 时刻受到扰动，A 点暴露度显现，之后 $t_1 \sim t_2$ 时段敏感度发挥作用并达到系统运行状态最低点 B，t_3 时刻适应度开始作用，若恢复能力较差，则突破阈值到达事故点 D，反之则到达事故征候点 C。航空事故的发生是航空运输系统受到扰动后，经过暴露度、敏感度、适应度递次呈现后所导致的，同时脆弱性影响耦合程度会随着阈值被突破而逐渐增强。

2.3.3 脆弱性因素耦合分析

为探究脆弱性因素耦合对系统脆弱性以及航空事故影响作用，且重特大航空事故给航空运输系统安全运行造成严重的威胁，事故原因也呈现出多元性与复杂性，同时也是最典型的脆弱性事件。本节选取 1973—2019 年 120 起全球重大航空事故为数据基础，利用 N-K 模型，量化分析航空运输脆弱性影响因素耦合效应值，通过对脆弱性影响因素耦合效应值直觉模糊化处理（Intuitionistic Fuzzy Sets，IFS），提出了基于直觉模糊集结合逼近理想解排序法（Technique for Order Preference by Similarity to Ideal Solution，TOPSIS）的考虑耦合效应的脆弱性影响因素排序模型，实现对关键航空运输耦合脆弱性影响因素的识别，并提出考虑交互耦合效应的修正 Reason 模型，如图 2-18 所示。

2.3.3.1 N-K 模型原理

N-K 模型可以分析和衡量系统组件之间的依赖程度，最开始用于解决生物基因组合进化的复杂问题，其中包含两个重要参数 N 和 K，N 是系统的组件个数；K 是各脆弱性影响因素相互作用的相互耦合数目。若系统中有 N 个子系统，每个子系统间有 n 种相互作用方式，则共有 n^N 种相互作用方式，且 K 的取值范围为 $[0, N-1]$。根据图 2-17，扰动作用下的脉冲能否突破脆弱性三要素的阈值，用 0、1 表示，当 $n=0$，表示扰动带来的脉冲并未冲破脆弱性影响因素的阈值；当 $n=1$，表示扰动带来的脉冲冲破了影响因素的阈值：

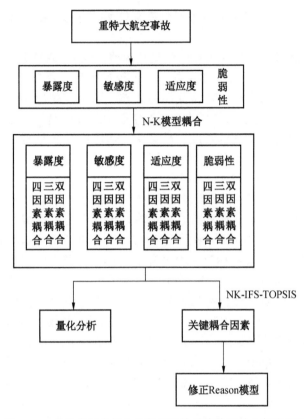

图 2-18 基于多因素耦合的航空运输系统脆弱性分析流程图

$$T_4 = T(H, A, E, M)$$
$$= \sum_{i=1}^{I} \sum_{j=1}^{J} \sum_{k=1}^{K} \sum_{l=1}^{L} \{ P_{ijkl} \cdot \log_2 [P_{ijkl} / (P_i \cdot P_j \cdot P_k \cdot P_l)] \}$$

$$(2-13)$$

式中，H、A、E、M 分别表示人、机、环、管 4 类影响因素；$P_{i,j,k,l}$ 表示人在第 i 种状态下、飞机在第 j 种状态下、环境在第 k 种状态、管理在第 l 种状态下，4 种脆弱性因素耦合发生的概率；P_i、P_j、P_k、P_l 分别表示人、机、环、管在 i、j、k、l 状态下发生的概率；T_4 表示脆弱性四因素耦合后的量化评估。

　　航空运输系统由人-机-环-管 4 个因素组成的，事故的发生可能是不同因素的耦合而导致的，包括单因素脆弱性影响因素耦合、双因素脆弱性影响因素耦合以及多因素脆弱性影响因素耦合。由于单因素耦合是某因素内部不同因子之间耦合，无法得知其交互信息，因此本节只考虑双因素与三因素的情况，其中脆弱性双因素影响因素 T_2 的耦合计算：

$$T_2 = \begin{cases} T(H,A) = \sum_{i=1}^{I} \sum_{j=1}^{J} P_{ij} \cdot \log_2(P_{ij}/P_i \cdot P_j) \\[2mm] T(H,E) = \sum_{i=1}^{I} \sum_{k=1}^{K} P_{ik} \cdot \log_2(P_{ik}/P_i \cdot P_k) \\[2mm] T(H,M) = \sum_{i=1}^{I} \sum_{l=1}^{L} P_{il} \cdot \log_2(P_{il}/P_i \cdot P_l) \\[2mm] T(A,E) = \sum_{j=1}^{J} \sum_{k=1}^{K} P_{jk} \cdot \log_2(P_{jk}/P_j \cdot P_k) \\[2mm] T(A,M) = \sum_{j=1}^{J} \sum_{l=1}^{L} P_{jl} \cdot \log_2(P_{jl}/P_j \cdot P_l) \\[2mm] T(E,M) = \sum_{k=1}^{K} \sum_{l=1}^{L} P_{kl} \cdot \log_2(P_{kl}/P_k \cdot P_l) \end{cases} \quad (2\text{-}14)$$

脆弱性三因素影响因素 T_3 的耦合计算：

$$T_3 = \begin{cases} T(H,A,E) = \sum_{i=1}^{I} \sum_{j=1}^{J} \sum_{k=1}^{K} P_{ijk} \cdot \log_2(P_{ijk}/P_i \cdot P_j \cdot P_k) \\[2mm] T(H,A,M) = \sum_{i=1}^{I} \sum_{j=1}^{J} \sum_{l=1}^{L} P_{ijl} \cdot \log_2(P_{ijl}/P_i \cdot P_j \cdot P_l) \\[2mm] T(H,E,M) = \sum_{i=1}^{I} \sum_{k=1}^{K} \sum_{l=1}^{L} P_{ikl} \cdot \log_2(P_{ikl}/P_i \cdot P_k \cdot P_l) \\[2mm] T(A,E,M) = \sum_{j=1}^{J} \sum_{k=1}^{K} \sum_{l=1}^{L} P_{jkl} \cdot \log_2(P_{jkl}/P_j \cdot P_k \cdot P_l) \end{cases} \quad (2\text{-}15)$$

最后对 T_2、T_3、T_4 进行排序分析，研究航空运输系统安全脆弱性因素的耦合情况，对后续的脆弱性评价等工作奠定基础。

2.3.3.2 脆弱性耦合类型分析

航空运输系统的脆弱性大小是根据脆弱性影响因素受到扰动时相互耦合的动态变化所决定的，因此可通过分析脆弱性影响因素间的耦合作用来衡量系统脆弱性。在航空运输系统脆弱性影响因素分类的基础上，可分为以下3种类型。

1. 单因素耦合系统脆弱性

单因素耦合系统脆弱性指航空运输系统脆弱性单个子因素之间的相互作用所引起的系统脆弱性，具体是指人为因素耦合脆弱性、航空器因素耦合脆弱性、环境因素耦合脆弱性、管理因素耦合脆弱性。例如：2018年7月10日国航副驾驶吸烟事件中，副驾驶在驾驶舱内吸电子烟，错误地关闭相邻空调组件，最终导致客舱氧气不足，虽未造成重大事故，却造成巨大安全隐患。这起严重不安全事件就是典型的人为因素中的机组违规操作所导致的。

2. 双因素耦合系统脆弱性

双因素耦合系统脆弱性是指两个脆弱性影响因素间的相互作用和影响所引起的系统脆弱性，具体包括人-机（H-A）因素耦合脆弱性、人-环（H-E）因素耦合脆弱性、人-管（H-M）因素耦合脆弱性、机-环（A-E）因素耦合脆弱性、机-管（A-M）因素耦合脆弱性、环-管（E-M）因素耦合脆弱性。例如：2009年全美航空1549号航班迫降事件，该航班在起飞后90 s后，因鸟击导致双发失效，最后迫降在纽约哈德逊河。这起事件就是机-环因素耦合脆弱性所导致的。

3. 多因素耦合系统脆弱性

多因素耦合系统脆弱性是指三个以上脆弱性影响因素的相互作用和影响导致的系统脆弱性，具体包括人-机-环（H-A-E）因素耦合脆弱性、人-机-管（H-A-M）因素耦合脆弱性、人-环-管（H-E-M）因素耦合脆弱性、机-环-管（A-E-M）因素耦合脆弱性、人-机-环-管（H-A-E-M）因素耦合脆弱性。例如：2014年台湾复兴航空GE-222航班事故，飞机降落时由于受恶劣天气影响，导致飞机失速离地面很近与本身飞机老化问题，飞行员亦未正确操作，最终导致飞机坠落。这起事故属于人-机-环因素耦合脆弱性所导致的。

基于此，结合脆弱性的三个特征要素，将从两个方面分析航空运输系统脆弱性。一是对系统脆弱性因素进行单因素、双因素、多因素耦合脆弱性分析；二是对于脆弱性的三个特征要素的暴露度、敏感度、适应度分别进行单因素、双因素、多因素耦合脆弱性分析。

2.3.3.3 N-K 模型应用

基于 N-K 模型原理，以 0 表示扰动产生的脉冲未冲破阈值，1 表示扰动产生的脉冲冲破阈值，进行因素耦合共有 16 种形式。其中 0000、1000、0100、0010、0001 表示 5 种单因素耦合形式；1100、1010、0110、0101、1001、0011 表示双因素耦合形式；1011、1101、1110、0111、1111 表示多因素耦合形式，即各位上的 0 或 1 数字分别表示人、机、环、管因素是否发生。

以航空安全网（Aviation Safety Network，ASN）收录的航空事故调查报告或简介为基础，用以分析航空运输系统脆弱性多因素耦合情况。航空安全网是由飞行安全基金会支持成立的，用于收录各类航空事故调查报告、航空事故详情描述、航空安全新闻、ICAO 安全报告以及 IATA 安全报告等各类与航空运输安全相关的信息。

其中航空事故调查报告是由航空事故调查局针对某一起航空事故或严重事故征候或不安全事件的调查分析报告。不同的航空事故调查报告会存在格式与内容的差异等情况，但一般记录以下信息：

（1）事实信息（Factual information）。事实信息主要记录四大部分：此次事故涉及航班的过往飞行情况；事故造成的人员伤亡、飞机损坏以及其他损坏情况；与此次事故的所有基本情况，包括机组人员、飞机、气象、通信导航监视、机场以及飞行记录器等信息；事故发生后搜寻与救援情况。

（2）事故分析（Analysis）。事故分析部分主要对此次事故的飞行事件过程进行分析，此部分按时间序列详细记录了从航班起飞到事故发生的全过程，包含：飞行员的操作过程、飞机的飞行参数以及陆空通话等详细情况。同时针对可能造成此次事故的直接原因进行重点分析，如飞机为什么没有捕获航道台与下滑道的信号（Aviation investigation report A11H0002）。

（3）结论或发现（Conclusion/Findings）。结论或发现是对第二部分的事故分析进行原因总结概况，概括可能导致此次事故的直接原因（Causes）、促成因素（Contributing factors）以及潜在风险（Risk）。

（4）安全建议或举措（Safety Recommendation/Safety Action）。安全建议或举措是对涉及此次事故的组织机构，如航空运输局、航空公司、机场、管制单位、飞机制造商等提出的相关安全建议，包括修改规章制度、增加安全检查监督措施、改善飞机设施部件的设计等。

因此，选取航空安全网（Aviation Safety Network）公布的1973—2019年全球航空安全事故中120起重大事故，根据每一事故的直接原因、促成原因以及潜在风险，从暴露度、敏感度、适应度、脆弱性因素四方面进行耦合因素关系分析，其中每一方面对应的发生频次与概率，见表2-8。

在计算耦合度前，应分别计算单因素耦合相关概率、双因素耦合相关概率以及多因素耦合相关概率。单因素耦合相关概率为

$$P_{0...} = P_{0000} + P_{0100} + P_{0010} + P_{0001} + P_{0110} + P_{0101} + P_{0011} + P_{0111} = 0.3583$$

$$(2-16)$$

双因素耦合相关概率为

$$P_{00..} = P_{0000} + P_{0010} + P_{0001} + P_{0011} = 0.1417 \qquad (2-17)$$

多因素耦合相关概率为

$$P_{000.} = P_{0000} + P_{0001} = 0.0167 \qquad (2-18)$$

同理可求出其他耦合相关概率，见表2-9至表2-12。

表 2-8　航空运输系统脆弱性影响因素耦合次数与频率

耦合因素	耦合类型	次　数　与　频　率					
暴露度	单因素耦合	$N(0000)=0$ $P_{0000}=0.0000$	$N(1000)=10$ $P_{1000}=0.0833$	$N(0100)=16$ $P_{0100}=0.1333$	$N(0010)=9$ $P_{0010}=0.0750$	$N(0001)=2$ $P_{0001}=0.0167$	—
	双因素耦合	$N(1100)=4$ $P_{1100}=0.0333$	$N(1010)=11$ $P_{1010}=0.0917$	$N(1001)=28$ $P_{1001}=0.2333$	$N(0110)=3$ $P_{0110}=0.0250$	$N(0101)=6$ $P_{0101}=0.0500$	$N(0011)=6$ $P_{0011}=0.0500$
	多因素耦合	$N(1110)=3$ $P_{1110}=0.0250$	$N(1101)=4$ $P_{1101}=0.0333$	$N(1011)=14$ $P_{1011}=0.1167$	$N(0111)=1$ $P_{0111}=0.0083$	$N(1111)=3$ $P_{1111}=0.0250$	—
敏感度	单因素耦合	$N(0000)=0$ $P_{0000}=0.0000$	$N(1000)=7$ $P_{1000}=0.0583$	$N(0100)=9$ $P_{0100}=0.0750$	$N(0010)=4$ $P_{0010}=0.0333$	$N(0001)=7$ $P_{0001}=0.0583$	—
	双因素耦合	$N(1100)=5$ $P_{1100}=0.0417$	$N(1010)=11$ $P_{1010}=0.0917$	$N(1001)=37$ $P_{1001}=0.3083$	$N(0110)=2$ $P_{0110}=0.0167$	$N(0101)=2$ $P_{0101}=0.0167$	$N(0011)=4$ $P_{0011}=0.0333$
	多因素耦合	$N(1110)=1$ $P_{1110}=0.0083$	$N(1101)=10$ $P_{1101}=0.0833$	$N(1011)=15$ $P_{1011}=0.1250$	$N(0111)=1$ $P_{0111}=0.0083$	$N(1111)=5$ $P_{1111}=0.0417$	—

表2-8（续）

耦合因素	耦合类型	次数与频率					
适应度	单因素耦合	$N(0000)=0$ $P_{0000}=0.0000$	$N(1000)=6$ $P_{1000}=0.0500$	$N(0100)=6$ $P_{0100}=0.0500$	$N(0010)=2$ $P_{0010}=0.0167$	$N(0001)=3$ $P_{0001}=0.0250$	—
	双因素耦合	$N(1100)=7$ $P_{1100}=0.0583$	$N(1010)=4$ $P_{1010}=0.0333$	$N(1001)=27$ $P_{1001}=0.2250$	$N(0110)=3$ $P_{0110}=0.0250$	$N(0101)=4$ $P_{0101}=0.0333$	$N(0011)=8$ $P_{0011}=0.0667$
	多因素耦合	$N(1110)=3$ $P_{1110}=0.0250$	$N(1101)=16$ $P_{1101}=0.1333$	$N(1011)=18$ $P_{1011}=0.1500$	$N(0111)=1$ $P_{0111}=0.0083$	$N(1111)=12$ $P_{1111}=0.1000$	—
脆弱性	单因素耦合	$N(0000)=0$ $P_{0000}=0.0000$	$N(1000)=1$ $P_{1000}=0.0083$	$N(0100)=3$ $P_{0100}=0.0250$	$N(0010)=1$ $P_{0010}=0.0083$	$N(0001)=2$ $P_{0001}=0.0167$	—
	双因素耦合	$N(1100)=4$ $P_{1100}=0.0333$	$N(1010)=5$ $P_{1010}=0.0417$	$N(1001)=16$ $P_{1001}=0.1333$	$N(0110)=2$ $P_{0110}=0.0167$	$N(0101)=3$ $P_{0101}=0.0250$	$N(0011)=3$ $P_{0011}=0.0250$
	多因素耦合	$N(1110)=4$ $P_{1110}=0.0333$	$N(1101)=25$ $P_{1101}=0.2083$	$N(1011)=26$ $P_{1011}=0.2167$	$N(0111)=2$ $P_{0111}=0.0167$	$N(1111)=23$ $P_{1111}=0.1917$	—

表2-9　暴露度因素耦合概率

耦合类型	概率							
单因素	$P_{0...}=0.3583$	$P_{1...}=0.6416$	$P_{.0..}=0.6667$	$P_{.1..}=0.3332$	$P_{..0.}=0.5824$	$P_{..1.}=0.4167$	$P_{...0}=0.4666$	$P_{...1}=0.5333$
双因素	$P_{00..}=0.1417$	$P_{01..}=0.2166$	$P_{10..}=0.5250$	$P_{11..}=0.1166$	$P_{0.0.}=0.2000$	$P_{0.1.}=0.1583$	$P_{1.0.}=0.3822$	$P_{1.1.}=0.2584$
	$P_{0..0}=0.2333$	$P_{0..1}=0.1250$	$P_{1..0}=0.2333$	$P_{1..1}=0.4083$	$P_{.00.}=0.3334$	$P_{.01.}=0.3333$	$P_{.10.}=0.2499$	$P_{.11.}=0.0833$
	$P_{.0.0}=0.2500$	$P_{.0.1}=0.4167$	$P_{.1.0}=0.2166$	$P_{.1.1}=0.1166$	$P_{..00}=0.3333$	$P_{..01}=0.2499$	$P_{..10}=0.2167$	$P_{..11}=0.2000$
多因素	$P_{000.}=0.0167$	$P_{100.}=0.3166$	$P_{010.}=0.1833$	$P_{001.}=0.1250$	$P_{110.}=0.0666$	$P_{101.}=0.2084$	$P_{011.}=0.0333$	$P_{111.}=0.0500$
	$P_{00.0}=0.0750$	$P_{10.0}=0.1750$	$P_{01.0}=0.1583$	$P_{00.1}=0.0667$	$P_{11.0}=0.0583$	$P_{10.1}=0.3500$	$P_{01.1}=0.0583$	$P_{11.1}=0.0583$
	$P_{0.00}=0.1333$	$P_{1.00}=0.1166$	$P_{0.10}=0.1000$	$P_{0.01}=0.0667$	$P_{1.10}=0.1167$	$P_{1.01}=0.2666$	$P_{0.11}=0.0583$	$P_{1.11}=0.1417$
	$P_{.000}=0.0833$	$P_{.100}=0.1666$	$P_{.010}=0.1667$	$P_{.001}=0.2500$	$P_{.110}=0.0500$	$P_{.101}=0.0833$	$P_{.011}=0.1667$	$P_{.111}=0.0333$

表2-10　敏感度因素耦合概率

耦合类型	概率							
单因素	$P_{0...}=0.2416$	$P_{1...}=0.7583$	$P_{.0..}=0.7082$	$P_{.1..}=0.2917$	$P_{..0.}=0.6416$	$P_{..1.}=0.3583$	$P_{...0}=0.3250$	$P_{...1}=0.6749$
双因素	$P_{00..}=0.1249$	$P_{01..}=0.1167$	$P_{10..}=0.5833$	$P_{11..}=0.1750$	$P_{0.0.}=0.1500$	$P_{0.1.}=0.0916$	$P_{1.0.}=0.4916$	$P_{1.1.}=0.2667$
	$P_{0..0}=0.1250$	$P_{0..1}=0.1166$	$P_{1..0}=0.2000$	$P_{1..1}=0.5583$	$P_{.00.}=0.4249$	$P_{.01.}=0.2833$	$P_{.10.}=0.2167$	$P_{.11.}=0.0750$
	$P_{.0.0}=0.1833$	$P_{.0.1}=0.5249$	$P_{.1.0}=0.1417$	$P_{.1.1}=0.1500$	$P_{..00}=0.1750$	$P_{..01}=0.4666$	$P_{..10}=0.1500$	$P_{..11}=0.2083$
多因素	$P_{000.}=0.0583$	$P_{100.}=0.3666$	$P_{010.}=0.0917$	$P_{001.}=0.0666$	$P_{110.}=0.1250$	$P_{101.}=0.2167$	$P_{011.}=0.0250$	$P_{111.}=0.0500$
	$P_{00.0}=0.0333$	$P_{10.0}=0.1500$	$P_{01.0}=0.0917$	$P_{00.1}=0.0916$	$P_{11.0}=0.0500$	$P_{10.1}=0.4333$	$P_{01.1}=0.0250$	$P_{11.1}=0.1250$
	$P_{0.00}=0.0750$	$P_{1.00}=0.1000$	$P_{0.10}=0.0500$	$P_{0.01}=0.0750$	$P_{1.10}=0.1000$	$P_{1.01}=0.3916$	$P_{0.11}=0.0416$	$P_{1.11}=0.1667$
	$P_{.000}=0.0583$	$P_{.100}=0.1167$	$P_{.010}=0.1250$	$P_{.001}=0.3666$	$P_{.110}=0.0250$	$P_{.101}=0.1000$	$P_{.011}=0.1583$	$P_{.111}=0.0500$

表 2-11　适应度因素耦合概率

耦合类型	概率							
单因素	$P_{0...}=0.2250$	$P_{1...}=0.7749$	$P_{.0..}=0.5667$	$P_{.1..}=0.4332$	$P_{..0.}=0.5749$	$P_{..1.}=0.4250$	$P_{...0}=0.2583$	$P_{...1}=0.7416$
双因素	$P_{00..}=0.1084$	$P_{01..}=0.1166$	$P_{10..}=0.4583$	$P_{11..}=0.3166$	$P_{.0.0}=0.1083$	$P_{.0.1}=0.1167$	$P_{.1.0}=0.4666$	$P_{.1.1}=0.3083$
	$P_{0.0.}=0.0917$	$P_{0.1.}=0.1333$	$P_{1.0.}=0.1666$	$P_{1.1.}=0.6083$	$P_{.00.}=0.3000$	$P_{.01.}=0.2667$	$P_{.10.}=0.2749$	$P_{.11.}=0.1583$
	$P_{0..0}=0.1000$	$P_{0..1}=0.4667$	$P_{1..0}=0.1583$	$P_{1..1}=0.2749$	$P_{..00}=0.1583$	$P_{..01}=0.4166$	$P_{..10}=0.1000$	$P_{..11}=0.3250$
多因素	$P_{000.}=0.0250$	$P_{100.}=0.2750$	$P_{010.}=0.0833$	$P_{001.}=0.0834$	$P_{110.}=0.1916$	$P_{101.}=0.1833$	$P_{011.}=0.0333$	$P_{111.}=0.1250$
	$P_{00.0}=0.0167$	$P_{10.0}=0.0833$	$P_{01.0}=0.0750$	$P_{00.1}=0.0917$	$P_{11.0}=0.0833$	$P_{10.1}=0.3750$	$P_{01.1}=0.0416$	$P_{11.1}=0.2333$
	$P_{0.00}=0.0500$	$P_{1.00}=0.1083$	$P_{0.10}=0.0417$	$P_{0.01}=0.0583$	$P_{1.10}=0.0583$	$P_{1.01}=0.3583$	$P_{0.11}=0.0750$	$P_{1.11}=0.2500$
	$P_{.000}=0.0500$	$P_{.100}=0.1083$	$P_{.010}=0.0500$	$P_{.001}=0.2500$	$P_{.110}=0.0500$	$P_{.101}=0.1666$	$P_{.011}=0.2167$	$P_{.111}=0.1083$

表 2-12　脆弱性因素耦合概率

耦合类型	概率							
单因素	$P_{0...}=0.1334$	$P_{1...}=0.8666$	$P_{.0..}=0.4500$	$P_{.1..}=0.5500$	$P_{..0.}=0.4499$	$P_{..1.}=0.5500$	$P_{...0}=0.1666$	$P_{...1}=0.8334$
双因素	$P_{00..}=0.0500$	$P_{01..}=0.0834$	$P_{10..}=0.4000$	$P_{11..}=0.4666$	$P_{.0.0}=0.0667$	$P_{.0.1}=0.3832$	$P_{.1.0}=0.0667$	$P_{.1.1}=0.4834$
	$P_{0.0.}=0.0500$	$P_{0.1.}=0.0834$	$P_{1.0.}=0.1166$	$P_{1.1.}=0.7500$	$P_{.00.}=0.1583$	$P_{.01.}=0.2916$	$P_{.10.}=0.2917$	$P_{.11.}=0.2584$
	$P_{0..0}=0.0583$	$P_{0..1}=0.3917$	$P_{1..0}=0.1083$	$P_{1..1}=0.4417$	$P_{..00}=0.0666$	$P_{..01}=0.1000$	$P_{..10}=0.3833$	$P_{..11}=0.4501$
多因素	$P_{000.}=0.0167$	$P_{100.}=0.1416$	$P_{010.}=0.0500$	$P_{001.}=0.0333$	$P_{110.}=0.2416$	$P_{101.}=0.0334$	$P_{011.}=0.0334$	$P_{111.}=0.2250$
	$P_{00.0}=0.0083$	$P_{10.0}=0.0500$	$P_{01.0}=0.0417$	$P_{00.1}=0.0417$	$P_{11.0}=0.0666$	$P_{10.1}=0.0417$	$P_{01.1}=0.3500$	$P_{11.1}=0.4000$
	$P_{0.00}=0.0250$	$P_{1.00}=0.0416$	$P_{0.10}=0.0250$	$P_{0.01}=0.0417$	$P_{1.10}=0.0750$	$P_{1.01}=0.0417$	$P_{0.11}=0.3416$	$P_{1.11}=0.4084$
	$P_{.000}=0.0083$	$P_{.100}=0.0583$	$P_{.010}=0.0500$	$P_{.001}=0.1500$	$P_{.110}=0.0500$	$P_{.101}=0.2417$	$P_{.011}=0.2333$	$P_{.111}=0.2084$

表 2-13 暴露度因素、敏感度因素、适应度因素、脆弱性因素的耦合值及排序

耦合类型	暴露度因素耦合值	敏感度因素耦合值	适应度因素耦合值	脆弱性因素耦合值
人-机	$T_B(H,A)=0.1326$	$T_M(H,A)=0.0386$	$T_S(H,A)=0.0063$	$T_C(H,A)=0.0026$
人-环	$T_B(H,E)=0.0012$	$T_M(H,E)=0.0006$	$T_S(H,E)=0.0076$	$T_C(H,E)=0.0011$
人-管	$T_B(H,M)=0.0558$	$T_M(H,M)=0.0373$	$T_S(H,M)=0.0230$	$T_C(H,M)=0.0288$
机-管	$T_B(A,M)=0.0493$	$T_M(A,M)=0.0341$	$T_S(A,M)=0.0330$	$T_C(A,M)=0.0059$
环-管	$T_B(E,M)=0.0060$	$T_M(E,M)=0.0160$	$T_S(E,M)=0.0016$	$T_C(E,M)=0.0015$
机-环	$T_B(A,E)=0.0429$	$T_M(A,E)=0.0138$	$T_S(A,E)=0.0082$	$T_C(A,E)=0.0232$
人-机-环	$T_B(H,A,E)=0.2806$	$T_M(H,A,E)=0.0617$	$T_S(H,A,E)=0.0536$	$T_C(H,A,E)=0.0272$
人-机-管	$T_B(H,A,M)=0.2073$	$T_M(H,A,M)=0.1257$	$T_S(H,A,M)=0.0771$	$T_C(H,A,M)=0.0433$
人-环-管	$T_B(H,E,M)=0.0677$	$T_M(H,E,M)=0.0566$	$T_S(H,E,M)=0.0339$	$T_C(H,E,M)=0.0328$
机-环-管	$T_B(A,E,M)=0.1257$	$T_M(A,E,M)=0.1134$	$T_S(A,E,M)=0.0434$	$T_C(A,E,M)=0.0397$
人-机-环-管	$T_B(H,A,E,M)=0.3881$	$T_M(H,A,E,M)=0.2273$	$T_S(H,A,E,M)=0.1362$	$T_C(H,A,E,M)=0.0805$

注：H、A、E、M 分别表示人的因素、航空器因素、环境因素、管理因素；T_S 为适应度因素耦合值；T_C 为脆弱性因素耦合值；T_M 为敏感度因素耦合值；T_B 为暴露度因素耦合值，其中 $T_B(H,A)$ 表示暴露度因素的人-机耦合；$T_B(H,A,E)$ 表示暴露度因素的人-机-环耦合；$T_B(H,A,E,M)$ 表示暴露度因素的人-机-环-管耦合；其他因素依此类推。

根据表 2-9 至表 2-12 中的暴露度、敏感度、适应度、脆弱性因素的耦合相关概率，并代入式（2-13）至式（2-15）计算暴露度、敏感度、适应度、脆弱性因素的双因素以及多因素的耦合值，见表 2-13。

2.3.4 关键脆弱性因素识别

2.3.4.1 基于 NK-IFS-TOPSIS 的因素排序方法建模

考虑到在航空事故调查报告中所提取的航空运输系统脆弱性影响因素具有信息模糊性与描述性的特点，为了更好地识别关键因素，本节将基于 N-K 模型量化后的各种耦合类型脆弱性因素的耦合值，先进行直觉模糊化处理，得到直觉模糊集后，通过基于脆弱性的三个特征要素结合熵权法，得到加权直觉模糊集，利用逼近理想解排序法对脆弱性影响因素进行排序，从而识别关键因素，对制定相关的航空事故控制策略提供理论依据，其建模方法如下所述。

1. 构建直觉模糊集决策矩阵

基于 TOPSIS 思想，结合航空运输系统脆弱性影响因素的类别，设有 n 个脆弱性影响因素 x_j，确定脆弱性影响因素集 $X = \{x_1, x_2, \cdots, x_n\}$，本节可设脆弱性影响因素集为 $X = \{x_1, x_2, x_3, x_4\}$，其中 x_1 表示人为因素 H，x_2 表示航空器因素 A，x_3 表示环境因素 E，x_4 表示管理因素 M。设每个脆弱性因素 m 个属性，确定属性集 $O = \{o_1, o_2, \cdots, o_m\}$，考虑航空运输系统脆弱性影响因素耦合情况，可设属性集 $O = \{o_1, o_2\}$，其中 o_1 为两个因素耦合作用效果，o_2 为三个因素耦合作用效果。将表 2-13 的脆弱性因素耦合值，代入式（2-19）求得评价值 a_{ij}。

$$a_{ij} = \sum_{l=1}^{n} \cdots \sum_{j=1}^{n} \sum_{k=1}^{n} T(x_1, x_2, \cdots, x_n) \qquad (2-19)$$

引入直觉模糊数，对评价值 a_{ij} 进行直觉模糊处理，得到直觉模糊集 $F_{ij} = \langle \mu_{ij}, v_{ij} \rangle$，$\mu_{ij}$、$v_{ij}$ 分别表示脆弱性因素关于属性集的优属度与非优属度，且 $0 \leqslant \mu_{ij} + v_{ij} \leqslant 1$，计算公式见式（2-20）

和式（2-21）。关于脆弱性影响因素所对应的两个属性评价值记做向量 A_j，$A_j = (F_{1j}, F_{2j}, \cdots, F_{mj})^{\mathrm{T}} = (<\mu_{1j}, v_{1j}>, <\mu_{2j}, v_{2j}>, \cdots, <\mu_{mj}, v_{mj}>)^{\mathrm{T}}$ 且可将因素排序转换为直觉模糊集多属性决策问题的可用矩阵 $F = (<\mu_{ij}, v_{ij}>)_{m \times n}$。

$$\mu_{ij} = \begin{cases} \alpha_i \dfrac{a_{ij}}{a_i^{\max}} & i \in \Omega_b \\[2mm] \delta_i \dfrac{a_i^{\min}}{a_{ij}} & i \in \Omega_c, \ a_i^{\min} \neq 0 \\[2mm] \delta_i \left(1 - \dfrac{a_{ij}}{a_i^{\max}}\right) & i \in \Omega_c, \ a_i^{\min} = 0 \end{cases} \qquad (2-20)$$

$$v_{ij} = \begin{cases} \beta_i \dfrac{a_{ij}}{a_i^{\max}} & i \in \Omega_b \\[2mm] \gamma_i \dfrac{a_i^{\min}}{a_{ij}} & i \in \Omega_c, \ a_i^{\min} \neq 0 \\[2mm] \gamma_i \left(1 - \dfrac{a_{ij}}{a_i^{\max}}\right) & i \in \Omega_c, \ a_i^{\min} = 0 \end{cases} \qquad (2-21)$$

式中，Ω_b、Ω_c 分别为效益型与成本型定量属性集；$a_i^{\max} = \max\limits_{1 \leqslant j \leqslant n} \{a_{ij}\}$，$a_i^{\min} = \min\limits_{1 \leqslant j \leqslant n} \{a_{ij}\}$；且满足 $0 \leqslant \alpha_i + \beta_i \leqslant 1$，$\alpha_i \in [0,1]$，$\beta_i \in [0,1]$；$0 \leqslant \delta_i + \gamma_i \leqslant 1$，$\delta_i \in [0,1]$，$\gamma_i \in [0,1]$。

2. 构建加权直觉模糊集决策矩阵

属性权重用 $\omega_i (i = 1, 2, \cdots, m)$ 表示，且 $\sum\limits_{i=1}^{m} \omega_i = 1$，根据脆弱性三个特征要素的双因素耦合值以及三因素耦合值，作为评价样本矩阵确定熵值 E_n，再利用熵测度计算属性权重，见式（2-22）和式（2-23）。根据可用矩阵 $F = (<\mu_{ij}, v_{ij}>)_{m \times n}$ 与属性权重 $\omega_i (i = 1, 2, \cdots, m)$ 可得加权后属性值 $\overline{F}_{ij} = \omega_i F_{ij}$，$i = 1, 2, \cdots, m$，$j = 1, 2, \cdots, n$ 并得到加权直觉模糊集决策矩阵 $\overline{F} = (<\overline{\mu}_{ij}, \overline{v}_{ij}>)_{m \times n}$。

$$E_n = -\frac{1}{\ln \mu} \sum_{m=1}^{u} r_{mn} \ln r_{mn} \qquad (2-22)$$

$$\omega_i = \frac{1 - E_n}{\sum_{n=1}^{v} (1 - E_n)} \qquad (2-23)$$

式中，$r_{mn} = \dfrac{x_{mn}}{\sum_{m=1}^{u} x_{mn}}$，$x_{mn}$ 为样本值。

3. 计算相对贴进度

根据加权直觉模糊集决策矩阵 $\overline{F} = (<\overline{\mu}_{ij}, \overline{v}_{ij}>)_{m \times n}$，求正理想解 A^+ 与负理想解 A^-：

$$\begin{cases} A^+ = (<\mu_1^+, v_1^+>, <\mu_2^+, v_2^+>, \cdots, <\mu_m^+, v_m^+>)^{\mathrm{T}} \\ A^- = (<\mu_1^-, v_1^->, <\mu_2^-, v_2^->, \cdots, <\mu_m^-, v_m^->)^{\mathrm{T}} \end{cases} \qquad (2-24)$$

$$\begin{cases} \mu_i^+ = \max_{1 \leqslant j \leqslant n} \{\overline{\mu}_{ij}\} & i = 1, 2, \cdots, m \\ v_i^+ = \min_{1 \leqslant j \leqslant n} \{\overline{v}_{ij}\} & i = 1, 2, \cdots, m \\ \mu_i^- = \min_{1 \leqslant j \leqslant n} \{\overline{\mu}_{ij}\} & i = 1, 2, \cdots, m \\ v_i^- = \max_{1 \leqslant j \leqslant n} \{\overline{v}_{ij}\} & i = 1, 2, \cdots, m \end{cases} \qquad (2-25)$$

基于影响因素 x_j 的正理想解 A^+ 与负理想解 A^-，求出正理想解的欧几里得距离 $D_2(x_j, A^+)$ 与负理想解的欧几里得距离 $D_2(x_j, A^-)$：

$$\begin{cases} D_2(x_j, A^+) = \sqrt{\frac{1}{2} \sum_{i=1}^{m} [(\overline{\mu}_{ij} - \mu_i^+)^2 + (\overline{v}_{ij} - v_i^+) + (\overline{\pi}_{ij} - \pi_i^+)^2]} \\ D_2(x_j, A^-) = \sqrt{\frac{1}{2} \sum_{i=1}^{m} [(\overline{\mu}_{ij} - \mu_i^-)^2 + (\overline{v}_{ij} - v_i^-) + (\overline{\pi}_{ij} - \pi_i^-)^2]} \end{cases}$$

$$(2-26)$$

式中，$\bar{\pi}_{ij} = 1 - \bar{\mu}_{ij} - \bar{v}_{ij}$；$\pi_i^+ = 1 - \mu_i^+ - v_i^+$；$\pi_i^- = 1 - \mu_i^- - v_i^-$。

最后利用影响因素 x_j 与直觉模糊集正理想解 A^+ 的相对接近度 φ_j 数值的大小，用于实现对交互耦合的脆弱性影响因素进行分析：

$$\varphi_j = \frac{D_2(x_j, A^-)}{D_2(x_j, A^+) + D_2(x_j, A^-)} \qquad (2-27)$$

2.3.4.2　基于 NK-IFS-TOPSIS 的因素排序方法应用

基于脆弱性影响因素集，设 $X = \{x_1, x_2, x_3, x_4\}$ 与属性值 $O = \{o_1, o_2\}$，根据表 2-13 的脆弱性影响因素耦合的效度值，代入式（2-19），计算可得各属性值为 $a_{11} = 0.0325$，$a_{12} = 0.0317$，$a_{13} = 0.0258$，$a_{14} = 0.0362$，$a_{21} = 0.1033$，$a_{22} = 0.1102$，$a_{23} = 0.0997$，$a_{24} = 0.1158$。对其进行直觉模糊化处理，选取参数 $\alpha_1 = 0.8$，$\alpha_2 = 0.9$，$\beta_1 = 0.15$，$\beta_2 = 0.05$，代入式（2-20）和式（2-21），得到直觉模糊集决策矩阵。

$$\boldsymbol{F} = \begin{matrix} x_1 \\ x_2 \\ x_3 \\ x_4 \end{matrix} \begin{bmatrix} <0.7182, 0.1347> & <0.8028, 0.0446> \\ <0.7006, 0.1316> & <0.8565, 0.0476> \\ <0.5702, 0.1069> & <0.7749, 0.0430> \\ <0.8000, 0.1500> & <0.9000, 0.0500> \end{bmatrix}$$

将表 2-13 的暴露度、敏感度、适应度的双因素与三因素的耦合值代入属性权重计算式（2-22）和式（2-23），得到属性权重向量为 $\boldsymbol{\omega} = (0.5076, 0.4926)^{\mathrm{T}}$，并得到加权直觉模糊集决策矩阵 $\bar{\boldsymbol{F}}$。

$$\bar{\boldsymbol{F}} = \begin{bmatrix} <0.3646, 0.0684> & <0.3955, 0.0220> \\ <0.3556, 0.0668> & <0.4219, 0.0234> \\ <0.2894, 0.0543> & <0.3817, 0.0212> \\ <0.4061, 0.0761> & <0.4433, 0.0246> \end{bmatrix}$$

根据式（2-24）和式（2-25），得到直觉模糊集正理想解 A^+ 与负理想解 A^- 为

$$\begin{cases} A^+ = (<0.4061, 0.0761>, <0.4433, 0.0246>) \\ A^- = (<0.2894, 0.0543>, <0.3817, 0.0212>) \end{cases}$$

并代入式（2-26），求得的欧几里得距离分别为 $D_2(x_1, A^+) = 0.0672$，$D_2(x_1, A^-) = 0.0843$，$D_2(x_2, A^+) = 0.0599$，$D_2(x_2, A^-) = 0.0841$，$D_2(x_3, A^+) = 0.1437$，$D_2(x_3, A^-) = 0$，$D_2(x_4, A^+) = 0$，$D_2(x_4, A^-) = 0.1437$。

最终根据式（2-27）可计算相对应的相对贴近度 $\varphi_1 = 0.5563$，$\varphi_2 = 0.5840$，$\varphi_3 = 0$，$\varphi_4 = 1$。

2.3.5 结果分析

2.3.5.1 考虑交互耦合效应的修正 Reason 模型

由各因素相对贴近度，可知 $\varphi_4 > \varphi_2 > \varphi_1 > \varphi_3$，说明考虑交互耦合效应后的关键脆弱性影响因素是管理因素，其次分别是航空器因素、人的因素、环境因素，当管理因素与其他脆弱性因素耦合时，得到耦合效应也较大，说明管理因素可能是导致航空运输发生事故的实质原因之一。根据 Reason 模型，事故的发生不仅有一个事件的作用链，还存在一个被穿透的组织缺陷集，当所有层次的缺陷在事故致因因子同时出现时（光线穿透奶酪），导致多层次的防御保护失效而引发事故。Reason 模型的前两个层面分别是决策失误和管理不当，其本质都可属于管理因素，同时该层面的缺陷和漏洞称为隐性差错。对事故发生的影响是直接的、显性的，这些层面上的缺陷和漏洞称为显性差错。

基于 Reason 模型的思想，结合表 2-13 的航空运输系统脆弱性影响因素各类型耦合值，提出基于考虑风险耦合作用的修正 Reason 模型，如图 2-19 所示。

由图 2-19 可知，作为导致航空事故发生的本质因素管理因素，表现在时间与空间上远离事故的、潜伏的、与其他因素耦合效应最大的隐性差错，主要包括组织文化、资源管理、组织架构、运行管理和监督检查 5 个方面。

管理脆弱性因素与人、航空器以及环境脆弱性因素耦合，造

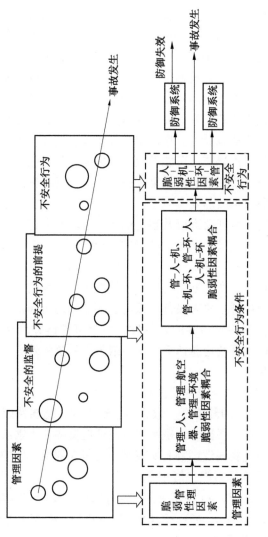

图 2-19 考虑耦合交互作用的修正 Reason 模型

成双脆弱性因素耦合，会成为不安全行为条件，如企业对员工培训不足，使员工的差错率增加，隐性差错明显。同时由于脆弱性因素耦合次数越多，系统脆弱性越大，事故发生的概率越大。据此，结合Reason模型，可知脆弱性因素进行三因素耦合时，造成不安全行为条件的概率越大，例如因航空公司监管不足等原因，飞行员在驾驶舱有吸烟行为，使得机舱失火的概率增加。

当脆弱性因素继续耦合，将促使不安全行为触发。当脆弱性因素进行到四因素耦合阶段时，则对事故发生具有最为直接影响，其耦合效应值也最大，显性差错最明显。例如：飞机在下降着陆时遇到的下击暴流，可能导致飞机失速，假若此时驾驶员由于机组培训不足等原因，造成复飞决断失误或操作失误，将会加大飞机失速坠毁事故的发生概率。

结合脆弱性特征要素以及当前的航空运输安全管理情况，可知当前航空运输过程均有预警告警等防御系统，避免事故的发生，而此时考虑到三种情况：一是当脆弱性因素触发，引起事件链时，被防御系统所阻断，可避免事故发生；二是脆弱性因素触发，引起事故链并且事态极其严重时，还没到达防御系统时，事故已经发生；三是脆弱性因素触发，引起事件链并到达防御系统，但由于防御系统应急体系不完善或告警系统失效等，最终导致事故的发生。

2.3.5.2 多因素耦合排序及分析

根据表2-13的暴露度、敏感度、适应度、脆弱性因素的各类型耦合值，可知暴露度、敏感度以及适应度的三因素或双因素耦合情况对系统脆弱性影响有所差别，各是有细微差别的。

（1）暴露度因素耦合值排序为

$$T_B(H,A,E,M) > T_B(H,A,E) > T_B(H,A,M) > T_B(H,A) >$$
$$T_B(A,E,M) > T_B(H,E,M) > T_B(H,M) > T_B(A,M) > T_B(A,E) >$$
$$T_B(E,M) > T_B(H,E)$$

由暴露度因素耦合值排序可知：当人、机、环、管均出现暴露度时，其耦合值最大，容易导致事故发生；三因素的耦合情况中人-机-环耦合值最大，表明机组人员在恶劣天气下操作飞机技术较差，容易导致违规或错误操作飞机，加剧事态的严重性；人-机-管耦合值次之，主要体现在两方面；一是由于航空公司监管监督不到位等情况，对机务维修人员日常飞机检修工作并未有效监管，造成维修工作不完善，使得飞机起飞状态未能达到维修标准，大大增加事故发生的概率；二是航空公司对机组人员的培训监管等政策不完善，容易造成飞行员违规操作或错误判断等行为。在双因素中，人-机的耦合值最大，说明人员工作的差错与航空器的故障，将会大大增加系统的暴露度。

（2）敏感度因素耦合值排序为

$$T_M(H,A,E,M) > T_M(H,A,M) > T_M(A,E,M) > T_M(H,A,E) >$$
$$T_M(H,E,M) > T_M(H,A) > T_M(H,M) > T_M(A,M) > T_M(E,M) >$$
$$T_M(A,E) > T_M(H,E)$$

由敏感度因素耦合值排序可知：人-机-环-管敏感度耦合值最大；耦合值较大的耦合因素中，管理因素均有参与，表明管理的缺陷是导致事件进一步恶化的本质原因之一。三因素中人-机-管耦合值最大，表明人员的心理素质的强弱、对航空器或其他事物安全意识的高低以及工作态度等均会从本质上影响操作行为，进而影响事件发生的结果；其次是机-环-管的耦合值，说明在管理部门以及相关的组织部门在恶劣天气频发的季节或机场运行环境不佳方面无有效的预案，容易导致航空器发生冲出偏出跑道、地面航空器相撞等事件。在双因素中，人-机耦合值最大，说明提高人机匹配水平，能降低系统的敏感度。

（3）适应度因素耦合值排序为

$$T_S(H,A,E,M) > T_S(H,A,M) > T_S(H,A,E) > T_S(A,E,M) >$$
$$T_S(H,E,M) > T_S(A,M) > T_S(H,M) > T_S(A,E) > T_S(H,E) > T_S(H,A) > T_S(E,M)$$

由适应度因素耦合值排序可知：人-机-环-管耦合值最大；

三因素中人-机-管的耦合值最大，人-机-管的耦合值次之，表明发生飞机的告警系统、人员在特情下应急处理能力以及各运行保障部门的保障情况在航空器特情事件的不适应性表现更突出，同时也是特情事件是否突破系统脆弱性阈值产生事故的最后一道防线；人-机-环的耦合值次之，航班遇到紧急情况时，除了体现在飞机的告警系统是否生效、机组与管制员等人员的应急处理能力高低，还需要机场与空管的特情应急响应或保障的提供。在双因素中，机-管的耦合值最大，说明机-管同时发生时，将增加系统的不适应性，如当飞机发生近地时，而近地告警未有生效，若未有完善的应急处置预案或应急操作手册，将容易引发事故。

（4）脆弱性因素耦合值排序为

$$T_c(H,A,E,M) > T_c(H,A,M) > T_c(A,E,M) > T_c(H,E,M) > T_c(H,M) > T_c(H,A,E) > T_c(A,E) > T_c(A,M) > T_c(H,A) > T_c(E,M) > T_c(H,E)$$

综合所有脆弱性影响因素耦合值排序可知：人-机-环-管在暴露度、敏感度以及适应度的耦合值最大，耦合值大小与参与耦合因素成正相关。当系统受到扰动时，暴露度耦合因素出现越多，突破阈值概率越大，脆弱性递次形成概率也越大，最终导致事故的发生，且管理因素是影响航空运输系统安全的关键因素。

3 民航空管安全亚健康
影响因素分析

3.1 基于 ISM 的空管运行亚健康影响因素分析

国外学者对于空管运行安全管理的研究较早，2004 年 Felici 第一次提出了针对空中交通管理的动态安全分析模型框架，并指出系统的安全分析要考虑技术、组织和成本因素。Peter 研究了如何运用预测和监测技术来评估和减弱空管风险。Sven 等建立了基于事故的程序模型，利用扰乱作用障碍分析法和 DEB 方法分析及识别空中交通管制的风险。国内学者的研究侧重于空管安全风险评估模型及理论方法的应用等。学者们在空管运行安全管理理论方面的研究较为丰富，建立了具有针对性的空管安全风险评估模型，尚缺乏对造成空管运行亚健康状态的主要因素、各因素之间的关系，以及影响因素的层次结构关系等方面的探究。

3.1.1 亚健康影响因素确定

从分析空管不安全事件入手，结合空管安全风险评估和空管安全运行保障能力评估等相关指标，兼顾空管运行的实际情况，归纳总结出包含人员、设备、环境、管理和运行等 5 个层面的空管运行亚健康影响因素。

3.1.1.1 人员

在空中交通管理系统中，人是影响空管安全的主要因素，同时也是最难把握的因素。不同的安全风险评估模型中，对于人员因素分析的侧重点也不尽相同。有学者从管制员自身业务技能和身心素质出发，将人为因素风险分为生理因素风险、心理因素风险和技术因素风险等。在实际空管运行中，人为因素往往是最具有主动地位和关键作用的，而管制员的业务水平、身心状况及个人思想观念等因素决定其面对复杂运行状况的风险管控和应急能力。因此，在归纳、总结安全风险评估人为因素风险基础上，将影响空管运行亚健康的人员因素分为管制员业务技术水平、生理状况和心理状况三个层次，对于每个层次下设若干指标。

3.1.1.2 设备

民航空管设施、设备系统是一个包括通信、导航、监视、气象、情报和管制自动化系统的复杂系统，随着其集成化、自动化水平和稳定性的不断提高，空管设施运行风险对于整个民航运行安全的影响也在逐步减弱。设备因素对空管运行亚健康的影响，主要依据从系统效能输出角度出发的空管设备系统安全评估指标，将设备因素分为设备系统可用性、设备维护可靠性和设备容量饱和度。

3.1.1.3 环境

随着航空运输量稳步持续增长，造成机场和航路空域日益拥挤，严重威胁着航空运输的安全，而复杂多变的气象和恶劣的地理环境加剧了这一状况。影响空管运行亚健康的环境因素，考虑从空管运行的内、外部环境进行划分，包括机场及空域环境、气象及地理环境和管制室内工作环境。

3.1.1.4 管理

管理是对人员、设备、环境因素的相互关系实施人为干预的工具，具体到空管运行过程，主要是指管制单位的规章制度、指导思想、组织结构、人员培训投入、安全文化及信息沟通等方面。目前研究对于空管安全管理因素风险的分析没有统一的标准，且指标众多，不利于对管理因素的深层次分析。因此有必要对管理因素风险进行归纳总结，将管理因素主要分为安全投入、班组资源管理和安全文化等3个层次，每个层次下设若干指标。

3.1.1.5 运行

人员、设备、环境和管理构成了影响空管运行状态的最基本要素。目前学者对空管安全风险的研究往往是从人、机、环、管的角度出发，构建模型对存在的风险进行评估，对于空管运行中的潜在风险研究不够充分。要实现对空管运行亚健康状态进行监控和诊断，需要对贯穿人、机、环、管等因素的空管运行过程进行分析。从管制员角度出发，需考虑管制员面对的超出自身承受能力的工作负荷对人-机-环-管系统运行带来的潜在影响；从空中交通流的影响出发，需考虑高峰航班架次、交通流密度、冲突发生率及交通混合度等交通复杂状况因素对系统的影响；最后考虑空管运行的效率和效能，探究造成空管效率低下的影响因素。

综上，从管制员满负荷工作、交通流复杂程度和运行效率及效能等3个方面衡量空管运行亚健康的运行因素指标。通过对影响空管运行亚健康因素的详细分析，利用层次分析法将评估指标体系分为三个层次：目标层、中间层和最底层。目标层表示在各因素作用下的空管运行亚健康状态，中间层表示一级评价指标，最底层表示二级评价指标，对于最底层各指标继续下设若干三级指标。含一、二级指标的评估指标体系如图3-1所示，具体的三级指标项，见表3-1。

表3-1 指标体系三级指标项

一级指标	二级指标	三 级 指 标
人员（A_1）	业务技术水平（A_{11}）	安全知识掌握程度，规则制度熟悉程度，特情处置能力，关键指令使用情况
	生理状况（A_{12}）	感知器官灵敏度，工作状态，双语通话适应性，管制员口误
	心理状况（A_{13}）	心理素质，注意力集中程度，工作满意度，责任心

表 3-1（续）

一级指标	二级指标	三 级 指 标
设备（A_2）	设备系统可用性（A_{21}）	通、导、监设备，管制设备和气象设备的故障次数
	设备维护可靠性（A_{22}）	实现实时监控的设备所占比例，设备平均排故时间，能自主维修的设备所占的比例
	设备容量饱和度（A_{23}）	通信信道使用与容量之比，自动转报网容量与日高峰业务量的比例，管制自动化系统航迹处理容量与高峰业务量的比例，管制自动化系统飞行计划处理容量与日高峰业务量的比例
环境（A_3）	机场及空域环境（A_{31}）	跑道利用率，机场停机位数量，空域利用率，管制区域内军航活动频次，管制区域内航线交叉点数量
	气象及地理环境（A_{32}）	低能见度、雷雨、大雨、高原、沙漠和海洋条件下飞行航班所占比例
	管制室内工作环境（A_{33}）	工作场所温度、湿度、灯光和噪声超标次数
管理（A_4）	安全投入（A_{41}）	技术培训有效性，设备更新频率，绩效奖励资金占比，技术投入资金占比
	班组资源管理（A_{42}）	信息沟通失真率，部门冲突频率，组织人员稳定性，组织机构健全合理程度
	安全文化（A_{43}）	规章制度效能，人员对组织目标认同度，管理规范执行不力程度，领导对安全工作管理能力

表3-1（续）

一级指标	二级指标	三 级 指 标
运行（A_5）	管制员满负荷工作（A_{51}）	日均工作负荷及陆空通话和设备操作时间之和
	交通流复杂程度（A_{52}）	高峰时段平均航班架次，高峰时段交通流密度，交通混合度
	运行效率及效能（A_{53}）	进出港航班延误率，空管原因造成的航班延误率，陆空通话信道占用率

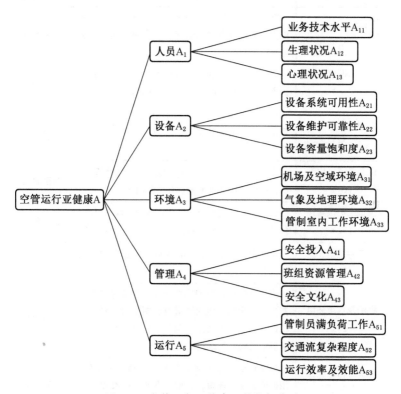

图3-1　空管运行亚健康评估指标体系

3.1.2 影响因素解释说明

构建解释结构模型前需要首先确定所要研究的对象，由于表 3-1 的三级指标项过多，考虑到解释结构模型处理多指标的局限性和后续对众多指标矩阵处理的复杂性，最终选择二级指标进行解释结构模型的构建，以更好地去揭示和分析影响因素之间的递阶层次结构关系。对表 3-1 中的二级指标的具体解释说明，见表 3-2。

表 3-2　空管运行亚健康影响因素解释说明

影响因素	解释说明	提取来源
业务技术水平 （S_1）	空中交通管制员的业务熟练程度、特情处置能力、关键指令使用情况及规章制度熟悉程度等	文献整理
生理状况 （S_2）	管制员的工作状态、操作设备时感知器官灵敏度、双语通话适应性及陆空通话口误情况等	文献整理
心理状况 （S_3）	管制员工作时的注意力集中程度、面对较大管制压力时的心理素质、工作满意度及责任心等	文献整理
设备系统可用性 （S_4）	主要指空管设备性能的稳定性，反映稳定性的指标是每年关键系统意外中断的次数	文献整理
设备维护可靠性 （S_5）	表示一个关键系统在失效之后的可恢复程度，包括设备的可监控性和排故维修的及时性	文献整理
设备容量饱和度 （S_6）	指设备运行余度，间接反映空管服务的可获得性和连续性	文献整理
机场及空域环境 （S_7）	指支撑空管运行的机场条件、空域结构及管制空域内状况，包括跑道及管制空域容量、停机位数量、跑道及空域利用率、管制空域内军航活动频次及航线交叉点数量等	文献整理
气象及地理环境 （S_8）	指空管运行所面对的气象及自然环境条件，用低能见度、雷雨、大雨、高原、沙漠和海洋条件下飞行航班所占比例衡量	文献整理

表 3-2（续）

影响因素	解释说明	提取来源
管制室内工作环境 （S_9）	指管制室内的工作人员及空管设备、设备所处的室内环境状况，包括工作场所的温度、湿度、灯光和噪声超标情况	文献整理
安全投入 （S_{10}）	指对空管运行的各项安全投入情况，主要用技术培训有效性、设备更新频率、绩效奖励资金占比和技术投入资金占比等衡量	归纳总结
班组资源管理 （S_{11}）	指空管单位内部人员的班组资源管理情况，用信息沟通失真率、部门冲突频率、组织人员稳定性、组织机构健全合理程度等衡量	归纳总结
安全文化 （S_{12}）	指空管单位的安全文化氛围，包括人员对组织目标认同度、领导对安全工作管理能力及规章制度效能等	归纳总结
管制员满负荷工作 （S_{13}）	管制员的工作负荷达到或超过自身承受能力会给空管系统安全运行带来潜在威胁，用日均工作负荷及陆空通话和设备操作时间之和衡量	归纳总结
交通流复杂程度 （S_{14}）	指空管运行的机场终端区和航路交通流的复杂程度，用高峰时段平均航班架次、高峰时段交通流密度、冲突发生率、交通混合度等衡量	归纳总结
运行效率及效能 （S_{15}）	包括进出港航班延误率、空管原因造成的航班延误率、空管原因对外发布流量控制次数及陆空通话信道占用率等	文献整理

3.1.3 解释结构模型建立

解释结构模型（Interpretive Structural Modeling，ISM）方法是现代系统工程中广泛应用的一种定性与定量相结合的复杂系统结构分析方法。空管系统作为一个典型的"人-机-环-管"系统，影响其安全的因素众多，且因素间存在相互作用、耦合关系。利用 ISM 方法梳理空管安全系统因素的层次结构，分析各因素之间的因果关系，能够弥补传统安全风险评估模型方法在分析结构要素间作用机理方面的不足。因此，通过构建空管运行亚健康影响因素解释结构模型，剖析影响因素间的相互作用关系，探究影响空管运行安全的关键要素，以期为预防空管不安全事件或事故、保障空管系统安全运行提供理论支持和实践指导。

邻接矩阵表示系统的各组成要素间通过长度为1的通路可以相互到达的情况。若系统的组成要素为 $S = \{S_1, S_2, S_3, \cdots, S_n\}$，将邻接矩阵表示为 $\boldsymbol{D} = (d_{ij})_{n \times n}$，为确定系统中任意两个要素 S_i 和 $S_j (i \neq j)$ 之间的直接影响关系，定义邻接矩阵 $\boldsymbol{D}$ 中的元素 d_{ij}：

$$d_{ij} = \begin{cases} 1 & S_i \text{ 对 } S_j \text{ 有直接影响} \\ 0 & S_i \text{ 对 } S_j \text{ 没有直接影响} \end{cases} \tag{3-1}$$

对于表 3-2 中空管运行亚健康影响因素之间关系的确定，首先通过研究相关文献形成初始判断矩阵，利用头脑风暴法修正初始判断矩阵，最后通过专家访谈法进一步完善所构建的判断矩阵，得到空管运行亚健康影响因素的邻接矩阵 $\boldsymbol{D}$。

$$\boldsymbol{D} = \begin{pmatrix} 0 & 0 & 0 & 0 & 0 & 0 & 0 & 0 & 0 & 0 & 0 & 0 & 1 & 1 & 1 \\ 0 & 0 & 1 & 0 & 0 & 0 & 0 & 0 & 0 & 0 & 0 & 0 & 1 & 0 & 0 \\ 1 & 1 & 0 & 0 & 0 & 0 & 0 & 0 & 0 & 0 & 0 & 0 & 0 & 0 & 0 \\ 0 & 0 & 0 & 0 & 0 & 1 & 0 & 0 & 0 & 0 & 0 & 0 & 0 & 0 & 0 \\ 0 & 0 & 0 & 1 & 0 & 1 & 0 & 0 & 0 & 0 & 0 & 0 & 0 & 0 & 0 \\ 0 & 0 & 0 & 0 & 0 & 0 & 0 & 0 & 0 & 0 & 0 & 0 & 0 & 1 & 1 \\ 0 & 0 & 0 & 0 & 0 & 0 & 0 & 0 & 0 & 0 & 0 & 0 & 0 & 1 & 0 \\ 0 & 0 & 0 & 0 & 0 & 0 & 0 & 0 & 0 & 0 & 0 & 0 & 0 & 0 & 1 \\ 0 & 1 & 1 & 1 & 0 & 0 & 0 & 0 & 0 & 0 & 0 & 0 & 0 & 0 & 0 \\ 1 & 0 & 1 & 1 & 1 & 0 & 0 & 0 & 0 & 0 & 0 & 0 & 0 & 0 & 0 \\ 1 & 0 & 0 & 0 & 0 & 0 & 0 & 0 & 0 & 0 & 0 & 0 & 0 & 0 & 0 \\ 1 & 0 & 1 & 0 & 0 & 0 & 0 & 0 & 0 & 0 & 0 & 0 & 0 & 0 & 0 \\ 0 & 1 & 1 & 0 & 0 & 0 & 0 & 0 & 0 & 0 & 0 & 0 & 0 & 0 & 1 \\ 0 & 0 & 1 & 0 & 0 & 0 & 0 & 0 & 0 & 0 & 0 & 0 & 1 & 0 & 0 \\ 0 & 0 & 0 & 0 & 0 & 0 & 0 & 0 & 0 & 0 & 0 & 0 & 0 & 0 & 0 \end{pmatrix}$$

可达矩阵用于描述系统各要素间经过一定长度的通路后可以

到达的程度。生成可达矩阵，要计算邻接矩阵 D 与单位矩阵 I 的和 $D+I$，并做矩阵 $D+I$ 的幂运算直至式（3-2）成立。

$$(D+I) \neq (D+I)^2 \neq (D+I)^3 \neq \cdots \neq (D+I)^m = (D+I)^{m+1} \quad (3-2)$$

若将可达矩阵表示为 $K=(k_{ij})_{n \times n}$，则 $K=(D+I)^m$ 为邻接矩阵 D 相对应的可达矩阵。做矩阵 $D+I$ 的幂运算时采用布尔运算规则，即 $0+0=0$，$0+1=1$，$1+0=1$，$1+1=1$；$0 \times 0 = 0$，$0 \times 1 = 0$，$1 \times 0 = 0$，$1 \times 1 = 1$。计算可达矩阵是为了表示系统各组成要素间直接或间接的影响关系，若矩阵 K 中的元素 k_{ij} 为 1，表示元素 S_i 与元素 S_j 之间存在可以到达的路径；若元素 k_{ij} 为 0，表示元素 S_i 和元素 S_j 之间不存在可以到达的路径。

$$K = \begin{pmatrix}
1 & 1 & 1 & 0 & 0 & 0 & 0 & 0 & 0 & 0 & 0 & 0 & 1 & 1 & 1 \\
1 & 1 & 1 & 0 & 0 & 0 & 0 & 0 & 0 & 0 & 0 & 0 & 1 & 1 & 1 \\
1 & 1 & 1 & 0 & 0 & 0 & 0 & 0 & 0 & 0 & 0 & 0 & 1 & 1 & 1 \\
1 & 1 & 1 & 1 & 0 & 1 & 0 & 0 & 0 & 0 & 0 & 0 & 1 & 1 & 1 \\
1 & 1 & 1 & 1 & 1 & 1 & 0 & 0 & 0 & 0 & 0 & 0 & 1 & 1 & 1 \\
1 & 1 & 1 & 0 & 0 & 1 & 0 & 0 & 0 & 0 & 0 & 0 & 1 & 1 & 1 \\
1 & 1 & 1 & 0 & 0 & 0 & 1 & 0 & 0 & 0 & 0 & 0 & 1 & 1 & 1 \\
0 & 0 & 0 & 0 & 0 & 0 & 0 & 1 & 0 & 0 & 0 & 0 & 0 & 0 & 1 \\
1 & 1 & 1 & 1 & 0 & 1 & 0 & 0 & 1 & 0 & 0 & 0 & 1 & 1 & 1 \\
1 & 1 & 1 & 1 & 1 & 1 & 0 & 0 & 0 & 1 & 0 & 0 & 1 & 1 & 1 \\
1 & 1 & 1 & 0 & 0 & 0 & 0 & 0 & 0 & 0 & 1 & 0 & 1 & 1 & 1 \\
1 & 1 & 1 & 0 & 0 & 0 & 0 & 0 & 0 & 0 & 0 & 1 & 1 & 1 & 1 \\
1 & 1 & 1 & 0 & 0 & 0 & 0 & 0 & 0 & 0 & 0 & 0 & 1 & 1 & 1 \\
1 & 1 & 1 & 0 & 0 & 0 & 0 & 0 & 0 & 0 & 0 & 0 & 1 & 1 & 1 \\
0 & 0 & 0 & 0 & 0 & 0 & 0 & 0 & 0 & 0 & 0 & 0 & 0 & 0 & 1
\end{pmatrix}$$

根据生成的可达矩阵 K，整理各要素之间的影响关系及被影响关系，其中将影响关系称为可达集，表示为 $R(S_i)$；被影响关系称为先行集，表示为 $A(S_i)$；可达集和先行集的交集称为共同集，表示为 $C(S_i) = R(S_i) \cap A(S_i)$。整理得到的可达集、先行集及共同集数据，见表 3-3。

表 3-3 可达集、先行集及共同集数据

因素	$R(S_i)$	$A(S_i)$	$C(S_i)$
S_1	$S_1,S_2,S_3,S_{13},S_{14},S_{15}$	$S_1,S_2,S_3,S_4,S_5,S_6,S_7,S_9,S_{10},S_{11},S_{12},S_{13},S_{14}$	$S_1,S_2,S_3,S_{13},S_{14}$
S_2	$S_1,S_2,S_3,S_{13},S_{14},S_{15}$	$S_1,S_2,S_3,S_4,S_5,S_6,S_7,S_9,S_{10},S_{11},S_{12},S_{13},S_{14}$	$S_1,S_2,S_3,S_{13},S_{14}$
S_3	$S_1,S_2,S_3,S_{13},S_{14},S_{15}$	$S_1,S_2,S_3,S_4,S_5,S_6,S_7,S_9,S_{10},S_{11},S_{12},S_{13},S_{14}$	$S_1,S_2,S_3,S_{13},S_{14}$
S_4	$S_1,S_2,S_3,S_4,S_6,S_{13},S_{14},S_{15}$	S_4,S_5,S_9,S_{10}	S_4
S_5	$S_1,S_2,S_3,S_4,S_5,S_6,S_{13},S_{14},S_{15}$	S_5,S_{10}	S_5
S_6	$S_1,S_2,S_3,S_6,S_{13},S_{14},S_{15}$	S_4,S_5,S_6,S_9,S_{10}	S_6
S_7	$S_1,S_2,S_3,S_7,S_{13},S_{14},S_{15}$	S_7	S_7
S_8	S_8,S_{15}	S_8	S_8
S_9	$S_1,S_2,S_3,S_4,S_6,S_9,S_{13},S_{14},S_{15}$	S_9	S_9
S_{10}	$S_1,S_2,S_3,S_4,S_5,S_6,S_{10},S_{13},S_{14},S_{15}$	S_{10}	S_{10}
S_{11}	$S_1,S_2,S_3,S_{11},S_{13},S_{14},S_{15}$	S_{11}	S_{11}
S_{12}	$S_1,S_2,S_3,S_{12},S_{13},S_{14},S_{15}$	S_{12}	S_{12}
S_{13}	$S_1,S_2,S_3,S_{13},S_{14},S_{15}$	$S_1,S_2,S_3,S_4,S_5,S_6,S_7,S_9,S_{10},S_{11},S_{12},S_{13},S_{14}$	$S_1,S_2,S_3,S_{13},S_{14}$
S_{14}	$S_1,S_2,S_3,S_{13},S_{14},S_{15}$	$S_1,S_2,S_3,S_4,S_5,S_6,S_7,S_9,S_{10},S_{11},S_{12},S_{13},S_{14}$	$S_1,S_2,S_3,S_{13},S_{14}$
S_{15}	S_{15}	$S_1,S_2,S_3,S_4,S_5,S_6,S_7,S_8,S_9,S_{10},S_{11},S_{12},S_{13},S_{14},S_{15}$	S_{15}

若系统划分层次结构后的要素集为 $S = \{L_1, L_2, L_3, \cdots, L_k\}$，进行层次划分时，首先以 $C(S_i) = R(S_i)$ 确定系统的最高层要素集 L_1，接着在表3-3中去掉要素集 L_1 中的要素，继续以 $C(S_i) = R(S_i)$ 确定要素集 L_2；同理，直至得到最底层的要素集 L_k。由以上步骤对空管运行亚健康影响因素系统进行层次划分的结果为

$S = \{L_1, L_2, L_3, L_4, L_5\}$

$L_1 = \{S_{15}\}$

$L_2 = \{S_1, S_2, S_3, S_8, S_{13}, S_{14}\}$

$L_3 = \{S_6, S_7, S_{11}, S_{12}\}$

$L_4 = \{S_4\}$

$L_5 = \{S_5, S_9, S_{10}\}$

绘制解释结构模型首先要提取骨架矩阵，提取骨架矩阵的第一步是缩减强连接要素，形成缩减矩阵；接着去掉缩减矩阵中已有邻接二元关系的要素间越级的二元关系；最后减去相应单位矩阵就得到系统的骨架矩阵。提取的系统骨架矩阵见表3-4，根据骨架矩阵绘制的空管运行亚健康影响因素解释结构模型，如图3-2所示。

表3-4　骨架矩阵

因素	S_{15}	S_1	S_6	S_7	S_{11}	S_{12}	S_4	S_5	S_9	S_{10}
S_{15}	0	0	0	0	0	0	0	0	0	0
S_1	1	0	0	0	0	0	0	0	0	0
S_6	0	1	0	0	0	0	0	0	0	0
S_7	0	1	0	0	0	0	0	0	0	0
S_{11}	0	1	0	0	0	0	0	0	0	0
S_{12}	0	1	0	0	0	0	0	0	0	0
S_4	0	0	1	0	0	0	0	0	0	0
S_5	0	0	0	0	0	0	1	0	0	0
S_9	0	0	0	0	0	0	1	0	0	0
S_{10}	0	0	0	0	0	0	1	0	0	0

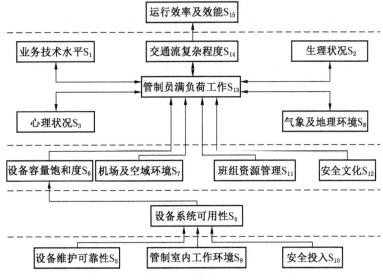

图 3-2　空管运行亚健康影响因素解释结构模型

3.1.4　结果分析

由图 3-2 可知，空管运行亚健康影响因素指标体系是一个复杂系统，影响因素之间具有多级递阶层次结构关系。为分析各层次影响因素之间的作用路径，将解释结构模型的 15 个影响因素从上而下划分为 5 个层次，即顶层直接影响因素层、顶层间接影响因素层、中间影响因素层、底层重要影响因素层和底层根本影响因素层。

顶层直接影响因素为运行效率及效能（S_{15}）；运行效率及效能因素直接威胁空管系统的安全运行，当系统运行效率低下时，可能造成其他潜在的安全隐患相互叠加、耦合，使得耦合风险发生概率增大，极易引发不安全事件或事故。

顶层间接影响因素为业务技术水平（S_1）、生理状况（S_2）、心理状况（S_3）、气象及地理环境（S_8）、管制员满负荷工作（S_{13}）和交通流复杂程度（S_{14}）；由于该层各因素可以相互到达，属于强连通块，在空管运行安全管理中，要综合考虑以上要素之间的关系，促进要素间的协调和平衡，进而提高空管安全管理水平。

中间层影响因素为设备容量饱和度（S_6）、机场及空域环境（S_7）、班组资源管理（S_{11}）和安全文化（S_{12}）；该层各因素分别属于设备因素、环境因素和管理因素，且这些因素会影响上一级的其他因素。具体来说，机场及空域环境因素影响空中交通流的复杂程度，交通流复杂程度会加大管制员的工作负荷，而管制员过大的工作负荷反过来又可能进一步加剧交通流复杂程度。班组资源管理和安全文化因素会影响人员因素中的业务技术水平、生理状况及心理状况等，作为影响空管运行效率的重要因素，管理因素虽然没有直接作用于空管运行，但可以通过人-机-环系统延迟地表现出来。管理因素及其他中间层要素对于空管安全的影响往往是潜移默化的，但它们又是空管安全管理中不可忽视的部分，因此需要引起对中间层要素的重视，以保障空管系统安全、稳定、有序运行。

底层重要影响因素为设备系统可用性（S_4）；空管设施系统可用性是指为用户提供关键的空中交通管理资源和服务的能力，常用设备性能稳定性作为衡量指标，而设备性能稳定性会影响空管服务的可获得性和连续性，即影响设备容量饱和度。

底层根本影响因素为设备维护可靠性（S_5）、管制室内工作环境（S_9）和安全投入（S_{10}）；设备维护可靠性表示一个关键系统在失效之后的可恢复程度，设备可监控性和排故维修及时性可作为衡量维护可靠性的指标，设备的排故维修是否及时影响着系统的恢复，排故时间越短，设备维护可靠性也越高，因而设备系统可用性也越高；管制室内的工作环境，如不适宜温度、湿度等因素也会影响空管设备性能的稳定性，即设备的可用性；关于安全投入，加大对设备、设施投入力度会提高空管设备的可用性。

3.2 管制员个体因素对空管运行亚健康影响的结构方程模型研究

目前，对空管安全管制员影响因素的研究，主要有管制员人为差错风险的识别和评估以及对管制员个体因素与其他因素的耦合风险分析等。结构方程模型（Structural Equation Model，SEM）作为一种社科领域统计方法，主要是利用变量的协方差矩阵处理并分析因子之间的关系，也称为协方差结构分析。结构方程模型在空管安全方面的应用较少，主要有对管制员职业倦怠、情景意识和应激影响因素等的研究，缺少对管制员个体因素间的相关关系及管制员个体因素对空管运行的作用机理等的探讨。因此，基于空管安全人为因素风险并考虑空管运行实际，归纳总结影响空管运行亚健康的管制员影响因素指标，构建管制员个体因素影响空管运行亚健康的结构方程模型。

3.2.1 问题描述

空管风险因素作为空管安全风险评估及不安全事件分析的最根本要素，根据空管系统运行过程中所处的不同环境，空管安全风险包括了人为因素风险、设备因素风险、环境因素风险和管理因素风险。单一风险因素相对于整个空管安全系统来说，不会造成严重的系统故障；当多个风险因素在特定时间、条件下发生耦合后，叠加效应进一步放大风险，可能会加剧空管运行亚健康状态的演化进程，最终导致严重故障。

空管单一因素风险作为空管安全风险评估的重要组成部分，分析空管单一因素风险的构成及相关关系，对于寻找空管安全风险发生的根源，保障空管安全有序运行具有重要的实际意义。不考虑空管风险因素间的耦合或叠加效应，目前的研究主要将人为因素风险划分为技术因素风险、生理因素风险和心理因素风险。运用层次分析法构建空管运行亚健康人为因素风险指标体系，将空管运行亚健康作为目标层，技术因素风险、生理因素风险和心理因素风险作为准则层，对准则层 3 个要素，继续分解出子准则作为指标层。建立的人为因素风险指标体系层次结构模型，如图 3-3 所示。

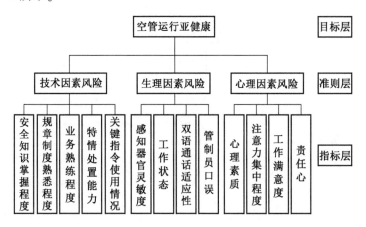

图 3-3 空管运行亚健康人为因素风险指标体系

3.2.2 模型构建

3.2.2.1 初始理论模型构建

结构方程模型的建立需要有坚实的理论基础作为支撑，以图 3-3 的人为因素风险指标体系为基础，绘制了管制员个体因素影响空管运行亚健康的初始理论模型，如图 3-4 所示。

3.2.2.2 结构方程模型构建

结构方程模型可以分为测量模型和结构模型，通常用式 (3-3) 至式 (3-5) 来表示结构方程模型：

$$x = \Lambda x \xi + \delta \tag{3-3}$$

$$y = \Lambda y \eta + \varepsilon \tag{3-4}$$

$$\eta = B\eta + \Gamma \xi + \zeta \tag{3-5}$$

其中：式 (3-3) 和式 (3-4) 为测量模型；式 (3-5) 为结构模型；x 和 y 分别为外、内生观测变量；ξ 和 η 分别为外、内生潜变量；Λx 和 Λy 分别为外、内生观测变量与外、内生潜变量

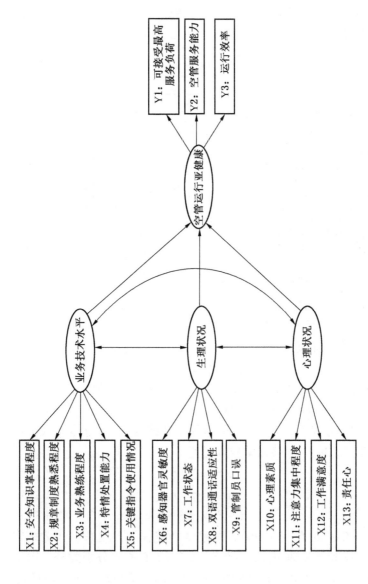

图 3-4　管制员个体因素影响空管运行亚健康理论模型

之间的关系，也是外、内生观测变量在外、内生潜变量上的因子载荷矩阵；δ 和 ε 分别为外、内生变量的误差项；B 和 Γ 为结构方程的路径系数，B 为内生潜变量之间的关系，Γ 为外生潜变量对内生潜变量的影响；ζ 为结构方程的误差项。以图 3-4 所示理论模型为基础，建立了相应的结构方程模型路径图，如图 3-5 所示。

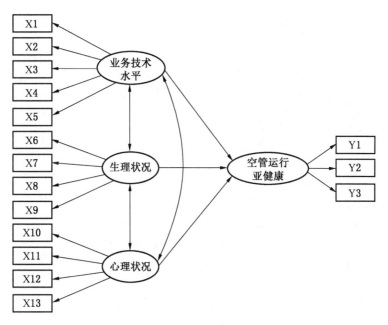

图 3-5　结构方程模型路径图

3.2.3　模型检验

3.2.3.1　验证性因子分析

验证性因子分析根据假设模型的潜在变量之间是否相关，分为斜交验证性因子分析和直交验证性因子分析。直交验证性因子分析模型表示潜在变量之间不相关，相互独立，在 AMOS 软件中需要设置 4 个潜在变量之间的协方差为 0；而斜交验证性因子分析模型表示潜在变量之间是相关的，不需要对4个潜在变量之间的协方差做任何限制。针对测量模型检验建立的斜交验证性因子分析模型，如图3-6所示。

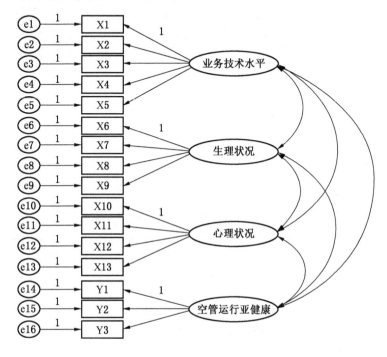

图3-6　斜交验证性因子分析模型

常用卡方值 (χ)、卡方自由度比 (χ/df)、拟合优度指数 (GFI)、调整后拟合优度指数 (AGFI)、增值拟合指数 (IFI 和 TFI) 和近似误差均方根 (RMSEA) 等7个常用拟合指数反映结构方程模型的拟合程度。测量模型的拟合指数及参考标准，见表3-5。

表3-6、表3-7所列为测量模型的验证性因子分析结果。从表3-6 可以看出，16 个观测指标中，仅有规章制度熟悉程度和管制员口误对应的标准因子载荷小于0.5，且对应路径的显著性水平没有达到要求。从表3-7 可以看出，空管运行亚健康与业

务技术水平和生理状况之间的相关性都没有得到验证，业务技术水平与生理状况之间的相关性也没有得到验证。

表3-5 测量模型拟合结果

拟合度指标	χ^2	χ^2/df ($P>0.05$)	GFI	AGFI	IFI	TFI	RMSEA
参考标准	越小越好	<3	>0.9	>0.9	>0.9	>0.9	<0.05
拟合指数	188.958	1.928	0.913	0.882	0.952	0.945	0.047

表3-6 测量模型的因子载荷

路 径	标准因子载荷	因子载荷	C. R.	P
X1←业务技术水平	0.534	1.000		
X2←业务技术水平	0.206	0.462	1.883	0.060
X3←业务技术水平	0.666	1.310	4.580	***
X4←业务技术水平	0.617	1.517	4.361	***
X5←业务技术水平	0.717	1.693	4.822	***
X6←生理状况	0.784	1.000		
X7←生理状况	0.520	0.661	3.801	***
X8←生理状况	0.592	0.695	4.889	***
X9←生理状况	-0.021	-0.024	-0.191	0.848
X10←心理状况	0.663	1.000		
X11←心理状况	0.654	1.099	5.649	***
X12←心理状况	0.503	0.852	4.251	***
X13←心理状况	0.578	0.988	4.942	***
Y1←空管运行亚健康	0.741	1.000		
Y2←空管运行亚健康	0.532	0.684	4.789	***
Y3←空管运行亚健康	0.735	0.966	5.044	***

注：*** 表示 $P<0.001$，** 表示 $P<0.01$，* 表示 $P<0.05$。

表3-7　测量模型的因子相关系数

路　径	标准相关系数	相关系数	C. R.	P
业务技术水平⇆空管运行亚健康	0.226	0.042	1.727	0.084
生理状况⇆空管运行亚健康	0.201	0.072	1.568	0.117
心理状况⇆空管运行亚健康	0.414	0.106	2.929	**
业务技术水平⇆生理状况	0.241	0.054	1.731	0.083
生理状况⇆心理状况	0.680	0.212	4.037	***
业务技术水平⇆心理状况	0.477	0.077	2.964	**

注：*** 表示 $P<0.001$，** 表示 $P<0.01$，* 表示 $P<0.05$。

3.2.3.2　模型修正

结构方程模型中，去掉因子载荷或相关系数较小的路径可以进一步提高模型的拟合度，考虑去掉业务技术水平-规章制度熟悉程度，生理状况-管制员口误以及业务技术水平-生理状况等3条路径。修正后的模型拟合结果，见表3-8。

表3-8　修正模型拟合结果

拟合度指标	χ^2	χ^2/df（$P>0.05$）	GFI	AGFI	IFI	TFI	RMSEA
参考标准	越小越好	<3	>0.9	>0.9	>0.9	>0.9	<0.05
拟合指数	119.310	1.657	0.924	0.896	0.975	0.968	0.028

由表3-8的修正模型拟合结果，对比表3-5的测量模型拟合结果，去掉因子载荷或相关系数较小的路径后，模型的整体拟合度进一步提高。修正后的 AMOS 路径图输出结果，如图3-7所示。

由图3-7的修正后结构方程模型路径图可知，心理状况与生理状况和业务技术水平之间的标准因子相关系数分别为0.63、0.42；空管运行亚健康对业务技术水平、生理状况和心理状况的标准因子相关系数分别为0.20、0.17 和0.40。由于空管运行亚

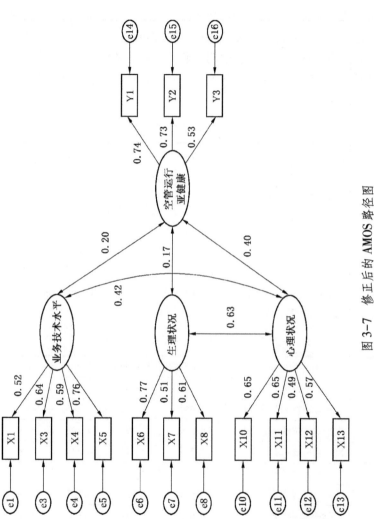

图 3-7 修正后的 AMOS 路径图

健康与业务技术水平和生理因素之间的相关系数较小，相应路径不具有统计显著性。同时，可接受最高服务负荷和空管服务能力两个指标存在一定程度的共变或相关关系，考虑对其相应的残差项进行处理。经过对不显著路径及相应残差项的处理，各拟合指数都达到了参考标准值，表明了研究所构建的模型很好地拟合了数据，对空管运行的实际状况有一定的解释能力。结构方程模型的拟合结果，见表3-9。

表3-9　结构方程模型拟合结果

拟合度指标	χ^2	$\chi^2/\mathrm{d}f$ ($P>0.05$)	GFI	AGFI	IFI	TFI	RMSEA
参考标准	越小越好	<3	>0.9	>0.9	>0.9	>0.9	<0.05
拟合指数	124.199	1.701	0.922	0.903	0.983	0.977	0.030

如果某条路径的 C. R. 大于 1.96，说明在 $P=0.05$ 水平上，该条路径具有统计的显著性。表3-10、表3-11所列为结构方程模型拟合后的因子载荷及因子相关系数。模型拟合后的 AMOS 路径图输出结果，如图3-8所示。

表3-10　结构方程模型的因子载荷

路　　径	标准因子载荷	因子载荷	C. R.	P
X1←业务技术水平	0.515	1.000		
X3←业务技术水平	0.640	1.305	4.485	***
X4←业务技术水平	0.588	1.498	4.299	***
X5←业务技术水平	0.765	1.874	4.686	***
X6←生理状况	0.787	1.000		
X7←生理状况	0.498	0.630	4.277	***
X8←生理状况	0.610	0.714	4.820	***
X10←心理状况	0.635	1.000		
X11←心理状况	0.627	1.102	5.002	***

表 3-10（续）

路　径	标准因子载荷	因子载荷	C. R.	P
X12←心理状况	0.479	0.856	4.137	***
X13←心理状况	0.570	1.021	4.709	***
Y1←空管运行亚健康	0.652	1.000		
Y2←空管运行亚健康	0.596	0.889	4.726	***
Y3←空管运行亚健康	0.623	0.910	2.014	*

注：*** 表示 $P<0.001$，** 表示 $P<0.01$，* 表示 $P<0.05$。

表 3-11　结构方程的因子相关系数

路　径	标准相关系数	相关系数	C. R.	P
业务技术水平⇆心理状况	0.398	0.058	2.789	**
生理状况⇆心理状况	0.600	0.176	3.892	***
心理状况⇆空管运行亚健康	0.307	0.065	2.164	*

注：*** 表示 $P<0.001$，** 表示 $P<0.01$，* 表示 $P<0.05$。

3.2.4　结果分析

3.2.4.1　因子与观测指标的关系

1. 业务技术水平

空管工作的特殊性要求管制员具备比一般行业从业人员更高的业务素养和更强的工作能力。如图 3-8 所示，关键指令使用情况和特情处置能力的载荷都较大，说明管制员处理问题的能力和面对复杂问题时的良好心理素质对于空管的安全稳定运行具有重要作用。另外，管制员需要具备扎实的理论基础和熟练的业务技能，才能在各种复杂情况下有条不紊地处理飞行冲突。

2. 生理状况

空管工作对从业人员的身体及生理素质有同样高的要求，管制员选拔时，生理和身体要求是考察的重要因素。如图 3-8 所示，感知器官灵敏度所占的载荷最大，因为管制员工作时操作的

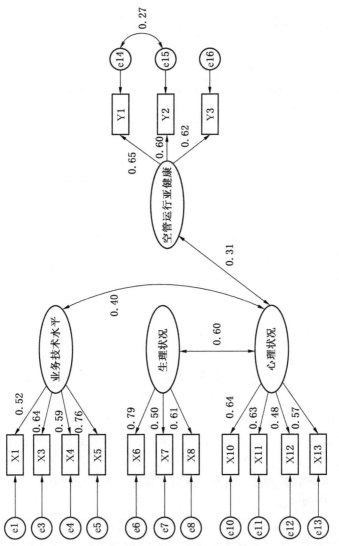

图 3-8 模型拟合后的 AMOS 路径图

敏捷性、协调性、连贯性、准确性及反应速度将直接影响空管工作的效率，因此要注重管制员感知器官灵敏度的训练。管制员与飞行员之间的交流以话音通信方式为主，受到通信质量及其他外部因素的影响，管制员对于双语通话适应性也值得关注。另外，管制员的工作状态直接影响管制工作的效率，所以需要对管制员工作时的状态引起足够的重视。

3. 心理状况

心理因素是一个复杂且对空管的安全运行有着直接影响的因素。从对空管不安全事件分析结果可以看出，责任心不强、思想麻痹大意和注意力不集中等因素是影响空管安全的主要原因。如图 3-8 所示，心理素质、注意力集中程度和责任心的载荷较大，说明要对管制员工作时存在的不健康的心理状况引起足够的重视，加强管制员面对复杂情况和较大压力时心理承受能力的训练。此外，工作满意度的因子载荷最低，但也需要对管制员承受着不亚于飞行员的工作压力却得到比飞行员少数倍工作薪酬产生的心理落差等问题引起重视。

3.2.4.2 各因子间的关系

由验证性因子分析结果可知，心理状况与生理状况和业务技术水平之间的相关性较大，业务技术水平与生理状况之间的相关性没有得到验证。在模型拟合后的路径图中，心理状况与生理状况之间的标准相关系数为 0.60，且影响显著；心理状况与业务技术水平之间的标准相关系数为 0.40，且影响显著。

同样，空管运行亚健康与业务技术水平和生理状况之间不存在显著的相关关系，仅与心理状况之间的相关性得到了验证。在修正后的结构方程模型路径图中，业务技术水平与空管运行亚健康之间的标准相关系数为 0.20，生理状况与空管运行亚健康之间的标准相关系数为 0.17，心理状况与空管运行亚健康之间的相关系数为 0.40。在模型拟合后的路径图中，心理状况与空管运行亚健康之间的标准相关系数为 0.31，且影响显著。

3.3　航空公司安全风险因素分析的 DEMATEL-ISM 模型研究

民航作为一个高投入、高风险、技术密集型的行业，安全是其赖以生存及可持续发展的基础。航空公司处于民航安全管理工作的前端，其安全运行状况不仅关系民航旅客人身安全、影响航空公司生存发展，也决定着航空公司以至民航安全管理的可持续发展。安全风险管理作为航空公司安全管理体系的核心，包括风险识别、风险评估及风险控制 3 个阶段。因此，识别航空公司运行中的潜在风险，探究风险因素之间的作用、耦合关系，分析安全风险传递规律，对于加强航空公司运行安全管理具有重要意义。

目前航空公司安全管理方面的研究较少，国外学者 Edkins 提出了一项新的主动航空公司安全计划，通过在澳大利亚一家主要的地区航空公司实施该计划，证明了该计划可以对航空公司的安全绩效产生积极影响。Liou 等为了定量评估航空公司安全性，提出了一个用于解决因素之间依赖关系的混合多准则决策模型，利用 DEMATEL 和 ANP 方法确定因素的相对权重，以此来显示因素之间的相互依赖和反馈关系。Barak 等提出了一种基于模糊 DEA 和模糊 MADM 的新混合方法对航空公司的安全性进行排序，结果表明，这种新的混合方法可以有效克服传统混合 DEA-MADM 模型的缺陷。国内的研究侧重于航空公司安全风险评估。2018 年，赵嶷飞等在确定航空公司风险评价指标体系的基础上，采用熵权法和超标倍数法综合的赋权法计算各风险指标的权重，并考虑各风险指标在评估中的不确定性，首次引入集对分析理论，建立了基于集对分析的航空公司安全风险评价模型及算法。可见，现有航空公司安全风险管理研究侧重于安全风险评估，通过应用新方法建立相应风险评估模型来分析航空公司安全状况；而较少以系统的视角来确定系统中的关键因素，并对系统风险因素的层次性及各层次因素间的结构关联性进行探究。

鉴于此，本节在航空公司安全风险因素指标体系的基础上，利用集成决策实验室分析（Decision Making Trial and Evaluation Laboratory，DEMATEL）和解释结构模型（ISM）方法，建立航空公司安全风险因素分析模型。利用该模型可以定量研究系统因素的层次结构关联性，实现航空公司安全风险分析，从而为航空公司安全管理提供思路及理论指导。

3.3.1 安全风险因素确定

分析航空公司安全风险因素的层次结构是一项复杂的系统工程，首先需要有效识别系统中的风险因素，建立科学合理的航空公司安全风险因素指标体系。为客观地反映航空公司安全风险内涵及风险因素间的相互作用关系，指标体系的构建需要遵循系统性、全面性、科学性和可行性等基本原则。在分析 2007—2016 年航空安全报告数据的基础上，归纳整合航空公司安全评估及审计相关体系中的航空公司安全风险相关指标，构建航空公司安全风险因素指标体系，见表 3-12。

表 3-12　航空公司安全风险因素

目标层	准则层	指　标　层		
航空公司安全风险	机组因素	机组违规操作情况（x_1）	机组资源管理能力不足（x_2）	机组协调决断失误（x_3）
		机组配合不力程度（x_4）	机组人员安全意识淡薄（x_5）	机长心理素质较差（x_6）
	飞机因素	空中停车情况（x_7）	飞机系统运行异常情况（x_8）	维修程序不规范情况（x_9）
		飞机维护未达标情况（x_{10}）		
	环境因素	飞行期间天气恶劣程度（x_{11}）	航路结构复杂程度（x_{12}）	空管指挥失效情况（x_{13}）
		机场危险状况（x_{14}）	气象预报误报情况（x_{15}）	

表 3-12（续）

目标层	准则层	指 标 层		
航空公司安全风险	管理因素	技术培训管理不合格（x_{16}）	管理标准失察程度（x_{17}）	机构职责关系不合理（x_{18}）
		签派决策失误情况（x_{19}）	应急管理培训实施未达标（x_{20}）	

3.3.2 系统风险因素分析

DEMATEL 方法是由日内瓦研究中心的 Gabus 和 Fontela 于 20 世纪 70 年代提出的面向复杂系统因素分析的算法。航空公司安全风险因素体系作为一个典型的"人-机-环-管"系统，利用 DEMATEL 方法分析航空公司安全风险，确定各因素的因果属性，可以帮助管理者及时发现并控制安全隐患，加强航空公司安全管理。

DEMATEL 方法分析系统风险因素的步骤：

（1）确定系统中的风险因素 $x_i \in X (i=1,2,\cdots,n)$，其中 n 为风险因素的数目，X 为风险因素的集合。

（2）确定系统直接影响矩阵。为量化各因素之间影响关系强弱，设定因素影响关系评价标度，见表 3-13。

表 3-13　影响关系评价标度

影响关系	无	弱	一般	强
标度	0	1	2	3

以上述因素影响关系评价标度为基础，依据专家经验确定系统的直接影响矩阵 $\boldsymbol{D}$：

$$\boldsymbol{D} = \begin{bmatrix} 0 & d_{12} & \cdots & d_{1n} \\ d_{21} & 0 & \cdots & d_{2n} \\ \vdots & \vdots & \ddots & \vdots \\ d_{a1} & d_{a2} & \cdots & 0 \end{bmatrix}$$

式中，$d_{ij}(i=1,2,\cdots,a;j=1,2,\cdots,n;i\neq j)$ 表示因素 x_i 对因素 x_j 的直接影响程度，若 $i=j$，则 $d_{ij}=0$。

（3）规范化处理直接影响矩阵 $\boldsymbol{D}$，得到规范化直接影响矩阵 $\boldsymbol{B}$。

$$B = \frac{1}{\max\limits_{1\leq i\leq n}\sum\limits_{j=1}^{n}d_{ij}}D \tag{3-6}$$

式中，$B=(b_{ij})_{n\times n}$，$b_{ij}\in[0,1]$，且 $\max\limits_{1\leq i\leq n}\sum\limits_{j=1}^{n}b_{ij}=1$。

（4）计算综合影响矩阵 $\boldsymbol{C}[C=(c_{ij})_{n\times n}]$。综合影响矩阵 $\boldsymbol{C}$ 作为直接影响和间接影响的累加，其计算式为

$$C=\lim_{k\to\infty}(\boldsymbol{B}+\boldsymbol{B}^2+\cdots+\boldsymbol{B}^k)=\boldsymbol{B}(\boldsymbol{I}-\boldsymbol{B})^{-1} \tag{3-7}$$

式中，$\boldsymbol{I}$ 为单位矩阵。

（5）计算各因素的影响度 f_i 与被影响度 e_i。f_i 为 $\boldsymbol{C}$ 中因素 x_i 的行和，e_i 为 $\boldsymbol{C}$ 中因素 x_i 的列和。f_i 和 e_i 的计算式为

$$f_i=\sum_{j=1}^{n}c_{ij} \tag{3-8}$$

$$e_i=\sum_{j=1}^{n}c_{ji} \tag{3-9}$$

（6）计算各因素的中心度 m_i 和原因度 n_i。m_i 为因素 x_i 的 f_i 与 e_i 之和，n_i 为因素 x_i 的 f_i 与 e_i 之差。m_i 和 n_i 的计算式为

$$\begin{aligned}m_i&=f_i+e_i\\n_i&=f_i-e_i\end{aligned} \tag{3-10}$$

m_i 越大，表示风险因素 x_i 的影响重要性程度越高，反之亦然。n_i 为正值，表示 x_i 易影响其他风险因素，称 x_i 为原因因素；n_i 为负值，表示 x_i 易受其他风险因素影响，称 x_i 为结果因素。

（7）绘制系统因素因果图。在笛卡尔坐标系中，以 m_i 为横坐标、n_i 为纵坐标，绘制风险因素 x_i 的因果图；分析因果关系

图，确定各因素的因果属性，找出系统中的关键因素。

3.3.3 系统层次结构划分

ISM 是一种适用于层次结构复杂且影响因素众多系统的分析方法。利用 DEMATEL 方法分析系统风险因素步骤的基础上，采用 ISM 方法确定航空公司安全风险因素的层次结构。

集成 DEMATEL/ISM 的系统层次结构划分步骤：

（1）计算整体影响矩阵 $Z[Z=(z_{ij})_{n\times n}]$，计算式为 $Z=C+I$，式中 I 为单位矩阵。

（2）设定阈值 λ，根据整体影响矩阵 Z，确定可达矩阵 $K[K=(k_{ij})_{n\times n}]$ 的元素 k_{ij} 为

$$\begin{cases} k_{ij}=1 & z_{ij}\geq\lambda \\ k_{ij}=0 & z_{ij}<\lambda \end{cases} \tag{3-11}$$

（3）确定因素 x_i 的可达集 R_i 和前项集 A_i，分别为

$$R_i=\{x_j\mid x_j\in X,\ k_{ij}\neq0\}$$
$$A_i=\{x_j\mid x_j\in X,\ k_{ji}\neq0\} \tag{3-12}$$

（4）可达矩阵 K 的层次划分。确定系统各层次的因素集 L_k。

（5）重复步骤三和步骤四，确保因素集 X 中的因素都被划分到系统各层次的因素集 L_k 中。

（6）在系统各层次因素划分的基础上，在可达矩阵 K 中提取骨架矩阵，绘制系统因素的递阶层次结构图。

为验证所建系统因素分析 DEMATEL-ISM 模型的有效性，以国内某航空公司的运行风险状况为考察对象，选择航空公司安全运营管理人员及局方有关安全监管人员等 20 人作为专家小组，以表 3-13 的影响关系评价标度为依据，对表 3-12 的航空公司安全风险因素指标体系中的因素进行两两比较判断。通过汇总、统计各专家的意见，最终得到系统的直接影响矩阵 D 为

$$D = \begin{pmatrix}
0 & 0 & 0 & 0 & 0 & 0 & 2 & 0 & 0 & 0 & 0 & 0 & 0 & 0 & 0 & 0 & 0 & 0 & 0 \\
0 & 0 & 0 & 2 & 0 & 0 & 0 & 0 & 0 & 0 & 0 & 0 & 0 & 0 & 0 & 0 & 0 & 0 & 0 \\
0 & 0 & 0 & 2 & 0 & 0 & 0 & 0 & 0 & 0 & 0 & 0 & 0 & 0 & 0 & 0 & 0 & 0 & 0 \\
0 & 0 & 1 & 0 & 0 & 0 & 0 & 0 & 0 & 0 & 0 & 0 & 0 & 0 & 0 & 0 & 0 & 0 & 0 \\
2 & 0 & 0 & 0 & 0 & 0 & 0 & 0 & 0 & 0 & 0 & 0 & 0 & 0 & 0 & 0 & 0 & 0 & 0 \\
0 & 0 & 2 & 0 & 0 & 0 & 0 & 0 & 0 & 0 & 0 & 0 & 0 & 0 & 0 & 0 & 0 & 0 & 0 \\
0 & 0 & 2 & 0 & 0 & 0 & 0 & 0 & 0 & 0 & 0 & 0 & 0 & 0 & 0 & 0 & 0 & 0 & 0 \\
0 & 0 & 0 & 0 & 0 & 0 & 0 & 0 & 0 & 0 & 0 & 0 & 0 & 0 & 0 & 0 & 0 & 0 & 0 \\
0 & 0 & 0 & 0 & 0 & 0 & 0 & 0 & 1 & 0 & 0 & 0 & 0 & 0 & 0 & 0 & 0 & 0 & 0 \\
0 & 0 & 0 & 0 & 0 & 0 & 1 & 0 & 0 & 0 & 0 & 0 & 0 & 0 & 0 & 0 & 0 & 0 & 0 \\
0 & 0 & 2 & 0 & 0 & 0 & 2 & 3 & 0 & 0 & 0 & 0 & 2 & 0 & 0 & 0 & 0 & 2 & 0 \\
0 & 0 & 1 & 0 & 0 & 0 & 0 & 0 & 0 & 0 & 0 & 0 & 0 & 0 & 0 & 0 & 0 & 0 & 0 \\
0 & 0 & 2 & 0 & 0 & 0 & 0 & 0 & 0 & 0 & 0 & 0 & 0 & 0 & 0 & 0 & 0 & 0 & 0 \\
0 & 0 & 0 & 0 & 0 & 0 & 0 & 0 & 0 & 0 & 0 & 1 & 0 & 0 & 0 & 0 & 0 & 0 & 0 \\
0 & 0 & 1 & 0 & 0 & 0 & 0 & 0 & 0 & 0 & 0 & 0 & 0 & 0 & 0 & 0 & 0 & 1 & 0 \\
1 & 0 & 0 & 1 & 0 & 0 & 0 & 1 & 0 & 0 & 0 & 0 & 0 & 0 & 0 & 0 & 0 & 1 & 0 \\
2 & 0 & 0 & 0 & 0 & 0 & 0 & 2 & 0 & 0 & 0 & 0 & 0 & 0 & 0 & 0 & 0 & 0 & 1 \\
0 & 1 & 0 & 0 & 0 & 0 & 0 & 0 & 0 & 0 & 0 & 0 & 0 & 0 & 0 & 0 & 0 & 0 & 0 \\
0 & 0 & 2 & 0 & 0 & 0 & 0 & 0 & 0 & 0 & 0 & 0 & 0 & 0 & 0 & 0 & 0 & 0 & 0 \\
0 & 0 & 0 & 0 & 0 & 0 & 0 & 0 & 0 & 0 & 0 & 0 & 0 & 0 & 0 & 0 & 0 & 1 & 0
\end{pmatrix}$$

对直接影响矩阵 D，依次经式（3-6）和式（3-7）得到综合影响矩阵 C。以 C 中元素为基础，经式（3-8）至式（3-10）分别计算得到各因素的影响度 f_i、被影响度 e_i、中心度 m_i 和原因度 n_i。相关的 DEMATEL 分析结果见表 3-14。

表 3-14　DEMATEL 分析结果

因素	m_i	n_i	m_i 排序	因素属性
x_1	0.6363	-0.2727	5	结果
x_2	0.2727	0.0909	13	原因
x_3	1.5504	-1.3504	1	结果
x_4	0.2893	-0.2893	12	结果
x_5	0.2149	0.2149	14	原因
x_6	0.2000	0.2000	17	原因
x_7	0.3818	0.0182	8	原因

表 3-14（续）

因素	m_i	n_i	m_i 排序	因素属性
x_8	0.6386	−0.6386	4	结果
x_9	0.3719	−0.1735	9	结果
x_{10}	0.2066	−0.0248	16	结果
x_{11}	1.0017	1.0017	2	原因
x_{12}	0.1000	0.1000	20	原因
x_{13}	0.3074	0.0926	10	原因
x_{14}	0.2909	−0.0727	11	结果
x_{15}	0.2091	0.2091	15	原因
x_{16}	0.4074	0.4074	7	原因
x_{17}	0.5156	0.5156	6	原因
x_{18}	0.1074	0.1074	19	原因
x_{19}	0.6628	−0.2628	3	结果
x_{20}	0.2000	0.0182	18	原因

根据表 3-14 的中心度 m_i 和原因度 n_i，绘制航空公司安全风险因素的因果图，如图 3-9 所示。

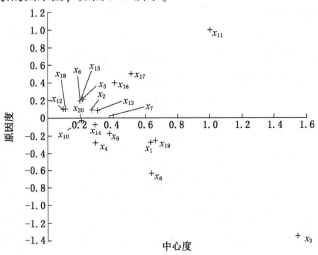

图 3-9　风险因素因果图

划分系统因素的层次结构，需要先确定可达矩阵。在综合影响矩阵 C 的基础上，由 $Z = C + I$ 计算得到整体影响矩阵 Z。通过专家对整体影响矩阵及实际问题的分析，确定适合的阈值为 $\lambda = 0.09$，根据式（3-11）确定可达矩阵 K 为

$$K = \begin{pmatrix}
0 & 0 & 0 & 0 & 0 & 0 & 0 & 1 & 0 & 0 & 0 & 0 & 0 & 0 & 0 & 0 & 0 & 0 & 0 & 0 \\
0 & 0 & 0 & 1 & 0 & 0 & 0 & 0 & 0 & 0 & 0 & 0 & 0 & 0 & 0 & 0 & 0 & 0 & 0 & 0 \\
0 & 0 & 1 & 0 & 0 & 0 & 0 & 0 & 0 & 0 & 0 & 0 & 0 & 0 & 0 & 0 & 0 & 0 & 0 & 0 \\
0 & 0 & 0 & 0 & 0 & 0 & 0 & 0 & 0 & 0 & 0 & 0 & 0 & 0 & 0 & 0 & 0 & 0 & 0 & 0 \\
1 & 0 & 0 & 0 & 0 & 0 & 0 & 0 & 0 & 0 & 0 & 0 & 0 & 0 & 0 & 0 & 0 & 0 & 0 & 0 \\
0 & 0 & 1 & 0 & 0 & 0 & 0 & 0 & 0 & 0 & 0 & 0 & 0 & 0 & 0 & 0 & 0 & 0 & 0 & 0 \\
0 & 0 & 1 & 0 & 0 & 0 & 0 & 0 & 0 & 0 & 0 & 0 & 0 & 0 & 0 & 0 & 0 & 0 & 0 & 0 \\
0 & 0 & 0 & 0 & 0 & 0 & 0 & 1 & 0 & 0 & 0 & 0 & 0 & 0 & 0 & 0 & 0 & 0 & 0 & 0 \\
0 & 0 & 0 & 0 & 0 & 0 & 0 & 1 & 0 & 0 & 0 & 0 & 0 & 0 & 0 & 0 & 0 & 0 & 0 & 0 \\
0 & 0 & 0 & 0 & 0 & 0 & 0 & 0 & 0 & 0 & 0 & 0 & 0 & 0 & 0 & 0 & 0 & 0 & 0 & 0 \\
0 & 0 & 1 & 0 & 0 & 1 & 1 & 0 & 0 & 0 & 0 & 1 & 0 & 0 & 0 & 0 & 1 & 0 & 0 & 0 \\
0 & 0 & 1 & 0 & 0 & 0 & 0 & 0 & 0 & 0 & 0 & 0 & 0 & 0 & 0 & 0 & 0 & 0 & 0 & 0 \\
0 & 0 & 1 & 0 & 0 & 0 & 0 & 0 & 0 & 0 & 0 & 0 & 0 & 0 & 0 & 0 & 0 & 0 & 0 & 0 \\
0 & 0 & 0 & 0 & 0 & 0 & 0 & 0 & 1 & 0 & 0 & 0 & 0 & 0 & 0 & 0 & 0 & 0 & 0 & 0 \\
0 & 0 & 1 & 0 & 0 & 0 & 0 & 0 & 0 & 0 & 0 & 0 & 0 & 0 & 0 & 0 & 0 & 0 & 1 & 0 \\
1 & 0 & 0 & 1 & 0 & 0 & 0 & 0 & 0 & 0 & 0 & 0 & 0 & 0 & 0 & 0 & 0 & 0 & 1 & 0 \\
1 & 0 & 0 & 0 & 0 & 0 & 0 & 0 & 0 & 0 & 0 & 0 & 0 & 0 & 0 & 0 & 0 & 0 & 0 & 1 \\
0 & 1 & 0 & 0 & 0 & 0 & 0 & 0 & 0 & 0 & 0 & 0 & 0 & 0 & 0 & 0 & 0 & 0 & 0 & 0 \\
0 & 0 & 1 & 0 & 0 & 0 & 0 & 0 & 0 & 0 & 0 & 0 & 0 & 0 & 0 & 0 & 0 & 0 & 0 & 0 \\
0 & 0 & 0 & 0 & 0 & 0 & 0 & 0 & 0 & 0 & 0 & 0 & 0 & 0 & 0 & 0 & 0 & 0 & 1 & 0
\end{pmatrix}$$

若系统层次划分后的要素集为 $X = \{L_1, L_2, L_3, \cdots, L_k\}$，根据式（3-12）和 $R_i = R_i \cap A_i$ 可确定 $k = 4$，即将系统因素划分为 4 个层次。系统因素的详细层次划分结果为

$$L_1 = \{x_3, x_4, x_8\}$$
$$L_2 = \{x_1, x_2, x_6, x_7, x_{10}, x_{12}, x_{13}, x_{19}\}$$
$$L_3 = \{x_5, x_9, x_{14}, x_{15}, x_{18}, x_{20}\}$$
$$L_4 = \{x_{11}, x_{16}, x_{17}\}$$

在可达矩阵 K 的基础上，提取骨架矩阵，绘制航空公司安

全风险因素的多级递阶层次结构图，如图 3-10 所示。

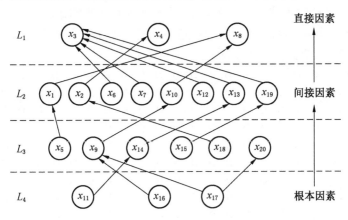

图 3-10　风险因素递阶层次结构图

3.3.4　结果分析

3.3.4.1　系统关键因素分析

因素的中心度越大，则表示该因素的影响重要性程度越高。由表 3-14 可知，航空公司安全风险因素的重要性程度从大到小依次为机组协调决断失误（x_3）、飞行期间天气恶劣程度（x_{11}）、签派决策失误情况（x_{19}）、飞机系统运行异常情况（x_8）、机组违规操作情况（x_1）、管理标准失察程度（x_{17}）、技术培训管理不合格（x_{16}）、空中停车情况（x_7）、维修程序不规范情况（x_9）、空管指挥失效情况（x_{13}）、机场危险状况（x_{14}）、机组配合不力程度（x_4）、机组资源管理能力不足（x_2）、机组人员安全意识淡薄（x_5）、气象预报误报情况（x_{15}）、飞机维护未达标情况（x_{10}）、机长心理素质较差（x_6）、应急管理培训实施未达标（x_{20}）、机构职责关系不合理（x_{18}）、航路结构复杂程度（x_{12}）。因素的原因度为正，表示该因素易影响其他因素；因素的原因度为负，则表示该因素易受其他因素影响。由图 3-9 可知，x_2、x_5、x_6、x_7、x_{11}、x_{12}、x_{13}、x_{15}、x_{16}、x_{17}、x_{18}、x_{20} 等因素位于坐标系的第一象限，属于原因因素，其在整个航空公司安全风险因素体系中容易影响其他因素；x_1、x_3、x_4、x_8、x_9、x_{10}、x_{14}、x_{19}等因素位于坐标系的第四象限，属于结果因素，这些因素在影响因素体系中易受原因因素及结果因素中其他因素的影响。

综合考察各因素的中心度及原因度的绝对值，确定系统中的10个关键因素，包括5个关键原因因素和5个关键结果因素。关键原因因素有飞行期间天气恶劣程度（x_{11}）、管理标准失察程度（x_{17}）、技术培训管理不合格（x_{16}）、空中停车情况（x_7）、空管指挥失效情况（x_{13}），关键结果因素有机组协调决断失误（x_3）、签派决策失误情况（x_{19}）、飞机系统运行异常情况（x_8）、机组违规操作情况（x_1）、维修程序不规范情况（x_9）。

通过专家小组对上述关键因素辨识结果的分析，该结果较符合航空公司日常运行中面临的实际风险状况。对于关键原因因素来说，需要航空公司在日常安全管理工作中提高对关键原因因素的重视，注意切断其在不同因素间影响的传递过程，以达到控制风险的目的；对于关键结果因素来说，需要航空公司管理者在控制原因因素的同时，注意防止结果风险因素之间的互相干扰而导致风险涌现性增大。

3.3.4.2 系统因素递阶层次结构分析

由系统安全的事故致因理论，可将该系统因素的递阶层次结构分为直接因素（L_1）、间接因素（L_2）和根本因素（L_3和L_4）。由图3-10可知，系统的直接因素包括机组协调决断失误（x_3）、机组配合不力程度（x_4）、飞机系统运行异常情况（x_8）等因素，当系统的风险水平处于较高水平时，对这些因素进行有效控制，会有明显的效果。系统中的间接因素包括机组违规操作情况（x_1）、机组资源管理能力不足（x_2）、机长心理素质较差（x_6）、空中停车情况（x_7）、飞机维护未达标情况（x_{10}）、航路结构复杂程度（x_{12}）、空管指挥失效情况（x_{13}）、签派决策失误情况（x_{19}）等因素，这些因素通过作用上一层因素而间接对系统风险产生影响。影响系统安全风险的根本因素，即基础性因素，包括机组人员安全意识淡薄（x_5）、维修程序不规范情况（x_9）、机场危险状况（x_{14}）、气象预报误报情况（x_{15}）、机构职责关系不合理（x_{18}）、应急管理培训实施未达标（x_{20}）、飞行期间天气恶劣程度（x_{11}）、技术培训管理不合格（x_{16}）、管理标准失察程度（x_{17}）等因素，这些因素属于系统中低层次的因素，对系统安全风险的影响往往是潜移默化的。

对于直接或间接因素的管控在短时间内可能得到立竿见影的效果，但往往控制的难度较大。因此，航空公司管理者需要在日常安全管理工作中，加强技术培训管理，严守航空安全管理标准，以从根本上消除安全隐患，切断底层因素向更高层风险因素传递作用的路径。在专家对直接、间接和根本因素所含风险因素分析讨论的基础上，得出了该系统因素划分结果与航空公司运行实际情况相符、可为航司相关安全风险管理决策提供理论支持的结果，进而表明了该集成 DEMATEL-ISM 方法在航空公司或其他复杂安全系统安全风险管理决策中的有效性和适用性。

4 民航空管安全亚健康态聚类 分析及划分

4.1 管制运行亚健康状态的 Ward 系统聚类及分析

当前，随着中国民航业的迅猛发展，交通流量日益增大，对空中交通服务安全保障要求的提高致使管制工作压力增大，很多地区尤其是北京、上海、广州等交通要塞的管制运行处于超工作负荷状态，这种超负荷运行会对中国民航安全构成重大威胁。据民航安全记录显示，由管制造成的民航不安全事件时有发生，这说明管制运行处于安全与不安全之间的中间状态，被称为管制运行亚健康状态。但这种亚健康状态的划分范围广泛，只有将其细化分类，确定管制运行的不同状态，才能提早发现并解决可能引起事故的不安全因素，对风险关口前移具有重要的现实意义。

有关空管安全方面的研究，国外与国内的研究侧重点有所不同，国外更侧重于技术、程序的创新研究和管制过程中飞机冲突及排队等问题的改善。从已有的国内外空管安全相关研究可发现，由于国情与实际空管运行情况的不同，国外以研究正在发生的问题为主，如解决航空器冲突和飞机起飞着陆排序等问题，国内研究则更多为对未发生事件的把控，如风险识别、效率评估等。而识别管制运行潜在风险因子的范围过于广泛，且不同管制运行状态下，运行风险程度及影响因素也不尽相同。但目前关于管制运行状态的描述及划分研究很少，而管制运行状态的研究不仅可以明确当前管制运行所处状态便于"对症下药"，也为风险识别、管制运行评估等问题的研究奠定细节划分基础。因此有必要对管制运行状态进行划分研究。根据部分扇区经验管制员的工作数据，分析管制运行状态的评价变量，并使用 R 语言实现聚类分析法对样本进行分类，从而定义、划分管制运行状态。

4.1.1 状态评价变量分析

管制运行状态的评价主要从空管运行指标方面着手，从管制运行的工作内容看，其主要是通过一系列的通信、导航和监视手段来保证空中交通的安全实施。主要工作均离不开管制员的操作，在一定程度上造成了管制员的工作负荷，并且这种长时累积的工作负荷将使管制运行状态变差，所以基于管制员工作负荷方面提取管制运行状态的评价变量展开研究显得尤为重要。

考虑到聚类分析管制运行状态是通过对多个数据样本进行聚类，每一个样本的各个指标需要反映的是同一时间段的运行状态，所以依据部分扇区的管制运行数据，选取了单位时间内基于管制工作负荷的管制运行状态评价变量，见表4-1。

表4-1 管制运行状态评价变量

评价变量	评价变量描述
X_1	单位时间内通话次数
X_2	单位时间内通话时间
X_3	单位时间内设备操作次数
X_4	单位时间内设备操作时间
X_5	单位时间内同时监管的飞机峰值架次

4.1.2 系统聚类分析流程

聚类分析法是一种研究"物以类聚"的现代多元统计分析方法，旨在根据数据特征把需要进行分类的对象按照一定规则分成若干类。系统聚类是指将每一个样本看成一个类，通过计算样本间距离把距离近的样本聚成一类，直到所有样本分别聚到与其最相似的类中。系统聚类常使用最短距离法（Single）、最长距离法（Complete）、类平均法（Average）、中间距离法（Median）、重心法（Centroid）、离差平方和法（Ward）6 种方法。采用系统聚类的方法将不同样本分类，分析判断某类样本处于哪种管制运行状态，并使用统计分析软件 R 语言来实现。

系统聚类的一般步骤包括：①计算 n 个样本两两间的距离；②构造 n 个类，每个类只包含 1 个样品；③合并距离最近的两类为 1 个新类；④计算新类与当前各类的距离，若类数为 1，转到步骤⑤，否则回到步骤③；⑤画聚类图；⑥决定聚类个数和类。

4.1.3 数据处理与聚类分析

4.1.3.1 管制运行样本数据处理

数据来源于经验管制员在某区管部分扇区的管制运行数据。1 个样本即单位时间内包括的通话次数、通话时间、设备操作次数、设备操作时间、同时监管的飞机峰值架次共 5 个指标组成的1 组数据。此处的单位时间为数据收集时选取的测量时间片3 min，对原始数据进行整理统计后得到 60 组样本。原始样本数据见表 4-2。

表 4-2　管制运行状态评价变量样本

样本	X_1/次	X_2/s	X_3/次	X_4/s	X_5/架次
1	16	69	21	78	4
2	17	92	18	60	6
3	18	117	19	84	8
4	20	108	28	76	14
5	18	135	20	60	16
6	15	87	19	106	15
7	21	129	22	48	18
8	14	96	24	65	3
9	18	116	17	42	7
10	19	127	27	76	11

表4-2（续）

样本	X_1/次	X_2/s	X_3/次	X_4/s	X_5/架次
11	23	135	19	53	15
12	20	125	27	66	15
13	17	112	24	78	15
14	4	34	11	28	4
15	10	56	18	27	7
16	10	62	20	32	10
17	16	82	22	42	14
18	14	73	21	44	14
19	15	76	29	68	19
20	17	125	26	80	20
21	26	149	21	80	20
22	2	11	3	9	2
23	6	44	15	33	7
24	9	38	17	48	11
25	7	39	13	40	17
26	20	94	20	86	20
27	19	93	26	56	21
28	24	142	23	69	21
29	20	123	22	50	20
30	18	72	13	10	5
31	17	50	15	22	10
32	11	45	16	28	15
33	23	81	18	44	18
34	23	81	24	45	21
35	28	101	18	70	26
36	29	112	12	53	28
37	27	92	24	47	9

表4-2（续）

样本	X_1/次	X_2/s	X_3/次	X_4/s	X_5/架次
38	14	44	13	18	12
39	15	63	12	14	15
40	19	68	13	28	20
41	22	86	17	54	21
42	24	105	17	33	23
43	29	92	21	34	23
44	28	97	22	43	29
45	31	117	21	36	32
46	30	116	22	38	27
47	17	40	17	29	8
48	22	66	14	23	13
49	26	71	14	24	14
50	21	65	10	19	15
51	29	78	21	41	16
52	31	79	19	18	14
53	29	66	18	20	15
54	30	82	14	24	14
55	24	55	15	24	12
56	21	73	18	31	9
57	27	67	20	43	15
58	34	87	21	33	18
59	40	98	19	32	22
60	33	73	17	28	20

4.1.3.2 聚类分析的 R 实现及方法优选

首先将样本数据导入 R 语言中，对数据进行标准化处理后生成距离矩阵，距离矩阵即为每组样本两两间距离组成的矩阵，两组样本数据中每个评价变量间的距离分别表示对应评价变量的相近程度，如第 1 组与第 2 组样本数据中单位时间内通话次数间的距离表示该评价变量（16，17）的相近程度，而将每个评价变量间距离综合起来的距离即表示两组样本数据的相近程度，聚类分析选择将相近程度高的样本划分进同一类别中；然后分别使用最短距离法、最长距离法、中间距离法、类平均法、重心法以及离差平方和法依据距离矩阵获得聚类结果，其运行结果如图 4-1 所示。其次使用 Nb Clust（）函数获得 6 种聚类方法的推荐聚类个数，运行结果如图 4-2 所示。

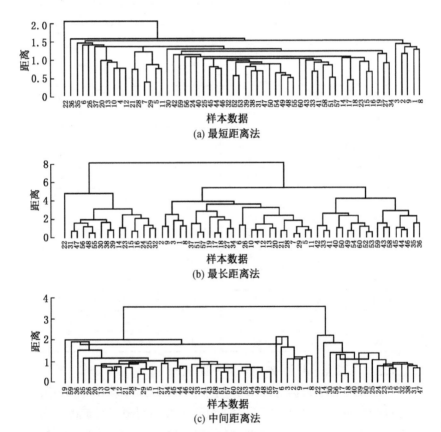

(a) 最短距离法

(b) 最长距离法

(c) 中间距离法

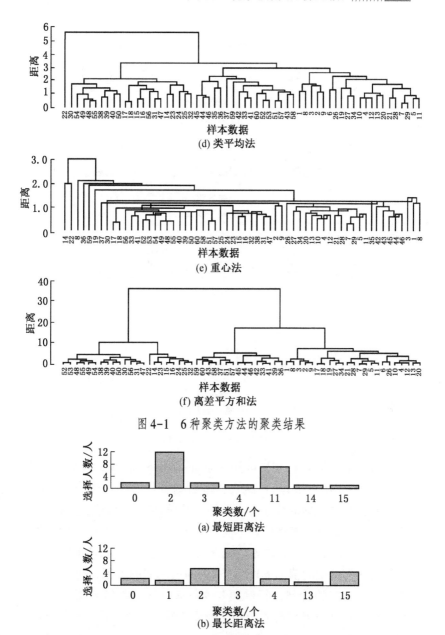

图 4-1 6 种聚类方法的聚类结果

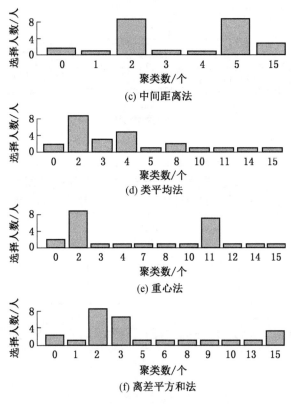

图4-2　6种聚类方法推荐聚类个数

分析 R 语言运行结果可知，Single 法推荐将 60 组样本分为 2 类或 11 类（第二推荐），结合样本数据分析这种聚类结果偏向于将具有明显差异的样本分开，且每类样本没有明显分类特征，说明 Single 法很可能将代表不同管制运行状态的样本划分到一类中。Complete 法推荐将样本分为 3 类，观察这 3 类的各个样本值以及这 3 类的中间值与 60 组样本中间值之间的关系，可发现分类呈现出一定的管制运行健康与亚健康的区分，但界限不够明显。Median 法推荐将样本分为 2 类或 5 类，分为 2 类时倾向于将

样本数值较小的分为一类，数值较大的分为另一类，但将其分为
5 类时，分类结果呈现出管制运行的健康与亚健康分界。Average
法将样本分为 2 类时与 Single 法相同，当将样本分为 4 类时，分
类结果呈现的管制运行健康与亚健康分界较为明显且存在现实意
义。Centroid 法对样本的分类结果与 Single 法分类相似，没有明
显的分类特征。Ward 法推荐将样本分为 2 类，但其不同之处在
于分类较为均衡，不存在个别分类只有一个样本的情况。

考虑到各个方法在划分成 3~5 类时均呈现一定的管制运行
健康与亚健康状态的分界，而当划分为 4 类时对管制运行状态的
描述更为合理，分别使用 6 种方法将样本数据分为 4 类，从划分
结果发现 Ward 法与 Complete 法和 Average 法划分的结果相似，
说明这种分类方法是可取的，结合各个划分方法的优缺点及分类
效果最终选择使用 Ward 法将数据样本聚类为 4 类。运行结果如
图 4-3 所示。

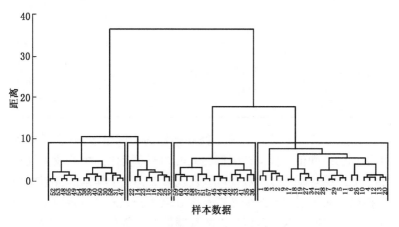

图 4-3　Ward 聚类法 4 类结果图

4.1.4　结果分析

从图 4-3 可看出，Ward 法将管制运行样本分为 4 类，这 4
类样本分别代表一种管制运行状态，通过 4 类样本中间值以及每

类中的样本数据与全部样本数据中间值的对比分析，将管制运行
状态划分为管制运行健康状态、偏向健康状态的不稳定亚健康状
态、稳定亚健康状态以及偏向发生不安全事件的不稳定亚健康状
态。为方便清楚观测各类数据差别以及状态的划分依据，将聚类
分析运行结果汇总，见表4-3，并对表4-3数据进行详细分析。

表4-3　Ward聚类法4类运行结果汇总

类别	聚类分组样本	样本中间值	样本个数/个	占比/%	管制运行状态
1	{52,53,48,55,49,54, 38,39,40,50,30,36, 31,47}	{21,66,14,22.5, 13.5}	14	23.3	偏向健康状态的不稳定亚健康状态
2	{22,14,23,15,16,24, 25,32}	{8,41.5,15.5, 30,8.5}	8	13.3	健康状态
3	{59,60,43,58,37,51, 57,45,44,46,42,33, 41,35,36}	{29,92,20,41, 22}	15	25.1	稳定亚健康状态
4	{1,8,3,2,9,17,18, 19,27,34,21,28,7, 29,5,11,6,26,10,4, 12,13,20}	{18,112,22,66, 15}	23	38.3	偏向发生不安全事件的不稳定亚健康状态

　　从表4-3可以看出，第2类各指标的中间值与60组样本各
个指标的中间值 C（$C=\{20,82,19,42,15\}$）相比，相差较大且均
低于 C，观察原始样本数据可以发现第2类8个样本的各指标与
C 相比，除个别样本的个别指标比 C 略大一点外，其余数据均低
于 C，说明处于这一运行状态的管制员工作负荷很小，可没有压
力地完成管制工作，所以将这种管制运行状态定义为健康状态。

　　将第1类样本指标的中间值与 C 对比可以发现，除指标 X_1
比 C 中对应的指标略大一点外，其余指标均小于 C，但小的程度
没有第二类大，且样本数据中存在少量指标超过 C，说明此时管

制员可以完成管制工作且工作负荷不大但已经有一定的工作压力，所以将这种管制运行状态定义为不稳定亚健康状态，且这种不稳定亚健康状态更倾向于向健康状态变化。

将第 3 类样本指标的中间值与 C 对比可以发现，除指标 X_4 比 C 中对应指标略小一点外，其余 4 个指标均超过 C，但超过范围不大，且样本数据中处于该类的每一个样本均有 3~4 个指标超过了 C，说明此时管制员虽可以完成相应管制工作，但其管制工作负荷较大，所以将这种管制运行状态定义为稳定亚健康状态。

将第 4 类样本指标的中间值与 C 对比可以发现，部分指标大范围超出 C。这说明此时管制员工作繁重，工作量已大大超出正常运行能力范围，如果长期使管制员处于这种管制运行状态下，将很有可能导致不安全事件发生，因此将这种管制运行状态定义为不稳定亚健康状态，且该不稳定亚健康状态有向发生不安全事件状态的转变趋势。

通过计算可知，该区管部分扇区管制运行状态仅有 13.3% 处于健康状态，而 86.7% 处于亚健康状态，大部分管制运行状态都处于亚健康状态可能与航线及空中交通流密集导致管制员工作量过大有关。而亚健康状态中，25.1% 为稳定亚健康状态，23.3% 为偏向健康状态的不稳定亚健康状态，38.3% 为偏向发生不安全事件的不稳定亚健康状态，如果及时采取适当措施，将可能使偏向健康的不稳定亚健康状态转归为健康状态，将偏向发生不安全事件的不稳定亚健康状态转归为稳定亚健康状态。

4.2 基于熵权–FCM 的区域管制席亚健康状态划分方法

近几年随着空中交通流量的迅猛增长，民航空域接近饱和，管制员工作趋向超负荷状态，此时管制员发出的指令容易发生错忘漏现象，管制工作趋于亚健康状态。而如何对区域管制席亚健康状态进行合理划分将是管制运行系统采取合理管控措施的基础，对缓解管制员工作负荷和疲劳具有重要的意义。目前针对管制员工作负荷和空管安全运行评估方面已有大量的研究，在空管运行亚健康理论方面，可接受空中交通流不均衡度（AATFID）模型首次从管制员工作负荷角度描述了管制运行系统亚健康状态，并从人员、设备、环境、管理和运行 5 个角度构建了空管运行亚健康状态评估指标体系，建立了空管运行亚健康状态灰色层次评价模型。

由于区域管制席亚健康状态的特性具有模糊性和不确定性，可能会发展为健康状态或故障状态。而聚类分析作为一种无监督学习算法，能够在没有任何先验知识的情况下实现数据集的特征划分。聚类算法在分类的过程中，不必事先给出一个分类的标准，能够从样本数据出发，自动进行分类。模糊 C 均值聚类（FCM）算法使用模糊逻辑和模糊集合论的概念，提出一种不需硬性地将对象指派到一个簇中的聚类算法，为每个对象和每个簇赋予一个隶属度，指明该对象属于该簇的程度。但考虑到空中交通流具有时空不均衡性质，若将各亚健康状态评价指标同等对待，区域管制席亚健康状态划分结果会存在较大的误差。因此，为了提高区域管制席亚健康状态划分的准确性，本节基于管制员工作负荷选取 5 项评价指标，针对各评价指标对区域管制席亚健康状态的影响程度不同，先利用熵权法对区域管制席亚健康状态评价指标进行赋权，然后根据区域管制员在部分扇区的练习数据，运用基于熵权的模糊 C 均值聚类（EW-FCM）算法对其进行聚类划分，最后通过实例仿真验证了本节提出的基于熵权-FCM 的区域管制席亚健康状态划分方法的有效性。

4.2.1 FCM 算法原理

模糊 C 均值聚类（FCM）算法是一种实行模糊伪划分的软聚类方法，通过迭代使样本距离模糊聚类中心的距离加权和最小。若一个数据集为 $X=\{x_1, x_2, \cdots, x_n\}$，每个样本 x_i 有 m 个评价指标，即 $x_i=\{x_{i1}, x_{i2}, \cdots, x_{im}\}$，样本集 X 的一个子集为模糊簇集

$V_1, V_2, \cdots, V_c$。FCM 算法的目标函数为

$$J_m(U, V, X) = \sum_{i=1}^{c} \sum_{j=1}^{n} (u_{ij})^q (d_{ij})^2 \tag{4-1}$$

式中，U 为每个样本数据与相应聚类中心的隶属度；V 为模糊聚类中心；X 为样本数据；$u_{ij} \in [0,1]$ 表示第 j 个数据点属于第 i 个聚类中心的隶属度，且 $\forall j = 1, 2, \cdots, n$ 满足 $\sum_{i=1}^{c} u_{ij} = 1$；$c$ 为聚类数；$q \in [1, \infty]$ 表示模糊程度，随着 q 的增加，聚类的模糊性增大；d_{ij} 表示第 i 个聚类中心与第 j 个样本数据的欧氏距离，其计算公式为

$$(d_{ij})^2 = \| x_j - v_i \|^2 = (x_j - v_i)^T (x_j - v_i) \tag{4-2}$$

式中，v_i 为第 i 个聚类中心，其计算公式见下文。

FCM 算法的具体步骤如下：

（1）选择聚类数目 c，设置模糊指数 q、迭代终止阈值 ε 和最大迭代次数 T，随机初始化隶属度 u_{ij}。

（2）计算模糊聚类中心，其具体计算公式为

$$v_i = \frac{\sum_{j=1}^{n} (u_{ij})^q x_j}{\sum_{j=1}^{n} (u_{ij})^q} \quad i = 1, 2, \cdots, c \tag{4-3}$$

（3）更新模糊伪划分，计算聚类隶属度矩阵，其计算公式为

$$u_{ij} = \frac{1}{\sum_{k=1}^{c} \left(\dfrac{d_{ij}}{d_{kj}} \right)^{\frac{2}{q-1}}} \quad i = 1, 2, \cdots, c; \ j = 1, 2, \cdots, n \tag{4-4}$$

（4）重复计算每个聚类中心和隶属度矩阵，直至划分结果达到稳定状态（终止迭代条件："如果误差的变化低于指定的阈值"或"如果所有的隶属度变化的绝对值都低于指定的阈值"）。

4.2.2 基于 EW-FCM 的亚健康状态划分方法

4.2.2.1 EW-FCM 算法原理

熵是度量系统无序程度的测度，熵值越大，系统的无序程度越高，提供的信息就越少。每个评价指标权重的熵值体现了该指标在区域管制席亚健康状态划分中提供有用信息的多少，反映出各评价指标的相对重要性。故设计计算亚健康状态评价指标权重的步骤如下：

（1）构建数据矩阵 X。若有 m 组管制运行数据，每组数据有 n 个亚健康状态评价指标，则构建数据矩阵 X：

$$X=(x_{ij})_{m×n} \quad i=1,2,\cdots,m; j=1,2,\cdots,n \quad (4-5)$$

（2）对数据矩阵 X 进行归一化处理。为了解决各亚健康状态评价指标量纲不同的问题，需对数据矩阵 X 进行归一化处理，其计算公式为

$$r_{ij}=\frac{x_{ij}}{\sum\limits_{i=1}^{m}x_{ij}} \quad i=1,2,\cdots,m; j=1,2,\cdots,n \quad (4-6)$$

（3）计算各亚健康状态评价指标的熵值。各亚健康状态评价指标 j 熵值的计算公式为

$$E_j=-\frac{1}{\ln m}\sum\limits_{i=1}^{m}r_{ij}\ln r_{ij} \quad j=1,2,\cdots,n \quad (4-7)$$

（4）计算各亚健康状态评价指标的熵差异系数。亚健康状态评价指标 j 的熵差异系数计算公式为

$$d_j=1-E_j \quad j=1,2,\cdots,n \quad (4-8)$$

（5）计算各亚健康状态评价指标的权重。用熵测度来表示第 j 个亚健康状态评价指标的权重系数，其计算公式为

$$\omega_j=\frac{d_j}{\sum\limits_{j=1}^{n}d_j}=\frac{1-E_j}{\sum\limits_{j=1}^{n}(1-E_j)} \quad j=1,2,\cdots,n \quad (4-9)$$

根据上述熵权法步骤对各亚健康状态评价指标赋权后，利用

计算的误差平方和来确定每组样本数据与聚类中心间距的最小值。改进的模糊 C 均值聚类（EW-FCM）算法的目标函数为

$$J_{em}(U,V,X) = \sum_{i=1}^{c} \sum_{j=1}^{n} (u_{ij})^q (d_{ij}^{(w)})^2 \qquad (4-10)$$

式中，$d_{ij}^{(w)}$ 为加权欧氏距离，其计算表达式为

$$(d_{ij}^{(w)})^2 = \| w(x_j - v_i)\|^2 \sum_{k=1}^{t} w_k^2 (x_k - v_k)^2 \qquad (4-11)$$

式中，$w = \{w_1, w_2, \cdots, w_t\}$，$w_k \in [0,1]$，为亚健康状态评价指标的权值；$t$ 为亚健康状态评价指标的个数，取 $t=5$。

4.2.2.2 EW-FCM 算法实现步骤

EW-FCM 算法的实现步骤如下：

（1）依据熵权法计算出各亚健康状态评价指标的权重 $W = \{w_1, w_2, w_3, w_4, w_5\}$，将其代入式（4-11）计算加权欧氏距离。

（2）根据区域管制席的练习数据特征，设置模糊指数 q、迭代终止阈值 ε 和最大迭代次数 T。

（3）根据$v_i = \dfrac{\sum_{j=1}^{n} (u_{ij})^q x_j}{\sum_{j=1}^{n} (u_{ij})^q}$ 更新模糊聚类中心 V。

（4）根据$u_{ij} = \dfrac{1}{\sum_{k=1}^{c} \left(\dfrac{d_{ij}^{(w)}}{d_{kj}^{(w)}}\right)^{\frac{2}{q-1}}}$ 更新模糊聚类隶属度矩阵 U。

（5）当收敛精度达到 ε，算法终止；否则，返回步骤（3），继续迭代计算 V、U。

4.2.3 实例分析

4.2.3.1 数据采集

以区域管制员在部分扇区的练习数据为样本数据，样本数据采集间隔为 3 min，共 100 组，每组样本数据包括亚健康状态划分的 5 个评价指标，依次为通话次数（N_c，次）、通话时间（T_c，s）、

设备操作次数（N_o，次）、设备操作时间（T_o，s）、同时监管的飞机峰值架次（P_a，架次）。在样本数据预处理过程中需依据熵权法计算亚健康状态评价指标的权重，再利用 FCM 算法和 EW-FCM 算法得到区域管制席亚健康状态划分结果。而数据的归一化处理是熵权法必不可少的步骤，其可以提升 FCM 算法聚类的准确性。因此，在对样本数据预处理过程中，对 100 组样本数据进行了标准化处理，再利用熵权法计算区域管制席亚健康状态评价指标的权重，其计算结果见表4-4。

表4-4　基于熵权法的区域管制席亚健康状态评价指标权重

指标	熵值	熵差异系数	权重
N_c	0.9725	0.0275	0.2306
T_c	0.9706	0.0294	0.2465
N_o	0.9779	0.0221	0.1851
T_o	0.9744	0.0256	0.2139
P_a	0.9852	0.0148	0.1239

由表4-4可知，区域管制席亚健康状态评价指标的权重向量为 $W=\{w_1,w_2,w_3,w_4,w_5\}=\{0.2306,0.2465,0.1851,0.2139,0.1239\}$，管制员通话的两项指标反映出的信息量均大于设备操作的两项指标，而同时监管的飞机峰值架次反映出的信息量最小。这也进一步说明了熵权法在 EW-FCM 算法中具有良好的适用性。

4.2.3.2　聚类效果对比

根据样本数据的性质，FCM 算法仿真中采用 MATLAB 默认模糊指数 $q=2$、迭代终止阈值 $\varepsilon=1.0\times10^{-6}$ 和最大迭代次数 $T=100$。由于 FCM 算法聚类的优劣与选取的簇数有关，若选取的聚类簇数量太少，不能反映不同区域管制席亚健康状态的区别；若选取的聚类簇数量太多，不能表现区域管制席亚健康状态的聚类效果。因此，根据区域管制席亚健康状态的特性，按照经验设置

聚类数目 $c=3$。FCM 算法和 EW-FCM 算法的有效性指标计算结果，见表 4-5。

表 4-5 FCM 算法改进前后的有效性指标

算法	PC	PE	MPC
FCM	0.4844	0.3824	0.2265
EW-FCM	**0.5574**	**0.3325**	**0.3362**

注：表中加粗数据值所对应的算法较优。

由表 4-5 可知，EW-FCM 算法的划分系数 PC、划分熵系数 PE、改进的划分系数 MPC 均比 FCM 算法更优，直接表明 EW-FCM 算法比传统 FCM 算法的聚类效果更为理想。

为了验证 EW-FCM 算法的有效性，计算了样本数据的目标函数值和迭代次数，其计算结果如图 4-4 所示。

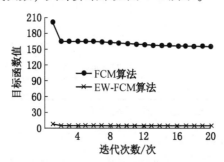

图 4-4 FCM 算法改进前后的目标函数值变化曲线

由图 4-4 可知，在首次迭代时，EW-FCM 算法的目标函数值（约为 7）远远小于 FCM 算法的目标函数值（约为 200）这是由于使用熵权法对亚健康状态评价指标赋予了不同的权重，而传统的 FCM 算法中每个指标的权重都是 1，因此首次迭代计算的目标函数值大大降低，所得的聚类中心能更好地表示区域管制席亚健康状态的中心，这提升了最终目标函数值和聚类中心的迭代效率；在迭代过程中，两种聚类算法的目标函数值都在持续减小，但 EW-FCM 算法达到目标函数最小值的迭代次数（12 次）小于 FCM 算法达到目标函数最小值的迭代次数（18 次）；在迭代结束时，EW-FCM 算法的目标函数最小值（约为 5.2）远远小于 FCM 算法的目标函数最小值（约为 155）。

FCM 算法改进前后的聚类效果对比结果表明：EW-FCM 算法相较于 FCM 算法，在较少的迭代次数下达到了更小的目标函数值，且收敛效率和收敛性能均有所提高。

4.2.3.3 结果分析

根据 EW-FCM 算法的聚类结果，分三组计算区域管制席亚健康状态评价指标的均值，并统计各类管制练习数据的数量，见表 4-6。

表 4-6 区域管制席亚健康状态评价指标的平均值

状态划分	N_c	T_c	N_o	T_o	P_a	数量
I	9.8571	30.3714	12.9429	30.9714	10.7429	35
II	**24.3462**	**80.7692**	14.7692	40.5769	**15.0385**	26
III	12.8974	48.8718	**25.5385**	**54.0513**	12.7692	39
样本数据	14.8100	50.6900	18.3300	42.4700	12.6500	100

注：表中加粗数据值表示明显大于样本数据均值。

由表 4-6 可以看出：

（1）I 类管制数据的各项评价指标均值均小于样本数据，此类练习数据表示出区域管制工作负荷量较小，管制员能够很轻松地完成管制任务，此时管制运行席位处于健康状态。

（2）II 类管制数据中前两项的通话指标均值和同时监管的飞机峰值架次指标均值远大于样本数据，设备操作的两项指标均值小于样本数据，此时管制员同时监管的飞机峰值架次过多，通话工作负荷较重，发出的指令较多且复杂，将此类管制运行席位标定为通话亚健康状态。

（3）III 类管制数据中设备操作的两项指标均值均大于样本

数据，其他 3 项评价指标均值约等于样本数据，此时管制员设备操作负荷较重，相比 Ⅱ 类的通话亚健康状态，将此类管制运行席位标定为设备操作亚健康状态。

通过统计分析，100 组练习数据中有 35% 处于健康状态，分别有 26% 和 39% 处于通话亚健康状态和设备操作亚健康状态，样本数据集中只有 1/3 的练习数据处于健康状态，直接表明区域管制练习整体上呈现一种亚健康趋势，这与扇区的航线密集和空域复杂导致的管制工作量剧增有必然的联系。

一般将管制运行状态划分为健康状态和亚健康状态（包含管制运行稳定亚健康状态和不稳定亚健康状态），而在本节中将区域管制席亚健康状态划分为健康状态、通话亚健康状态和设备操作亚健康状态，从成因角度划分了区域管制席亚健康状态。若区域管制席处于健康状态时，管制员能高效率地完成管制工作任务，交通服务水平良好，则适宜安排在交通流量高的时段执勤；若区域管制席处于通话亚健康状态时，管制员同时监管的飞机峰值架次过多，导致其在管制信息收集与决策过程中，不能发出简洁、准确的指令，指挥能力逐渐下降，则不适宜安排在管制任务繁忙的时段工作；若区域管制席处于设备操作亚健康状态时，管制员对各种管制设备的操作能力较弱，则可以使用雷达管制模拟机勤加练习，提升设备操作的熟练程度。

根据成因角度划分区域管制席亚健康状态，可以及时地掌握管制运行的健康程度。若区域管制席长期处于某种亚健康状态，会造成管制员持续超负荷工作，出现精神疲劳和心理疲劳等现象，则极有可能发生指挥失误、危险接近等不安全事件。所以，应当及早对区域管制席亚健康状态进行识别，并采取合理的控制和诱导措施，保障管制运行工作的安全、有效运行。

4.3 基于练习数据的管制席健康状态聚类分析及预测

近年来航空运输产业快速发展，管制席位超负荷运行，蕴含了巨大潜在安全风险，对其进行健康评价已成为急需的前瞻性研究任务。近年来管制原因不安全事件大幅增长，这警示出管制席位可能处于某种不健康状态，准确把握和控制对空中交通的安全管理具有重大意义。这种不健康状态为健康和故障之间的亚健康状态，即管制席位亚健康状态。研究管制席位的不同健康状态，可以对引起事件或事故的不安全因素进行关口前移，及时消除事故隐患。

本节根据 11 名管制员在部分扇区（01/19、14/15、02/13、06号扇区）的练习数据进行聚类分析，对管制运行席的健康状态进行评价，并利用数据集训练机器学习模型对管制运行席的健康状态进行预测。采用聚类分析方法将管制运行席划分为不同的健康状态，有助于全面把握空管系统运行情况，为管制员排班管理、动态容量管理提供依据。

4.3.1 评价指标与数据处理

4.3.1.1 管制运行席健康状态的定义

从管制工作负荷角度出发，提出了管制运行席健康状态的定义：在一定时间和空间范围内，管制工作负荷低于最大正常负荷值，交通流具有时空分布均衡性，交通服务水平良好。此时，管制员可以分析评估所掌握的动态信息，果断发出指令信息，随时为运行中的航空器配备安全间隔，及时处理各种突发情况。随管制交通流的时间变化，管制运行席位健康状态也会随之变化。当管制交通流处于高峰时，管制运行席位的工作强度急剧增加，管制员呈现出精神疲劳和生理疲劳，如错忘漏现象和航空器在时空上的不均衡程度的增加，这便是表征管制运行席亚健康状态的一些现象。

4.3.1.2 评价指标构建

管制运行席的健康状态评价指标应反映实际工作任务，主要通过一系列通信、导航和监视手段来保证空中交通的安全运行。管制运行席的大部分工作靠陆空通话和设备操作来实现，一定程度上会造成管制席位的工作负荷，并且长时间累积的工作负荷会使管制运行席的健康状态趋向不健康状态。因此，本节基于管制运行席的工作负荷提取健康评价指标以进行研究。

由于管制负荷无法直接测定，通常将管制员完成管制工作所需的精神消耗和身体消耗转换为时间上的消耗。考虑到聚类分析的每个样本的指标要反映同一时间段的工作状态，故依据部分扇区的练习数据，以 3 min 为一时间段，选取 7 项指标，依次为通话次数（N_{call}，次）、通话时间（T_{call}，s）、设备操作次数（$N_{operation}$，次）、设备操作时间（$T_{operation}$，s）、同时监管的飞机峰值架次（$P_{aircraft}$，架次）、通话负荷指数（L_{call}）及设备操作负荷指数（$L_{operation}$）。

通话负荷指数由通话次数和通话时间 2 个分项组成，每个分项值为某一样本的实测值与参考值之比，2 个分项值之和即为通话负荷指数值。该值越大，管制运行席的通话负荷越大；反之，则通话负荷越低。通话次数和通话时间的参考值可设为样本的均值。通话负荷指数的计算表达式：

$$C = \frac{C_1}{C_a} + \frac{C_2}{C_b} \quad (4-12)$$

式中，C 为通话负荷指数；C_1 和 C_2 分别为通话次数和通话时间；C_a 和 C_b 分别为通话次数和通话时间的参考值。

设备操作负荷指数由设备操作次数和设备操作时间 2 个分项组成，每个分项值为某一样本的实测值与参考值之比，2 个分项值之和即为设备操作负荷指数值。该值越大，管制运行席的设备操作负荷量越大；反之则设备操作负荷量越低。设备操作次数和设备操作时间的参考值可设为样本的均值。设备操作负荷指数的计算表达式为

$$O = \frac{O_1}{O_a} + \frac{O_2}{O_b} \quad (4-13)$$

式中，O 为设备操作负荷指数；O_1、O_2 分别为设备操作次

数、设备操作时间；O_a、O_b分别为设备操作次数、设备操作时间的参考值。

4.3.1.3 数据标准化处理

管制模拟机的练习者皆为工作 3 年以上的熟练管制员，熟悉雷达管制指挥运行的规范、规则和操作方法，具备良好的雷达管制指挥技能，并由当地培训中心专门人员担任飞行员。所有练习包含了 11 个不同扇区、不同的航班量状况以及特情处理等情况，能够充分反映区域管制的日常工作负荷状况。

由于管制运行席的 7 项健康状态评价指标的性质不同，具有不同的量纲和数量级。如果直接用原始指标值进行分析，就会突出数值较高的指标而相对削弱数值水平较低指标的作用，不利于对数据进行分析和处理。故采用标准分数（z-score）方法对原始数据进行转换和处理，计算式为

$$Z_i = \frac{X_i - \overline{X_i}}{S_i} \tag{4-14}$$

式中，Z_i 为标准化后的数据；X_i 为第 i 个健康评价指标的原始数据，$\overline{X_i}$ 为均值；S_i 为标准差，如果 S_i 为 0，则将 Z_i 置为 0。

采用部分扇区的 81 组练习数据，以每 3 min 作为一个样本，计算每 3 min 内 7 项健康评价指标值。对原始数据进行标准化处理后，各健康评价指标的均值为 0，方差为 1，消除了指标原始量纲不同和量级差异的影响，且当样本改变时，仍能保持相对稳定。由于样本数据集存在一定比例的离群值和极值，需要处理这些异常值。利用 R 语言中的 boxplot 函数筛选数据，剔除异常值，最终保留 76 组有效数据。

4.3.2 管制席健康状态聚类分析

4.3.2.1 相似性度量

为了将不同健康状态的管制运行席划分成相应的类别，必须定义一种相似性测度来度量同一健康状态间的类似性和不同健康

状态间的差异性。本节采用欧几里得距离作为相似性度量系数。假设健康评价指标数为 m，则每个管制运行席样本可表示为 m 维空间中的一个点，各维的坐标值即各个健康评价指标的数据。显然，健康状态类似的样本，其各维的坐标值也比较接近，对应点之间的距离便越小。样本间的欧氏距离计算式为

$$d_{ij} = \left[\sum_{k=1}^{m} (x_{ik} - x_{jk})^2 \right]^{\frac{1}{2}} \tag{4-15}$$

式中，m 为健康评价指标数；x_{ik}、x_{jk} 分别为第 i、j 个管制运行席的第 k 个健康评价指标值；d_{ij} 为第 i 个和第 j 个管制运行席样本之间的距离系数。

4.3.2.2 划分方法及结果

聚类目标是使聚类域中的样本到聚类中心距离的平方和最小。运用 R 语言中 Nb Clust 功能包计算最佳集群数量。Nb Clust 函数通过使用一系列用于度量中心和距离的指数对每个集群数量进行复查，并对每个集群所设定的优选数字票数进行计数。用多数决定法表示结果，如 "n 指数推荐 m 集群"。用 Nb Clust 浏览 2~6 的所有集群大小，选择 k-means 聚类方法确定最佳集群数量，并运用 set. seed 函数设置特定种子，以便过程可以复写。

k-means 算法的伪代码如下：

```
选择 k 个点作为初始质心。
repeat
      将每个点分配到最近的质心，形成 k 个集群。
      重新计算每个集群的质心。
until 质心不发生改变。
```

通过在 R Studio 上进行调试，函数会自动生成 Nb Clust 函数的计算结果，如图 4-5 所示（清晰地显示出最佳的指定集群数量）。Dindex 是确定聚类数量的图形方法。在 Dindex 数值图中，

寻求一个显著的拐点，该度量值的显著增加对应于二阶差分 Dindex 数值图中的峰值。因此，可以将管制运行席的练习原始数据划分为 3 种健康状态类型。利用集群直方图（barplot 函数），如图 4-6 所示，可以更清楚地看到结果。7 指数推荐 2 集群，13 指数推荐 3 集群，2 指数推荐 6 集群，最终选取集群数量为 3 个。根据聚类分析结果，分 3 组计算各指标的均值，见表 4-7，统计各类健康状态的管制运行席数量。

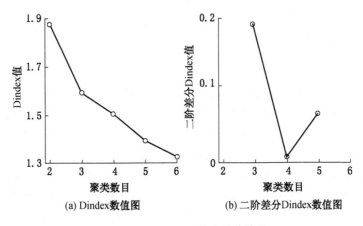

(a) Dindex数值图　　(b) 二阶差分Dindex数值图

图 4-5　Nb Clust 函数的计算结果

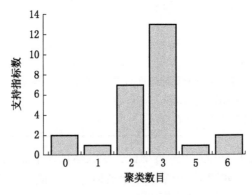

图 4-6　集群直方图

表 4-7 各 类 变 量 均 值

类别	数量	占比	N_{call}	T_{call}	$N_{operation}$	$T_{operation}$	$P_{aircraft}$	L_{call}	$L_{operation}$
1	26	0.34	28.46	90.96	18.31	38.23	20.81	2.41	1.85
2	27	0.36	19.11	111.26	23.00	62.89	13.93	2.19	2.66
3	23	0.30	14.00	55.52	14.74	26.74	11.30	1.31	1.39
sum	76	1.00	20.76	87.45	18.89	43.51	15.49	2.00	2.00

1 类区域管制练习数据的特征为通话次数多、通话时间长、通话负荷指数大、设备操作负荷指数处于一般状态。将各项指标均值与样本指标均值进行对比分析，发现除关于设备操作的 3 项指标和 sum（样本数据）几乎不相上下外，其余指标均远大于均值水平。此类练习数据表现出管制工作的通话负荷较大，同时监管的飞机峰值架次过多，工作量远超出正常工作能力范围，故将此类练习数据标定为通话亚健康状态。

2 类区域管制练习数据的特征为通话时间长、设备操作次数多、设备操作时间长、设备操作负荷指数大、通话负荷指数处于一般偏大状态。将各项指标均值与样本指标均值进行对比分析，发现除通话次数比 sum 稍小外，其余指标均大于均值水平，尤其是通话时间和关于设备操作的 3 项指标。此类练习数据表现出管制工作的设备操作负荷较大、通话时间较长、工作量较大。相比 1 类练习数据标定的通话亚健康状态，将 2 类练习数据标定为设备操作亚健康状态。

3 类区域管制练习数据的各项指标值均远小于 sum，表明此类练习数据体现出的管制工作负荷很小，管制员可以很轻松地完成管制工作，故将此类练习数据标定为健康状态。

通过统计计算，76 组练习中有 30% 处于健康状态，其他则处于亚健康状态（其中 34% 为通话亚健康状态，36% 为设备操作亚健康状态）。大约 2/3 的练习数据处于亚健康状态，这与航线密集及空中交通流量过大导致的工作量剧增有必然联系。若在实际管制运行工作中，管制运行席长期处于亚健康状态，极有可能导致不安全事件的发生。因此，应当根据两类亚健康状态的特征，及时采取适当预防措施，使亚健康状态逐渐转归为健康状态，以保障空中交通管控的安全运行。

4.3.2.3 单因素方差分析

采用单因素偏差分析方法对聚类结果进行方差分析，研究不同健康状态是否对各健康评价指标产生了显著影响。实际应用中，显著性水平（Sig.）通常取 0.05 和 0.01，Sig. 越小，影响越显著。当 Sig. <0.01 时，表明该健康评价指标的影响特别显著；当 $0.01 \leqslant$ Sig. $\leqslant 0.05$ 时，表明该健康评价指标的影响显著；当 Sig. >0.05 时，表明该健康评价指标的影响不显著，即该指标的变动可能是由其他随机变量因素引起的。

方差检验分析结果见表 4-8，可以看出通话次数、通话时间、同时监管的飞机峰值架次和通话负荷指数均对不同的健康状态有显著性影响，设备操作次数和设备操作负荷指数的影响显著，而设备操作时间的改变是由其他随机变量因素引起的。并且，根据 F 值大小可以近似得到各评价指标对聚类的贡献，按贡献重要程度排序为 $N_{call} > L_{call} > P_{aircraft} > T_{call} > N_{operation} > L_{operation} > T_{operation}$。

表 4-8　方差检验分析结果

健康评价指标	聚类		误差		F	Sig.
	均方	df	均方	df		
N_{call}	2588.50	1	20.70	74	124.90	0.000
T_{call}	13946.00	1	632.00	74	22.07	0.000
$N_{operation}$	131.96	1	20.39	74	6.47	0.013
$T_{operation}$	1262.90	1	363.60	74	3.47	0.066
$P_{aircraft}$	1125.30	1	24.20	74	46.58	0.000

表 4-8（续）

健康评价指标	聚类		误差		F	Sig.
	均方	df	均方	df		
L_{call}	14.46	1	0.14	74	101.00	0.000
$L_{operation}$	2.01	1	0.38	74	5.32	0.024

4.3.3 基于机器学习的健康状态预测

4.3.3.1 模型选取

机器学习以数据集为特性进行运作，将数据集分成训练部分和测试部分，并使用训练数据来设计模型，然后根据测试部分数据来证明或测试此模型。

本节选取支持向量机（SVM）、随机森林（Random Forest）、神经网络（NNet）3 种经典的机器学习模型，其构建流程包括两个步骤：

（1）构造训练集。使用已分类的健康状态评价指标数据构造训练集。训练集的输入为 7 项健康状态评价指标变量，训练集的输出为相应的健康状态，设定标签 1、2、3 分别对应通话亚健康状态、设备操作亚健康状态、健康状态。

（2）训练机器学习模型。通过训练 SVM、Random Forest、NNet 3 种分类器，输出测试集的健康状态类型。运用混淆矩阵统计各分类器的预测结果，计算数据集的训练准确率和测试准确率，选择性能较好的预测模型。

4.3.3.2 结果对比分析

选择基于聚类分析得到的健康状态类型（group）拆分数据，训练数据 65 组，测试数据 11 组。SVM 模型选用高斯内积核函数，且核函数中参数 gamma 为 0.14，惩罚系数为 1；Random Forest 模型的参数为默认值；NNet 模型的隐层神经元数为 30，权重衰减参数为 0.001。

在 R Studio 上编写脚本文件，生成预测值和实际值之间的混淆矩阵，见表4-9和表4-10。通过统计计算，3 种模型的预测准确率见表4-11。

表4-9 3种模型的训练集混淆矩阵

类别	支持向量机			随机森林			神经网络	
	1	2	3	1	2	3	1	2
1	16	1	1	18	0	0	18	0
2	0	25	0	0	25	0	0	25
3	0	1	21	0	0	22	0	0

表4-10 3种模型的测试集混淆矩阵

类别	支持向量机			随机森林			神经网络	
	1	2	3	1	2	3	1	2
1	7	0	1	7	0	1	7	0
2	0	2	0	0	2	0	0	2
3	0	0	1	0	0	1	0	0

表4-11 3种模型预测准确率汇总

准确率	支持向量机	随机森林	神经网络
训练集准确率	0.95	1	1
测试集准确率	0.91	0.91	0.91

计算结果显示，SVM、Random Forest、NNet 3 种模型的训练集准确率依次为 0.95、1、1，表明支持向量机的训练集拟合度不如随机森林和神经网络，神经网络明显过度学习；而 3 种模型的测试集准确率均为 0.91，表明 3 种模型的测试误差相同；整体而言，随机森林的预测性能较好。

5 民航空管安全亚健康态
识 别 与 诊 断

5.1 基于灰色聚类的管制扇区运行健康识别方法

当交通流复杂性增强、交通流量趋于饱和、管制工作处于超负荷时，管制运行会从健康状态逐渐趋于亚健康状态，此时扇区交通发生拥挤，会导致某种程度的紊乱和无序，交通流稳定性减弱，且管制员容易出现"错、忘、漏"现象，可能会致使某种事故征候或不安全事件发生。当出现管制运行亚健康状态时，若不及时做出管控措施，随着亚健康程度的加深，最终必然导致管制扇区运行状态越来越差，此时空中交通的运行安全性能下降、运行效率下降、管制员指挥能力下降。研究管制扇区运行健康状态的优劣，可以全面掌握空中交通运行情况，有助于实时地控制交通流量，降低管制员工作负荷程度。现有研究主要侧重于管制运行风险评估，涉及不同管制运行健康状态的分类研究较少，且管制运行健康评估指标还未十分完善。

空域单元的交通数据能体现出交通服务水平、交通流复杂性、管制员工作负荷等。因此，详细分析管制扇区运行规律和空域交通流时空分布特性，为开展管制扇区运行健康识别研究，构建了5项管制运行健康评估指标，采取层次分析法和熵权法确定评估指标的权重，选用基于中心点混合三角白化权函数的灰色聚类评估模型对管制运行健康状态等级进行识别。对管制扇区运行健康状态进行合理划分，判断某些扇区或扇区的某些时刻交通运行是否良好，有助于全面把握空中交通运行特征，对管制员排班管理、管制扇区动态容量管理提供依据。通过基于灰色聚类的管制扇区运行健康识别方法对交通数据进行计算，得到的分析结果对于量化评价扇区交通运行状态、合理评估空中交通管制员工作负荷有一定参考意义。

5.1.1　评估指标构建

在空管运行安全文献的基础上，根据管制扇区运行特性和交通流数据，考虑指标的可测性、准确性、适用性等原则，确定了饱和度、瞬时饱和度、滞留度、未来 15 min 流量、管制工作负荷程度 5 项管制运行健康评估指标，以此识别管制运行健康状态等级。

5.1.1.1　饱和度

饱和度定义为扇区内某时段的当量交通量与扇区公布容量的比值。该指标反映了交通需求与容量之间的不平衡程度，表征了扇区运行的交通负荷程度，可以用来评估管制扇区运行的健康程度。当饱和度值越小时，扇区交通流越稳定，飞机飞行自由度和速度较大，管制运行趋于健康状态；反之，扇区交通流趋向不稳定化，飞机飞行的自由度较小，速度受到限制，管制运行会朝向亚健康状态发展。饱和度 C_1 的计算公式为

$$C_1 = \frac{q_i}{c} \tag{5-1}$$

式中，q_i 为第 i 时段扇区运行的当量交通量；c 为扇区容量限制阈值，采用空管局的容量评估值。

5.1.1.2　瞬时饱和度

瞬时饱和度定义为某时段内单位分钟航空器数量峰值与瞬时容量的比值。瞬时容量定义为平均扇区飞行时间与单架航空器管制负荷的比值，平均扇区飞行时间为所有航空器飞行时间之和与航空器数量的比值，本节中单架航空器管制负荷为 36 s，从而制定了平均扇区飞行时间与瞬时容量的对照表（表 5-1）。当扇区瞬时交通流量接近或超过瞬时容量时，应当适时进行调整，尽可

能提高扇区的运行效率。瞬时饱和度反映了交通高峰时段的管制工作负荷，对管制运行健康状态的转变具有决定性作用，可以用来评估管制扇区运行健康状态等级。因此，瞬时饱和度 C_2 的计算公式为

$$\bar{t}_i = \frac{1}{n_i} \sum_j \left(t_j^{\text{out}} - t_j^{\text{in}} \right) \tag{5-2}$$

$$c_i^* = \frac{\bar{t}_i}{\tau} \tag{5-3}$$

$$C_2 = \frac{p_i}{c_i^*} \tag{5-4}$$

式中，t_i 为第 i 时段的平均飞行时间；n_i 为第 i 时段的扇区交通流量；t_j^{out} 为第 i 时段内第 j 架航空器离开扇区的时刻，t_j^{in} 为第 i 时段内第 j 架航空器进入扇区的时刻；c_i^* 为第 i 时段的瞬时容量（根据 t_i 由表 5-1 查得）；τ 为单架航空器管制负荷（τ 取值 36 s）；p_i 为第 i 时段单位分钟的最大航空器数量。

表5-1 平均扇区飞行时间与瞬时容量对照

平均扇区飞行时间/min	瞬时容量/架
3 或更短	5
4	7
5	8
6	10
7	12
8	13
9	15
10	17
11	18
12 或更长	18

5.1.1.3 滞留度

滞留度定义为某时段进入扇区的航空器与离开扇区的航空器数量之差与离开扇区航空器数量的比值。该指标反映了扇区交通服务水平的高低，表征了扇区交通流的有序与无序。当滞留度越大时，扇区交通流会出现某种程度的紊乱，交通运行质量下降，管制运行趋于亚健康状态。此指标不仅能反映扇区当前交通运行状态，还能反映飞机流的形成和消散过程，在本质上表征了扇区交通运行态势的运动学特征，可以评估管制运行健康状态的时变趋势。滞留度 C_3 的计算公式为

$$C_3 = \frac{q_i^{in} - q_i^{out}}{q_i^{out}} \tag{5-5}$$

式中，q_i^{in} 为第 i 时段扇区的流入交通量；q_i^{out} 为第 i 时段扇区的流出交通量。

5.1.1.4 未来 15 min 流量

航空器进入扇区 15 min 之前会将其各项信息发送到管制员工作平台，这对管制员的心理和思想造成了一定的压力，会影响当前交通流的指挥质量。未来 15 min 内进入扇区的航空器数量越多，交通流复杂性也会增强。因此，未来 15 min 的流量 C_4 可用来评估管制扇区运行健康程度。

5.1.1.5 管制工作负荷程度

管制工作负荷定义在雷达管制方式下，管制员在实施管制任务期间，通信工作负荷、非通信工作负荷和思考工作负荷的总和（用时间来度量，单位为 s）。贾天琪基于管制工作负荷提取了 5 项管制运行系统亚健康态的评价指标，分析了管制运行系统亚健康态的特征。当管制员工作负荷超过正常工作负荷时，管制指挥能力下降；若管制工作负荷长时间处于超负荷，发生不安全事件的概率也会随之增加，因此，管制员工作负荷程度可用来评估管制扇区运行健康程度。管制工作负荷程度 C_5 的计算公式为

$$C_5 = \frac{T_i^w}{T} \tag{5-6}$$

式中，T_i^w 为管制工作负荷；T 为统计时段时长，如统计时段为 15 min，则 $T=900$ s。

5.1.2 灰色聚类识别模型构建

由于管制扇区运行健康评估指标具有非线性特性，管制运行系统是一个灰色系统；另外，健康是一个人为感知的概念，健康状态等级的识别具有一定的不确定性和模糊性，各健康评估指标与健康状态等级的关系不确定。基于这两点，很难去建立精确的数学模型来描述管制扇区运行健康状态。而灰色聚类对于具有不确定性、模糊性的灰色系统，能够模仿人脑表达过渡性界限或定性知识经验，实现对不确定概念的判断，且计算过程简单，易于操作。因此，建立了基于灰色聚类的管制运行健康识别方法。

5.1.2.1 基于灰色聚类的管制扇区运行亚健康识别步骤

根据灰色定权聚类的计算步骤，包括确定灰色聚类评估体系、建立评价矩阵、确定聚类权、确定白化权函数、计算聚类系数、判定对象所属灰类。管制扇区运行亚健康状态识别的具体步骤如下：

（1）确定灰色聚类评估体系。聚类对象 m 为各管制运行亚健康评价时段，$m \in M = \{1, 2, \cdots, u\}$；聚类指标 n 为各管制运行亚健康评估指标（即饱和度、瞬时饱和度、滞留度、未来 15 min 流量、管制工作负荷程度），$n \in N = \{1, 2, \cdots, 5\}$；灰类 k 为各管制运行亚健康状态等级，$k \in K = \{1, 2, 3, 4\}$，k 值从 $1 \sim 4$ 分别对应管制运行健康状态、轻度亚健康状态、中度亚健康状态、重度亚健康状态；由此可得，灰色聚类对象集合为 M，聚类指标集合为 N，灰类集合为 K，则灰色聚类评估体系为 $\{M, N, K\}$。

（2）构建评价样本矩阵。对于 m 个评价时段，n 个管制运行亚健康评估指标，评价样本矩阵 $X = (x_{mn})_{u \times v}$，$m = 1, \cdots, u$；$n = 1, \cdots, v, v = 5$，其中 x_{mn} 为采集初始数据的归一化值。

（3）确定各指标的聚类权重。本节选择层次分析法和熵权法计算组合权重 $w=[w_1,w_2,\cdots,w_n]$，$n=1,\cdots,5$，w_n 为评估指标 n 的权重。

（4）确定白化权函数。将管制运行亚健康状态等级 k 看作形态灰类，在认知平面上，以灰类的样本（白化值）x_{mn} 为横坐标，第 n 个管制运行亚健康评估指标值对健康状态等级 k 的白化权函数为 f_n^k。

（5）计算聚类系数。评价时段 m 属于第 k 个管制运行亚健康状态等级的灰色聚类系数为

$$\boldsymbol{\sigma}_m^k=\sum_{n=1}^5 f_n^k(x_{mn})w_n \tag{5-7}$$

式中，$\boldsymbol{\sigma}_m=(\sigma_m^1,\sigma_m^2,\cdots,\sigma_m^s)$，为时段 m 的聚类系数向量；s 为灰类的个数，$s=4$。

（6）判定评价时段的管制运行亚健康状态等级。若 $\max\limits_{1\leqslant k\leqslant s}\{\sigma_m^k\}=\sigma_m^{k^*}$，则判定时段 m 属于管制运行亚健康状态等级 k^*。

5.1.2.2 亚健康评估指标权重的确定

计算评估指标权重的方法有很多，常用的主观赋权方法有层次分析法、二项系数法、德尔菲法等，而客观赋权法有熵权法、离差最大化法、主成分分析法等。由于主客观赋权法各有优势，故采用层次分析法和熵权法的组合赋权法计算亚健康评估指标权重，既减少人为主观性的影响，又能科学合理的评估管制扇区运行亚健康状态。

1. 层次分析法赋权

层次分析法由美国运筹学家、匹兹堡大学教授 T. L. Saaty 提出，能够将定性和定量相结合，是一种被广泛应用的确定指标权重的有效方法。针对多数评估问题中的权重确定，层次分析法能够根据评估指标的变化趋势实时调整各项指标赋权，具有实用性强和实时性高等优势。具体计算步骤如下：

（1）建立评价系统的层次关系。根据提出的管制扇区运行亚健康评估指标，确定目标和评价因素集。

（2）构造判断矩阵 **R**。采用两两比较的方法自上而下逐层计算，确定底层指标相对于存在隶属关系的上一层指标的重要性，选择 1~9 间的整数及其倒数作为标度，构造出判断矩阵 **R**。

（3）一致性检验。计算一致性比例 C.R.，当 C.R. = C.I./R.I. < 0.1 时，判断矩阵 **R** 符合要求，否则应重新构造判断矩阵 **R**。其中，C.R. 是判断矩阵的随机一致性比例，C.I. 是判断矩阵的一致性指标，R.I. 是判断矩阵（阶数 n）的平均随机一致性指标，见表 5-2。

表 5-2　平均随机一致性指标

n	1	2	3	4	5	6	7	8	9	10
R.I.	0	0	0.52	0.89	1.12	1.24	1.36	1.41	1.46	1.49

（4）计算评估指标权重。当一致性检验通过后，计算评估指标权重，计算公式为

$$RW = \lambda_{\max} W \qquad (5-8)$$

式中，$\lambda_{\max}$ 为判断矩阵 **R** 的最大特征根，存在且唯一；**W** 为属于特征值 $\lambda_{\max}$ 的特征向量，其归一化处理好后即为所求评估指标的权重。

2. 熵权法赋权

熵是度量系统无序程度的测度，熵值越大，系统的无序程度越高，提供的信息就越少。各评估指标权重的熵值体现了该指标在管制扇区运行亚健康状态等级识别中提供有用信息的多少，能够反映出各评估指标的相对重要程度，故可以使用熵权法对管制扇区运行亚健康评估指标进行赋权。具体计算步骤如下：

根据评价样本矩阵 **X**，计算各管制扇区运行亚健康评估指标

n 的熵值 E_n，计算公式为

$$E_n = -\frac{1}{\ln\mu}\sum_{m=1}^{u} r_{mn} \ln r_{mn} \qquad (5-9)$$

式中，比重 $r_{mn} = x_{mn} / \sum_{m=1}^{u} x_{mn}$。

然后用熵测度来表示第 n 个管制扇区运行亚健康评估指标的权重系数，计算公式为

$$w_n = \frac{1-E_n}{\sum_{n=1}^{v}(1-E_n)} \qquad (5-10)$$

3. 组合赋权

为使管制扇区运行亚健康评估指标的权重更加符合实际情况，结合层次分析法和熵权法的优点，将主客观赋权法确定的权重进行线性组合，以此计算出更加科学合理的权重。因此，指标 n 的组合赋权计算公式为

$$w_n = \theta w_n^{\alpha} + (1-\theta) w_n^{\beta} \qquad (5-11)$$

式中，θ 为层次分析法权重占组合权重的比例，$1-\theta$ 为熵权法权重占组合权重的比例；w_n^{α} 为指标 n 的层次分析法所求权重；w_n^{β} 为指标 n 的熵权法所求权重。

5.1.3 白化权函数确定

由于灰色系统的输入输出变量均是模糊变量，如少、中、多，故需要对数据进行灰色处理。下文中灰色聚类模型的白化权函数选取基于中心点混合三角白化权函数，包括上限测度、适中测度、下限测度 3 种基本类型。其中，上限测度和下限测度采用半梯形函数，适中测度采用三角函数，如图 5-1 所示。

将管制扇区运行亚健康状态划分为 4 个等级（健康、轻度亚健康、中度亚健康、重度亚健康），等级 1 采用下限测度白化权函数 $f_n^1[-,-,\lambda_n^1,\lambda_n^2]$，等级 2 和等级 3 采用适中测度白化权函数 $f_n^k[\lambda_n^{k-1},\lambda_n^k,-,\lambda_n^{k+1}]$，等级 4 采用上限测度白化权函数 $f_n^4[\lambda_n^3,$

$\lambda_n^4, -, -]$，建立的白化权函数如图 5-2 所示。

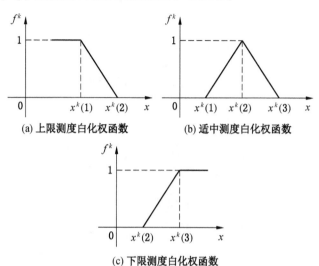

(a) 上限测度白化权函数　　(b) 适中测度白化权函数

(c) 下限测度白化权函数

图 5-1　白化权函数基本类型

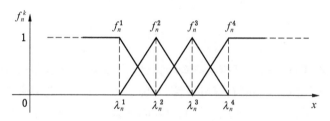

图 5-2　白化权函数

对于管制运行亚健康评估指标 n，分别对应 4 个管制运行亚健康状态等级建立白化权函数：

$$f_n^1(x) = \begin{cases} 0 & x > \lambda_n^2 \\ 1 & x < \lambda_n^1 \\ \dfrac{\lambda_n^2 - x}{\lambda_n^2 - \lambda_n^1} & \lambda_n^1 < x < \lambda_n^2 \end{cases} \tag{5-12}$$

$$f_n^2(x) = \begin{cases} 0 & x \notin \left[\lambda_n^1, \lambda_n^3\right] \\ \dfrac{x-\lambda_n^1}{\lambda_n^2-\lambda_n^1} & \lambda_n^1 < x < \lambda_n^2 \\ \dfrac{\lambda_n^3-x}{\lambda_n^3-\lambda_n^2} & \lambda_n^2 < x < \lambda_n^3 \end{cases} \quad (5-13)$$

$$f_n^3(x) = \begin{cases} 0 & x \notin \left[\lambda_n^2, \lambda_n^4\right] \\ \dfrac{x-\lambda_n^2}{\lambda_n^3-\lambda_n^2} & \lambda_n^2 < x < \lambda_n^3 \\ \dfrac{\lambda_n^4-x}{\lambda_n^4-\lambda_n^3} & \lambda_n^3 < x < \lambda_n^4 \end{cases} \quad (5-14)$$

$$f_n^4(x) = \begin{cases} 0 & x < \lambda_n^3 \\ \dfrac{x-\lambda_n^3}{\lambda_n^4-\lambda_n^3} & \lambda_n^3 < x < \lambda_n^4 \\ 1 & x > \lambda_n^4 \end{cases} \quad (5-15)$$

在管制运行亚健康状态等级识别时，根据扇区管制运行特性及专家咨询和经验数据等进行综合确定各管制运行亚健康评估指标的分类标准，不同扇区不同时段同一管制运行亚健康评估指标的分类标准也会有所不同。

综合以上所述，基于灰色聚类的管制扇区运行亚健康状态识别的流程，如图5-3所示。

5.1.4 实例分析

为验证管制扇区运行亚健康识别方法的有效性，选取某区管01号扇区2013年10月1日8:00—10:00时间段的交通数据，以15 min为一个统计间隔，对管制扇区运行亚健康状态等级进行识别。表5-3所列为各时间段统计的各聚类指标的初始值。

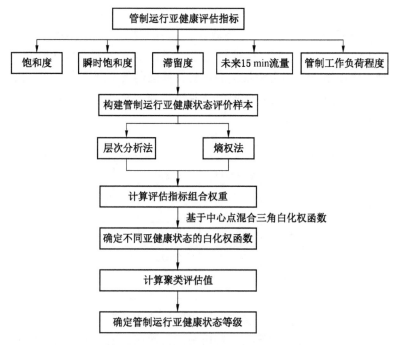

图 5-3 基于灰色聚类的管制扇区运行亚健康状态识别流程

表 5-3 聚类指标的初始值

时段	饱和度	瞬时饱和度	滞留度	未来 15 min 流量	管制工作负荷程度
8:00—8:14	0.75	0.75	0.71	11	0.63
8:15—8:29	1.00	0.83	0.10	10	0.84
8:30—8:44	1.00	1.00	0.09	10	0.85
8:45—8:59	0.76	0.90	0.43	9	0.64
9:00—9:14	0.77	1.00	0.13	15	0.97
9:15—9:29	1.03	1.50	0.25	9	1.30
9:30—9:44	1.34	1.08	0.36	12	1.69
9:45—9:59	0.75	1.38	0.33	8	0.94

首先，对 5 个聚类指标进行归一化处理。然后使用层次分析法和熵权法对管制运行亚健康评估指标赋权，并利用组合赋权式 (5-11) 将主客观权重进行组合，根据专家经验，当 θ 取 0.3 时，可以结合主客观赋权法的优势，并削弱其不利因素影响。由此，计算出管制运行亚健康状态等级识别的聚类指标权重，见表 5-4。

表5-4 聚类指标权重

权重	饱和度	瞬时饱和度	滞留度	未来 15min 流量	管制工作负荷程度
层次分析法	0.329	0.182	0.064	0.108	0.317
熵权法	0.330	0.170	0.103	0.171	0.226
组合赋权	0.330	0.173	0.092	0.152	0.253

邀请空管专家对各管制运行亚健康评估指标的不同亚健康状态等级进行打分评价，将打分结果进行综合处理，并结合管制人员的知识经验和管制扇区运行历史运行数据，确定聚类指标的分类标准，见表 5-5。

表5-5 聚类指标分类标准

灰类/指标	饱和度	瞬时饱和度	滞留度	未来 15min 流量	管制工作负荷程度
健康	0.14	0.20	0.17	0.24	0.15
轻度亚健康	0.25	0.45	0.33	0.35	0.34
中度亚健康	0.50	0.72	0.67	0.57	0.56
重度亚健康	0.70	0.90	0.83	0.70	0.75

根据式 (5-7) 计算各时段的灰色聚类系数，由 $\max\limits_{1 \le k \le s} \{\sigma_m^k\} = \sigma_m^{k^*}$ 判断时段 m 的管制运行亚健康状态等级，见表 5-6。

表5-6 灰色聚类系数及归属类划分

时段	灰色聚类系数				归属类	专家评判结果
	健康	轻度亚健康	中度亚健康	重度亚健康		
8:00—8:14	0.427	0.098	0.054	0.092	健康	健康
8:15—8:29	0.360	0.296	0.254	0	健康	健康
8:30—8:44	0.309	0.363	0.240	0	轻度亚健康	轻度亚健康
8:45—8:59	0.427	0	0.055	0.036	健康	健康
9:00—9:14	0.110	0.376	0.032	0.152	轻度亚健康	轻度亚健康
9:15—9:29	0	0.058	0.523	0.268	中度亚健康	中度亚健康
9:30—9:44	0.101	0.164	0.150	0.585	重度亚健康	重度亚健康
9:45—9:59	0.061	0.199	0.149	0.109	轻度亚健康	轻度亚健康

由表5-3可知，8:30—8:44、9:00—9:14和9:45—9:59三个时间段的管制扇区运行处于轻度亚健康状态，9:15—9:29时间段的管制扇区运行处于中度亚健康状态，9:30—9:44时间段的管制扇区运行处于重度亚健康状态。其中，9:15—9:29与8:30—8:44相比，瞬时饱和度较大，管制工作负荷程度较高，反映出此时段交通流过饱和，交通稳定性减弱，且管制员超负荷工作，所以9:15—9:29判定为管制运行中度亚健康状态。9:30—9:44与9:15—9:29相比，饱和度较大，管制工作负荷程度较高，未来15 min流量较大，瞬时饱和度和滞留度较低，但瞬时饱和度和滞留度的权重较小，因此，9:30—9:44判定为管制运行重度亚健康状态，此时管制扇区的交通需求大于容量，管制员长时间超负荷工作，交通流无序性有减弱趋势。此外，在8:45—9:59，管制扇区运行状态由健康状态发展为亚健康状态，且随着时间亚健康程度越来越严重，最终在9:45—9:59转变为轻度亚健康状态，可见管制运行亚健康状态随着空中交通流和管制状况及时间发生变化。该实例进一步说明了管制扇区运行亚健康识别

方法的可行性，且管制扇区运行亚健康态势是交通宏观动态特征和微观复杂特征相互作用的结果。另外，本节所提方法与空管专家打分得到的评判结果相一致，表明本节建立的识别方法准确率较高，识别性能较好。

建立了基于灰色聚类的管制扇区运行亚健康识别方法，为管制扇区运行亚健康状态向健康状态的转归提供了依据。采取组合赋权法确定管制扇区运行亚健康评估指标的权重，选取基于中心点混合三角白化权函数的灰色聚类模型。利用某区管 01 号扇区的运行数据对管制扇区运行亚健康状态识别方法进行验证，结果表明：所建识别方法的识别准确率较高，且易于操作，容易编程实现。

5.2 基于 Kmeans-AdaBoost 的管制扇区运行亚健康识别方法

识别管制运行亚健康状态有助于全面了解空中交通运行状况，可为流量管控和均衡管制工作负荷提供科学依据。本节建立了基于 K-means 的管制扇区运行亚健康状态等级划分模型；构建了基于数据驱动的 AdaBoost 管制扇区运行亚健康状态识别模型；采用某区管 01 号扇区的实际运行数据对识别模型进行验证，并选择 SVM、navieBayes 和 NNet 三种模型进行性能对比。

随着空中交通需求与受限空域容量之间的矛盾加剧，管制员长期高负荷工作，管制运行处于一种亚健康状态。对管制运行亚健康状态进行识别，有助于了解当前的交通流运行状况，减轻管制员工作负荷并实时的进行流量管控。

机器学习算法因其性能良好，近几年已被国内外研究人员广泛应用。聚类分析作为一种无监督学习算法，能够在没有任何先验知识的情况下实现模式分类。另外，监督机器学习算法已被广泛应用于空中交通方面的研究，如航迹分类、延误预测等。而聚类分析与监督学习相结合的方法已广泛应用于状态识别研究，并且具有更高的准确率。聚类分析的数据划分结果为监督学习算法提供了必要的先验信息，而监督学习算法保证了状态识别的实时性。K 均值（K-means）聚类是一种最老的、最广泛使用的聚类算法，相比其他聚类算法（如谱聚类），其优势在于易于实现、收敛速度快。另外，集成学习已在机器学习领域受到了越来越多的关注，许多研究显示集成学习算法在解决众多分类问题上表现出了优越的性能，特别是提高算法的泛化能力。

为了提高管制扇区运行亚健康状态评估的准确性，首先利用 K-means 聚类将运行数据聚为 4 类，并将 K-means 聚类的划分结果作为 AdaBoost 算法的分类标签，构建了基于 Kmeans—AdaBoost 的管制扇区运行健康状态识别模型，最后对模型性能进行实例验证和对比分析。

5.2.1 K-means 聚类和 AdaBoost 算法

5.2.1.1 K-means 聚类

K-means 聚类是很典型的基于距离的聚类算法，采用距离作为相似性度量指标，即两个对象之间的距离越近，两者之间的相似程度越大。K-means 算法的基本思想是基于聚类目标函数，采取迭代更新的方法，每一次迭代过程都是向目标函数减小的方向进行，最终聚类结果使得目标函数取得极小值，达到较好的分类效果。一般情况下，相似性距离采用标准欧几里得距离，目标函数采用误差的平方和（Sum of the Squared Error，SSE），使得同类别之间的样本尽可能紧凑，不同类别之间的样本尽可能远离。

基于 K-means 算法管制运行亚健康状态划分模型的执行步骤如下：

步骤 1 若有 m 组扇区运行数据，每组数据有 n 个亚健康评估指标，构建数据矩阵 X，见式（5-16）。在样本数据集中选择 k 个样本点，每个样本点值代表一个类别中心。

$$X=(x_{ij})_{m\times n} \quad i=1,\cdots,m; j=1,\cdots,n \qquad (5-16)$$

步骤 2 计算数据集中样本点与聚类中心的欧氏距离，并按照距离最近原则将每个样本点划分到最近的类。

步骤 3　计算每个类别中所有样本点的均值 c 作为该类别新的聚类中心，见式（5-17）。重新计算聚类目标函数值 J，见式（5-18）。

$$c_i = \frac{1}{m_i} \sum_{x \in C_i} x \tag{5-17}$$

$$J = \mathrm{SSE} = \sum_{i=1}^{K} \sum_{x \in C_i} \mathrm{dist}\,(c_i,\ x)^2 \tag{5-18}$$

式中，c_i 为第 i 个类的样本均值；m_i 为第 i 个类中样本的数量；C_i 为第 i 个类。

步骤 4　根据步骤 3 得到的聚类中心，按照步骤 2 和步骤 3 进行迭代计算，直至划分结果达到稳定状态，即重新计算的聚类中心和目标函数值达到收敛，算法终止。输出最终聚类中心。

管制扇区运行亚健康状态划分模型是基于管制运行亚健康评估指标，构建管制运行亚健康状态评价矩阵 X，进行 K-means 聚类分析，设置聚类类别为 4，将管制运行亚健康状态划分为 4 类，分别为健康、轻度亚健康、中度亚健康、重度亚健康。

5.2.1.2　AdaBoost 算法

集成学习是通过多种学习方法进行更好分类的过程，主要思想是在原始数据上构建多个分类器，然后在分类未知样本时聚集它们的分类结果。目前最成功的集成学习方法有装袋（bagging）、提升（boosting）、堆叠（stacking）。文中采用 boosting 算法中比较成熟的 AdaBoost（Adaptive Boosting）算法。

AdaBoost 算法由迭代过程组成，其中添加新模型以形成一个集成模型。在这种意义上，AdaBoost 算法具有适应性，在算法的每次新迭代中，新模型被构建以尝试克服在先前迭代中产生的错误。在每次迭代结束时，调整训练样本的权重。增加被错误分类的样本的权重，而减小被正确分类的样本的权重，使新模型在随后的迭代中关注那些很难分类的样本。

AdaBoost 产生的模型可以看作是一个加法模型，其中每个成员都是一个基本模型：

$$H(x_i) = \sum_k w_k h_k(x_i) \qquad (5-19)$$

式中，w_k 为弱模型 $h_k(x_i)$ 的权重。

AdaBoost 算法的执行步骤如下：

步骤1 AdaBoost 算法开始时，为所有训练样本分配相同的权重 [$d_1(x_i) = 1/N$，其中 N 是样本的大小]。

步骤2 反复迭代过程。在第 r 次迭代中，算法构建了弱模型 $h_r(x_i)$，使得该模型最小化加权训练误差 e，计算公式如下：

$$e = \sum_i d_r(x_i) I(y_i \neq h_r(x_i)) \qquad (5-20)$$

式中，$d_r(x_i)$ 为第 r 次迭代的样本 $<x_i, y_i>$ 的权重。

弱模型 $h_r(x_i)$ 在最终分类中所占的权重 w_r，计算公式如下：

$$w_r = \ln \frac{1-e}{e} \qquad (5-21)$$

通过迭代 r 次获得弱模型和相应权重之后，下一次迭代接收到相同的数据样本，但改变了这些样本的权重，以反映当前模型组合的错误情况。具体地说，第 $r+1$ 次迭代中的样本权重的计算如下：

$$d_{r+1}(x_i) = d_r(x_i) \frac{\exp(-w_r I(y_i \neq h_r(x_i)))}{Z_r} \qquad (5-22)$$

式中，Z_r 为被选作使所有 d_{r+1} 总和为 1 的归一化因子。

步骤3 根据权重组合各个弱分类器，见下述表达式：

$$f(x) = \sum_{r=1}^{T} w_r H_r(x_i) \qquad (5-23)$$

式中，$f(x)$ 为组合弱分类器的结果；T 为迭代次数。

步骤4 调用符号函数 sign，获得最终的强分类器 H：

$$H = \text{sign}(f(x)) = \text{sign}\left(\sum_{r=1}^{T} w_r H_r(x_i)\right) \qquad (5-24)$$

5.2.2 亚健康识别模型构建

管制扇区运行亚健康状态识别模型主要采用基于数据驱动的思想，通过大量的数据训练模型，学习判别管制扇区运行亚健康特征，实现扇区运行亚健康状态的识别。基于 Kmeans-AdaBoost 的管制扇区运行亚健康状态识别模型流程图，如图 5-4 所示。Kmeans-AdaBoost 识别模型的具体执行步骤如下：

步骤 1 构造管制扇区运行亚健康状态识别的评估指标，文中选取饱和度、瞬时饱和度、滞留度、未来 15 min 流量、管制工作负荷程度 5 项指标。

步骤 2 划分管制扇区运行亚健康状态等级。首先需要确定亚健康状态等级的数目，采用 K-means 聚类算法，将亚健康状态评估指标数据分为 4 类，分别为健康、轻度亚健康、中度亚健康、重度亚健康。

步骤 3 构造训练集和测试集。随机抽取已分类的亚健康状态评估样本构造训练集。训练集的输入为 5 个亚健康状态评估指

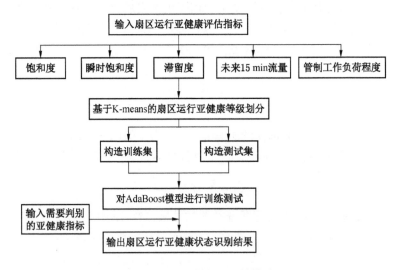

图 5-4　Kmeans-AdaBoost 识别模型流程图

标，训练集的输出为相应的亚健康状态，设定标签1、2、3、4分别对应健康状态、轻度亚健康状态、中度亚健康状态、重度亚健康状态。

步骤4　利用训练集对 AdaBoost 模型进行训练，并利用测试集对训练结果进行检验。通过加权规则合成各个弱分类器的结果，输出最终的亚健康状态类型。

5.2.3　实例分析

5.2.3.1　基于 Kmeans 聚类的亚健康状态划分

为验证 Kmeans-AdaBoost 识别模型的有效性，选取 2013 年 10 月 1—29 日某区管 01 号扇区 8∶15—20∶45 时间段的运行数据，以 15 min 为一个统计间隔，共计 1444 组数据。通过对运行数据的后期处理，建立管制扇区运行亚健康状态评估数据矩阵 X。

利用 K-means 聚类算法，对管制扇区运行亚健康状态评估数据矩阵 X 进行聚类，设置聚类类别数为4，将管制运行数据划分为4个等级：健康、轻度亚健康、中度亚健康、重度亚健康。在各亚健康状态下，计算各亚健康评估指标的平均值，见表 5-7（表头的 F15 代表未来 15 min 流量）。由表 5-7 可知，不同亚健康状态的亚健康评估指标具有较大差异，符合管制扇区运行在不同亚健康状态的运行特征。

表5-7　各亚健康状态的评估指标均值

亚健康状态	饱和度	瞬时饱和度	滞留度	F15	管制工作负荷程度	数量	占比/%
健康	0.714	0.836	-0.003	4.303	0.512	198	13.71
轻度亚健康	0.743	0.851	0.091	6.547	0.555	342	23.68
中度亚健康	0.785	0.888	0.084	8.941	0.659	592	41.00
重度亚健康	0.770	0.885	0.113	12.288	0.697	312	21.61

由表 5-7 可知，不同管制运行亚健康状态之间具有较强的规律，很好的对应了管制运行中 4 种亚健康状态之间的差异与演变规律。如处于管制运行健康状态下，交通流饱和度小，交通流处于稳定状态，管制工作负荷低且服务水平高，航空器运行呈现有序化。处于轻度亚健康状态下，交通流量增加且运行平稳，管制工作负荷处于正常水平，此时管制运行质量较好。处于中度亚健康状态下，管制工作负荷接近于满负荷，指挥质量从最佳逐渐降低，随之交通流量的增加缓慢，直至不再增加，甚至减小。若不及时做出流量管控措施，管制运行亚健康程度会进一步加深，即转化为管制运行重度亚健康状态，最终扇区交通流会出现某种程度的紊乱，航空器飞行的自由度受到限制，管制工作趋于超负荷，此时发生不安全事件的概率将会随之增加。

5.2.3.2 AdaBoost 识别模型的性能评价

将已划分类别的管制运行数据按照 3∶1 的比例构造训练集和测试集，训练样本 1083 组，测试样本 361 组。利用训练集训练 AdaBoost 识别模型，并用测试集检验该模型的准确率。AdaBoost 识别模型的弱分类器采用决策树，运行迭代次数为 100。

为更好地分析 AdaBoost 识别模型的性能，将支持向量机（support vector machine，SVM）、朴素贝叶斯分类器（navieBayes）、神经网络（Artificial Neural Network，ANN）作为对比模型。其中 SVM 模型的核函数采用高斯径向基核函数，且核函数中参数 gamma 为 1，惩罚系数为 1；navieBayes 模型的 laplace 采用默认值，即为 0；ANN 模型的隐藏层神经元数为 10，最大迭代参数为 1000。

4 种模型的管制扇区运行亚健康状态识别的混淆矩阵，如图 5-5 所示。以 Kmeans-AdaBoost 模型的识别结果为例，横轴为期望输出的亚健康状态，纵轴为实际输出的亚健康状态。矩阵主对角线的方格代表能正确判断亚健康状态的样本个数，如第 1 行第 1 列的数值表示能正确识别为健康状态的样本有 48 个，占样本

总量的 13.30%（48/361）；占实际为健康状态样本的 100%（48/
48），如第 5 行第 1 列方格所示；占模型输出为健康状态样本的
100%（48/48），如第 1 行第 5 列方格所示。矩阵中只有单独数
字（无百分比）方格中的数值表示模型错误识别的个数，如第 2
行第 1 列的数值表示实际状态为健康状态而模型错误识别为轻度
亚健康状态的样本数有 0 个；第 5 行第 5 列的数值表示模型总体
的识别准确率。

	1	2	3	4	
1	48 13.30%	0	0	0	100%
2	0	93 25.76%	0	0	100%
3	0	0	139 38.50%	0	100%
4	0	0	0	81 22.44%	100%
	100%	100%	100%	100%	100%

输出亚健康状态（纵） 期望亚健康状态（横）

(a) Kmeans-AdaBoost模型

	1	2	3	4	
1	46 12.74%	0	0	0	100%
2	2	90 24.93%	3	0	94.74%
3	0	3	136 37.67%	2	96.45%
4	0	0	0	79 21.68%	100%
	95.83%	96.77%	97.84%	97.53%	97.23%

输出亚健康状态（纵） 期望亚健康状态（横）

(b) SVM模型

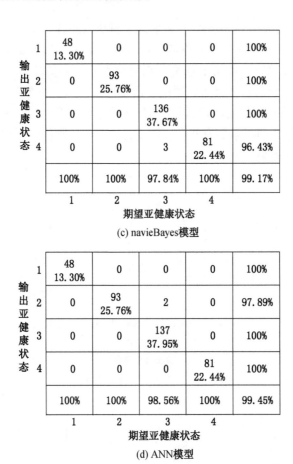

图 5-5 4 种模型的混淆矩阵

通过 4 种模型的混淆矩阵对比分析结果可以看出：Kmeans-AdaBoost 模型不论是亚健康状态的整体识别还是亚健康状态的单一识别方面都具有更高的准确率。表 5-8 所列为文中所建模型与另外 3 种模型的识别结果对比。由表 5-8 可知，综合考虑模型的识别准确率和绝对误差，构建的 Kmeans-AdaBoost 识别模型具有更好的优越性。

表5-8　4种模型的识别结果对比

模型	Kmeans-AdaBoost	SVM	navieBayes	NNet
识别准确率/%	100	97.23	99.17	99.45
绝对误差/个	0	10	3	2

由于 Kmeans-AdaBoost 模型的识别准确率有 100%，因此需要检验分类器是否完全因为巧合而预测正确，即 Kappa 统计量，用于检验分类方法的一致性和重现性。Kappa 值的范围是 0~1，值为 1 表示预测值和真实值是完全一致的，小于 1 表示不完全一致。Kappa 值越大，表示分类器的一致性越大，分类器的性能越好。具体计算公式如下：

$$Kappa = \frac{\Pr(a) - \Pr(e)}{1 - \Pr(e)} \tag{5-25}$$

式中，$\Pr(a)$ 为分类器与真实值之间的真实一致性的比例；$\Pr(e)$ 为分类器与真实值之间的期望一致性的比例。

利用式（5-25）计算，Kmeans-AdaBoost 识别模型的 Kappa 值为 1，表示预测值和真实值之间是完全一致的。因此，基于 Kmeans-AdaBoost 的管制扇区运行亚健康状态识别模型具有可行性，且识别准确率高。

5.2.3.3　灰色聚类识别方法与 Kmeans-AdaBoost 识别方法的对比

在基于灰色聚类的管制扇区运行亚健康状态识别方法中，需要邀请行业专家对各管制运行亚健康评估指标的不同亚健康状态等级进行打分评价，并结合管制运行人员的知识经验和管制运行历史运行数据，确定聚类指标的分类标准，存在一定的主观性。但此识别方法不需要巨大的数据样本，且计算过程简单，容易编程实现。

而基于 Kmeans-AdaBoost 的管制扇区运行亚健康状态识别方法，是机器学习的无监督学习算法（K-means）和监督学习算法（AdaBoost）的组合。此识别方法无须任何先验知识，从数据中学习并获得知识，以此对管制扇区运行亚健康状态进行识别。但这种识别方法的建立需要巨大的历史数据做支撑，并且建立者需具备一定的编程能力。

同时，将灰色聚类识别方法与 Kmeans-AdaBoost 识别方法得到的结果进行对比，其一致性比例高达 85%，故两种识别方法的有效性和准确性都较好。因此，在进行管制扇区运行亚健康状态识别时，操作人员可根据实际情况做出权衡，在此基础上选择任一识别方法。

本节结合无监督学习算法和监督学习算法的优势，构建了一种基于 Kmeans-AdaBoost 的管制扇区运行亚健康状态识别模型。首先通过 K-means 聚类算法将管制运行亚健康评估数据划分为 4 类，分别对应 4 种管制扇区运行亚健康状态；然后使用已分类的评估数据构造训练集和测试集，训练 AdaBoost 识别模型并测试模型性能；最后通过实际运行数据，对模型性能进行比较和分析。结果表明，相较 SVM、navieBayes 和 NNet 3 种模型，从识别准确率和绝对误差 2 项性能指标，Kmeans-AdaBoost 识别模型具有更好的性能。

5.3 基于模糊软集合的管制扇区运行亚健康预测方法

对管制运行亚健康状态进行短时预测有助于提前预防管制运行出现隐患，而不是在发生不安全事件后才做出干预措施。本节利用组合预测法对管制扇区运行亚健康评估指标进行预测；将其输入基于 Kmeans-AdaBoost 的管制扇区运行亚健康状态识别模型，确定管制扇区运行亚健康状态等级；利用实际运行数据对预测方法进行验证，并将预测结果与实际结果进行一致性判别。

对于管制扇区运行亚健康状态的预测研究，可分为间接预测和直接预测。前者是通过对未来某一时段的管制扇区运行亚健康评估指标进行预测，根据预测结果，输入管制扇区运行亚健康状态识别模型，进而实现管制扇区运行亚健康状态的预测。后者是基于历史和现在的管制扇区运行亚健康状态信息预测未来某一时段的管制扇区运行亚健康状态。间接预测和直接预测虽然是两种不同的预测问题，但两者即存在区别，又存在联系。管制扇区运行亚健康状态的间接预测属于回归预测的研究范畴，而其直接预测属于类别预测的研究范畴。直接预测通常将管制扇区运行亚健康状态等级转化为一维时间序列，而间接预测可利用多种管制运行亚健康评估指标数据，理论上可以获得更好地预测效果。因此，本节主要研究短时管制扇区运行亚健康评估指标数值预测方法。

针对管制扇区运行亚健康状态预测可参考交通流预测方面的研究。其主要方法包括两大类，以传统数理方法为基础的统计预测方法和以现代科学技术与方法为基础的智能预测方法。前者包括历史均值法、ARIMA 模型、参数回归方法、灰色预测方法以及由这些方法建立的各种组合预测方法等。后者包括非参数回归方法、状态空间重构方法、小波分析方法、神经网络模型以及基于优化算法的智能方法等。由于统计预测方法和智能预测方法各有优缺点，且任何一种方法仅能从各自不同的角度反映出未来时段的信息，并存在一定的片面性。因此，为了有效利用各种预测方法的优势，组合预测方法的思想被 Reid 提出。组合预测方法的关键是如何确定每种预测方法的组合权重使得预测性能达到最佳。

软集合理论作为一种处理不确定、模糊、不精确数据的参数化工具，在近几年得到了学者们的关注。而利用模糊软集合理论计算组合预测方法的组合权重，这一算法的有效性已经得到了相关验证。该方法利用所选择的几种预测方法对于真实数据的预测精度作为模糊隶属度函数的计算依据，构成了模糊软集合的表格形式，同时采用模糊软集合运算来构建组合权重的算法。

因此，对管制扇区运行亚健康评估指标数值进行预测可将统计预测方法和智能预测方法相组合：统计预测方法可表征空中交通流的长期周期性特征；智能预测方法可表征空中交通流的短期非线性特征。所以，建立了基于模糊软集合理论的管制扇区运行亚健康评估指标组合预测方法。

5.3.1 预测模型构建

定义 1 若已知预测对象 y 的 n 个历史数据 $y_t(t=1,2,\cdots,n)$，采用了 m 种预测方法 $c_1,c_2,\cdots,c_m$ 进行预测，第 j 种预测方法的第 t 时期的预测值为 $c_{jt}(j=1,2,\cdots,m;t=1,2,\cdots,n)$，$\lambda_j(j=1,2,\cdots,m)$ 为第 j 种预测方法的权重。组合预测模型为

$$\hat{y}_t = \sum_{j=1}^{m} \lambda_j c_{jt} \tag{5-26}$$

定义 2 定义在 $U=\{o_1,o_2,\cdots,o_n\}$ 上的模糊软集合 (F,A)，U 为时间序列中的数据，$A=\{c_1,c_2,\cdots,c_m\}$，$c_j(j=1,2,\cdots,m)$ 为不同的预测方法。

$$F:A \rightarrow \Phi(U) \tag{5-27}$$

定义 3 若 $\xi_{ij}(i=1,2,\cdots,n;j=1,2,\cdots,m)$ 是定义在模糊软集合 (F,A) 上的模糊变量，则其模糊隶属度函数：

$$f(\xi_{ij}) = \left(1-\frac{|\hat{y}_{ij}-y_i|}{y_i}\right) \vee 0 \tag{5-28}$$

其中，$\hat{y}_{ij}$ 是预测方法 c_j 在第 i 时刻的预测值，y_i 为 i 时刻的真实值，$f(\xi_{ij}) \in [0,1]$ [在某些极端情况下，如误差大于真实值时，$\left(1-\dfrac{|\hat{y}_{ij}-y_i|}{y_i}\right)$ 可能会出现负值，故为避免出现负隶属度现象，加入与 0 的取大运算]，$f(\xi_{ij})$ 的数值越大则预测的精度越高。因此，模糊软集合 (F,A) 可表示为表格形式，见表5-9。

表5-9　模糊软集合表格形式

U	c_1	c_2	$\cdots$	c_m
o_1	$f(\xi_{11})$	$f(\xi_{12})$	$\cdots$	$f(\xi_{1m})$
o_2	$f(\xi_{21})$	$f(\xi_{22})$	$\cdots$	$f(\xi_{2m})$

表 5-9（续）

U	c_1	c_2	$\cdots$	c_m
$\vdots$	$\vdots$	$\vdots$	$\vdots$	$\vdots$
o_n	$f(\xi_{n1})$	$f(\xi_{n2})$	$\cdots$	$f(\xi_{nm})$

定义 4 设向量 $W = [w_1, w_2, \cdots, w_m]$，其中 $w_j(j = 1, 2, \cdots, m)$ 为预测方法 c_j 隶属度函数值的和：

$$w_j = \sum_{i=1}^{n} f(\xi_{ij}) \qquad (5-29)$$

则定义预测方法 c_j 的权重 λ_j，计算公式为

$$\lambda_j = \frac{w_j}{\sum\limits_{j=1}^{m} w_j} \qquad (5-30)$$

依据上述定义，基于模糊软集合的组合模型的执行步骤如下：

步骤 1 输入某时间序列的历史数据 $y_t(t = 1, 2, \cdots, n)$ 和不同预测方法得到的预测值 $\hat{y}_{tj}(t = 1, 2, \cdots, n; j = 1, 2, \cdots, m)$。

步骤 2 利用式（5-28）构建模糊软集合 (F, A)。

步骤 3 利用式（5-29）计算每种预测方法的隶属度函数值的和 w_j。

步骤 4 利用式（5-30）计算每种预测方法的权重 λ_j。

步骤 5 利用式（5-26）计算组合模型的预测值 $\hat{y}_t$。

5.3.2 预测方法简介

在历史运行数据充足的情况下，统计预测模型易于实现，且预测精度较高。求和自回归移动平均模型算法简单，能够表征空中交通流的长期周期性特征，但不能反映动态交通流的不确定性和非线性，受到随机干扰因素影响。

神经网络具有自适应和自学习的特性，能够根据历史数据进行学习和积累经验。近年来，神经网络广泛应用于短时交通流预

测问题。误差反向传播神经网络模型抗干扰能力较强，能表征空中交通流的短期非线性特征，但存在局部较小、收敛速度差等问题。

因此，建立了基于以上两种预测方法的组合预测模型，以提高管制运行亚健康指标预测的准确率。下面对求和自回归移动平均模型和误差反向传播神经网络模型的原理及其步骤进行简要介绍。

5.3.2.1 求和自回归移动平均模型

求和自回归移动平均模型（Autoregressive Integrated Moving Average Model，ARIMA）是由统计学家 Jenkins 和 Box 提出的时间序列预测模型。ARIMA 模型将非平稳随机时间序列通过适当差分转换为平稳时间序列，在此基础上发现平稳随机过程。模型简记为 ARIMA(p,d,q)，AR 是自回归，p 是自回归阶数，d 是差分次数，MA 是移动平均，q 是移动平均阶数。ARIMA(p,d,q) 是在 ARMA(p,q) 的基础上拓展而来，ARMA 针对平稳数据建模；ARIMA 需要对数据进行差分运算，直至序列数据平稳后进行建模。ARIMA 模型定义为

$$\Phi(B)\nabla^d x_t = \Theta(B)\varepsilon_t \qquad (5-31)$$

式中，ε_t 是期望为 0，方差为 σ_ε^2 的白噪声序列，且 $E(x_s\varepsilon_t)=0, \forall s<t; \nabla^d=(1-B)^d; \Phi(B)=1-\phi_1 B-\cdots-\phi_p B^p$ 是平稳可逆的 ARMA(p,q) 模型的自回归系数多项式；$\Theta(B)=1-\theta_1 B-\cdots-\theta_q B^q$ 是平稳可逆的 ARMA(p,q) 模型的移动平均系数多项式。

从 ARIMA(p,d,q) 模型的定义可以看出，其实质为 $\{x_t\}$ 的 d 阶差分序列是一个平稳可逆的 ARMA(p,q) 模型。ARIMA(p,d,q) 模型是比较综合的模型，有几种重要的特殊形式：当 $d=0$ 时，ARIMA(p,d,q) 模型就是 ARMA(p,q) 模型；当 $p=0$ 时，ARIMA(p,d,q) 模型就是移动平均模型，简记为 IMA(d,q)；当 $q=0$ 时，ARIMA(p,d,q) 模型就是自回归模型，简记为 ARI(p,d)；当 $d=1$，$p=q=0$ 时，ARIMA(p,d,q) 模型就是随机游

走模型，简记为 $x_t = x_{t-1} + \varepsilon_t$。

ARIMA 模型的建模步骤：首先，对观测值序列进行平稳性检验（时序图、自相关图、偏相关图），若检验是非平稳的序列，则对其进行差分运算，直至检验是平稳的。其次，选定 ARIMA 模型的参数 p、d、q 拟合历史数据。然后，对残差序列进行白噪声检验，检验模型是否具有显著性。最后，当该拟合模型显著成立时，去预测未来时间序列的数据。

5.3.2.2 误差反向传播神经网络模型

误差反向传播神经网络（Back Propagation Neural Network，BPNN），简称 BP 神经网络，由 Rumelhart 和 McClelland 等科学家提出，是一种典型的多层前向型神经网络，具有一个输入层、多个隐含层和一个输出层。层与层之间采用全连接的方式，同一层的神经元之间不存在相互连接。如三层 BP 神经网络结构，如图 5-6 所示。

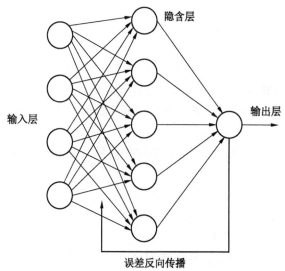

图 5-6 三层 BP 神经网络结构

BP 神经网络模型的两种基本运算为信号的正向传播和误差的反向传播。正向传播时，向输入层输入训练样本，经过隐含层计算，传向输出层。若输出层的实际输出与期望输出之间的误差不满足精度，则转入误差的反向传播阶段。一般而言，输入样本的维数就是输入层的神经元个数，输出值的个数就是输出层的神经元个数。误差的反向传播就是从错误中学习，在每次迭代中自行改正错误，直至达到一个收敛点。反向传播的目的就是修正每层的权重，将输出层的整体误差降到最小化。

BP 神经网络的精髓在于将实际输出与期望输出之间的误差归为权重和阈值的"过错"，通过反向传播将误差"分摊"给各神经元的权重和阈值。BP 神经网络模型的指导思想为权重和阈值的调整要沿着误差函数下降最快的方向——负梯度方向。

BP 神经网络模型的执行步骤如下：

步骤 1 初始化连接权重，赋给各权重矩阵随机的小数。设定训练参数：精度、迭代次数等。

步骤 2 输入训练样本，计算隐含层神经元和输出层神经元的输出。

步骤 3 计算输出层的实际输出值与期望输出值之间的误差，若达到所设定的精度值，转到步骤 6，否则转到步骤 4。

步骤 4 判断当前迭代次数是否达到最大迭代次数，若达到转到步骤 7，否则转到步骤 5。

步骤 5 计算各层神经元的误差信号，调整各层神经元的权重，并转到步骤 3。

步骤 6 BP 神经网络模型已经收敛，训练结束。

步骤 7 BP 神经网络模型无法收敛，训练结束。

5.3.3 预测流程设计

基于模糊软集合理论将求和自回归移动平均模型和 BP 神经网络模型相结合，得到管制扇区运行亚健康指标的智能组合预测模型，将亚健康指标的短时预测值代入 Kmeans-AdaBoost 识别模

型，最终得到管制扇区运行亚健康状态的预测值，预测流程如图
5-7 所示。

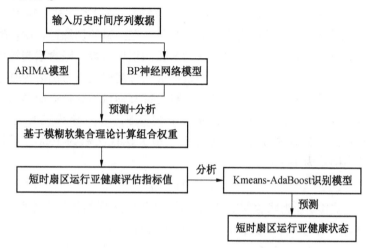

图 5-7　管制扇区运行亚健康状态预测流程图

根据图 5-7，管制扇区运行亚健康状态预测的具体执行步骤
如下：

步骤 1　根据上一节的求和自回归移动平均模型和 BP 神经
网络模型，输入历史时间序列数据，预测 $t+1$ 时段的管制扇区运
行亚健康评估指标值，包括饱和度、瞬时饱和度、滞留度、未来
15 min 流量、管制工作负荷程度。

步骤 2　根据第 5.3.1 节的模糊软集合理论，计算 ARIMA
模型和 BP 模型的权重，输出短时管制扇区运行亚健康评估指标
值。

步骤 3　根据第 5.2 节建立的基于 Kmeans-AdaBoost 的管制
扇区运行亚健康状态识别模型，输入步骤 2 得到的亚健康评估指
标值，输出 $t+1$ 时段的管制扇区运行亚健康态势。

5.3.4　实例分析

采用 2013 年 10 月 19 日某区管 01 号扇区 8:15—20:00 时间

段的运行数据，验证基于模糊软集合的管制扇区运行亚健康组合预测方法的有效性。

BP 神经网络模型采用 3 层网络结构，通过参照式（5-32），利用试验法确定最佳隐含层节点数目。在网络的训练过程中：输入层与隐含层之间的传递函数为 S 型的正切函数，隐含层与输出层之间的传递函数为纯线性函数；反向传播权值学习函数为基于梯度下降法的学习函数；训练函数为带有动量项的自适应学习速率梯度下降函数，附加动量因子为 0.9，学习速率初始值为0.01；性能函数为均方误差函数；最大迭代次数为 1000，目标最小误差为 1e-5。

$$p < \sqrt{l+n} + a \qquad (5-32)$$

式中，p 为隐含层的节点个数；l 为输入层的神经元个数；n 为输出层的节点个数；a 为 1~10 之间的常数。

将 8:15—18:59 每 15 min 时间段的饱和度、瞬时饱和度、未来 15 min 流量（F15）、滞留度、管制工作负荷程度时间序列输入第 5.2 节的预测方法中，得到 19:00—19:59 时段管制扇区运行亚健康评估指标的预测值。

表 5-10 列出了 19:00—19:59 时段的管制扇区运行亚健康评估指标预测值，其中 c1 和 c2 分别代表 ARIMA 预测方法和 BP 神经网络预测方法。根据式（5-28）得到模糊软集合的表格形式，见表 5-11。

表 5-10　ARIMA 和 BP 神经网络的预测值

时段	饱和度		瞬时饱和度		滞留度		F15		管制工作负荷程度	
预测方法	c1	c2	c1	c2	c1	c2	c1	c2	c1	c2
19:00—19:14	0.828	0.751	0.856	0.887	-0.118	-0.027	9	8	0.859	0.540
19:15—19:29	0.849	0.755	0.860	1.007	0.331	0.101	10	7	0.901	0.551
19:30—19:44	0.733	0.729	0.769	0.901	-0.221	0.037	10	9	0.851	0.540
19:45—19:59	0.702	0.729	1.070	0.781	0.243	0.169	9	8	0.549	0.541

表5-11 模糊软集合的表格形式

时段	饱和度		瞬时饱和度		滞留度		F15		管制工作负荷程度	
预测方法	c1	c2	c1	c2	c1	c2	c1	c2	c1	c2
19:00—19:14	0.816	0.740	0.856	0.887	0.584	0.324	0.818	0.727	0.850	0.531
19:15—19:29	0.920	0.818	0.860	0.993	0.883	0.269	0.889	0.778	0.980	0.600
19:30—19:44	0.758	0.754	0.923	0.919	0.785	0	1	0.900	0.884	0.561
19:45—19:59	0.991	0.952	0.930	0.781	0.972	0.676	0.714	0.857	0.792	0.780

将上述数据代入式（5-29）和式（5-30），得到管制扇区运行亚健康评估指标的组合预测模型，ARIMA 和 BP 神经网络预测方法的权重，见表5-12。将表5-10 的预测值和表5-12 中各项预测方法的权重代入式（5-26），计算出 19:00—19:59 时段的管制扇区运行亚健康评估指标的预测值，见表5-13（P 代表预测值，T 代表真实值）。

表5-12 ARIMA 和 BP 神经网络的权重

预测方法	饱和度	瞬时饱和度	滞留度	F15	管制工作负荷程度
ARIMA	0.516	0.499	0.717	0.512	0.586
BP 神经网络	0.484	0.501	0.283	0.488	0.414

表5-13 组合预测方法的预测值

时段	饱和度		瞬时饱和度		滞留度		F15		管制工作负荷程度	
预测值和真实值	P	T	P	T	P	T	P	T	P	T
19:00—19:14	0.791	1.014	0.872	1	-0.092	-0.083	9	11	0.727	1.011
19:15—19:29	0.804	0.922	0.934	1	0.266	0.375	9	9	0.756	0.919
19:30—19:44	0.731	0.967	0.835	0.833	-0.148	-0.182	10	10	0.722	0.963
19:45—19:59	0.715	0.696	0.925	1	0.222	0.250	8	7	0.546	0.693

为了定量分析模糊软集合组合预测方法对管制扇区运行亚健康评估指标的预测效果，统计均值平均百分比误差（Mean Average Percentage Error，MAPE）度量指标，计算公式如下：

$$MAPE = \frac{1}{N} \sum_{t=1}^{N} \left| \frac{y_t - \hat{y}_t}{y_t} \right| \qquad (5-33)$$

式中，N 为测试样本的大小；y_t 为 t 时段的真实目标变量值。

利用式（5-33），统计 ARIMA、BP 神经网络、组合预测方法的 MAPE 值，见表5-14。由表5-14可知，组合预测方法的预测效果评价指标 MAPE 值均小于其他两种单项预测方法，提高了预测的准确性。以饱和度为例，由图5-8可知，组合预测效果较好。因此，建立的基于模糊软集合的管制扇区运行亚健康评估指标组合预测方法是可行和有效的。

表5-14 预测误差比较

预测方法	饱和度	瞬时饱和度	滞留度	F15	管制工作负荷程度
ARIMA	0.129	0.108	0.194	0.145	0.123
BP 神经网络	0.184	0.105	0.734	0.184	0.381
组合预测方法	0.155	0.068	0.174	0.081	0.230

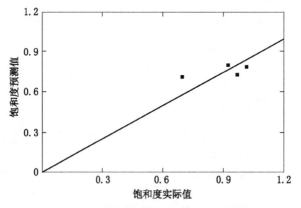

图5-8 饱和度预测值与真实值对比图

将表5-13的预测值输入第5.2节的基于Kmeans-AdaBoost
的管制扇区运行亚健康状态识别方法中，得到19:00—19:59时
段管制扇区运行亚健康状态的预测结果，见表5-15。

表5-15　预测结果和实际结果对比

时段	预测结果	实际结果	是否一致
19:00—19:14	中度亚健康	重度亚健康	不一致
19:15—19:29	中度亚健康	中度亚健康	一致
19:30—19:44	中度亚健康	中度亚健康	一致
19:45—19:59	轻度亚健康	轻度亚健康	一致

由表5-15可知，算例中管制扇区运行亚健康状态预测的准
确率为75%。其中，19:00—19:14时段发生误判，且预测误差
相差一个亚健康等级，发生在重度亚健康状态与中度亚健康状态
之间。

为了验证管制扇区运行亚健康预测方法的普遍适用性，应用
2013年10月23日和29日某区管01号扇区8:15—18:59时间段
的运行数据，按照上述预测步骤预测对应各天19:00—19:59时
段管制扇区运行亚健康状态。预测结果见表5-16和表5-17。

表5-16　23日预测结果和实际结果对比

时段	预测结果	实际结果	是否一致
19:00—19:14	中度亚健康	中度亚健康	一致
19:15—19:29	重度亚健康	重度亚健康	一致
19:30—19:44	中度亚健康	中度亚健康	一致
19:45—19:59	中度亚健康	轻度亚健康	不一致

表5-17　29日预测结果和实际结果对比

时段	预测结果	实际结果	是否一致
19:00—19:14	轻度亚健康	轻度亚健康	一致

表 5-17（续）

时段	预测结果	实际结果	是否一致
19:15—19:29	中度亚健康	中度亚健康	一致
19:30—19:44	中度亚健康	中度亚健康	一致
19:45—19:59	轻度亚健康	轻度亚健康	一致

由表 5-16 可知，23 日管制扇区运行亚健康状态预测结果的准确率为 75%，其中，19:45—19:59 时段发生误判，且预测误差相差一个亚健康等级，发生在重度亚健康状态与轻度亚健康状态之间。由表 5-17 可知，29 日管制扇区运行亚健康状态预测结果与实际结果完全一致，没有发生误判。由上述仿真实验可知，基于模糊软集合的管制扇区运行亚健康状态预测方法泛化能力强，准确率较高。

本节基于管制扇区运行亚健康指标对管制扇区运行亚健康状态的预测问题展开研究。首先，构建 ARIMA 和 BP 神经网络模型对未来时段的管制扇区运行亚健康指标进行短时预测；然后，利用模糊软集合理论计算 ARIMA 和 BP 神经网络模型的组合权重，建立组合预测方法预测未来时段的管制扇区运行亚健康指标值，兼顾了扇区交通流变化的长期周期性和短期不确定性等特点，预测误差较小；最后，管制扇区运行亚健康指标的预测值输入基于 Kmeans-AdaBoost 的管制扇区运行亚健康状态识别方法中，得到未来时段的管制扇区运行亚健康状态，预测效果较好。

5.4 基于四诊法的管制席安全运行状态诊断

中国民航业快速发展，有限空域内运行的航空器数量日益增多，空中交通管制（Air Traffic Control，ATC）的服务压力也日益增加，导致部分管制席经常以亚安全状态运行。亚健康是指人体处于健康和疾病之间的一种状态，处于亚健康状态者，不能达到健康的标准。亚安全是企业管理运行处于安全和事故（不安全）

之间的一种状态，亚安全状态不能达到安全的状态，不能称之为安全，该状态下虽然没有事故发生，但是相较于安全状态，其抗干扰能力与应对突发事件的能力已明显不足，运行风险大大增加。因此，准确及时地诊断出管制席安全运行状态，对防止管制席运行状态进一步恶化具有重要意义。

四诊法在中医学领域占据了举足轻重的地位，常见于对患者疾病症状和身体状态的诊断。四诊法最早源于《古今医统大全》中的"望闻问切四字，诚为医之纲领"，是在历代医家长期医疗实践的基础上逐渐形成和发展起来的，并随着时代的进步不断得到补充和完善。而管制席作为一个复杂系统，其运行过程中也存在不同的安全运行状态，有安全状态、风险较高但系统尚能运行的亚安全状态、发生事故的不安全状态，与中医学科中的健康、亚健康、疾病状态一一对应。因此，将中医学的四诊法用于管制席安全运行状态诊断应是切实可行的。

目前研究多集中于空管运行风险评估方面，对管制席安全运行状态诊断的相关研究较少。因此，借鉴中医学四诊法，从望、闻、问、切四方面构建诊断指标，进行管制席安全运行状态诊断分析。

5.4.1 诊断指标体系构建

根据四诊法的思想和管制席运行的特点，包括空中交通流、空中交通管制和外部资源环境等，提出一套管制席安全运行状态诊断指标，用以实现对安全运行状态的诊断。

（1）望诊，是指医生通过视觉观察患者的面色以及形态来判断病情的方法。在管制席安全运行状态诊断中，望诊表现为通过观察交通流有序程度、天气情况和管制员操作流畅程度来进行安全运行状态诊断的方法。

（2）闻诊，是医生用自己的听觉，通过患者的声音、呼吸来判断病情的方法。在管制席安全运行状态诊断中，闻诊表现为通过监听管制员陆空通话，分析通话内容中指令违规情况、用语不规范情况和通话流畅程度，作为安全运行状态诊断的途径之一。

（3）问诊，即通过医生发问，患者回答的方式，来获取其他诊法无法获取的信息。在管制席安全运行状态诊断中，问诊表现为可通过询问管制员应对自如情况、感受压力情况和班组配合情况的方式来进行安全运行状态诊断的途径。

（4）切诊，是医生通过患者脉搏的跳动所传递出的脉象，来获取一些无法通过望闻问的方法获取的内在信息。在管制席安全运行状态诊断中，切诊表现为通过获取感官无法直观感受到，能准确反映出安全运行状态的内在信息，进而进行状态诊断的方式，文中用交通流不均衡度、管制工作负荷和冲突严重程度来反映这种内在信息。

基于四诊法思想，结合管制席安全运行状态特点，构建包含12个指标的诊断指标体系，其中望、闻、问多为医者直观感受，所以均为定性指标，而切诊相较于前三诊较为复杂，表现无法直观感受的内在信息，所以采用定量指标，如图5-9所示。

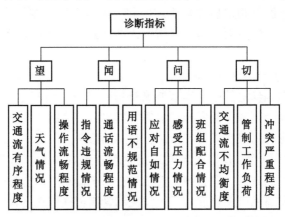

图5-9　基于四诊法的管制席安全运行状态诊断指标

在建立的管制席安全运行状态诊断指标中，交通流不均衡度、管制工作负荷、冲突严重程度的指标测度方法如下所述。

交通流不均衡度：单位时间内不同航段个体之间所服务航班架次的差异，反映空域运行效率状况，可以用基尼系数定量表示。

$$G = \frac{A}{A+B} \tag{5-34}$$

式中，G 为基尼系数；A 为洛伦兹曲线和绝对平均线之间的区域面积；B 为洛伦兹曲线以下的区域面积。

管制工作负荷：国际民航组织将管制工作负荷分为看得见的部分和看不见的部分，简化而又不失一般性，文中管制工作负荷以陆空通话时间和设备操作时间的总和来表示。

冲突严重程度：冲突严重程度用冲突严重程度系数 C 来表示，公式如下：

$$C = \begin{cases} 4 & s=0 \\ 3 & 0 < s \leqslant \frac{1}{5}S^* \\ 2 & \frac{1}{5}S^* < s \leqslant \frac{1}{2}S^* \\ 1 & \frac{1}{2}S^* < s \leqslant S^* \\ 0 & S^* < s \end{cases} \tag{5-35}$$

式中，s 为扇区内 2 架航空器之间实际间隔的最小值；S^* 为该扇区规定的安全间隔。

安全运行状态分值按定性指标和定量指标的不同分别有 2 种确定方式：对 9 个定性指标（望闻问的指标），状态分值依据专家经验通过打分（10 分制）直接得到；对 3 个定量指标（交通流不均衡度、管制工作负荷和冲突严重程度），首先由运行数据计算得到每个时段的指标值，然后进行 0-1 标准化处理，标准化后的指标值按比例对应到管制席安全运行状态划分（表 5-18）中，得到该定量指标每个时段的安全运行状态分值。举例如下：

定性指标"交通流有序程度",相关专家通过分析以往的交通流有序程度和其对应的运行状态,根据经验来判断当前交通流有序程度属于哪一状态,并给出对应状态的具体分值;再如定量指标"冲突严重程度",某个时段的值标准化后是 [0, 1) 区间内的一个数值,且值越大冲突严重程度越大,将 [0, 1) 区间内的这个值按比例对应到安全运行状态划分的 [0, 10) 区间中,可确定该指标在该时段的安全运行状态分值。

表 5-18 管制席安全运行状态划分

状态	安全	偏向安全的不稳定亚安全	稳定亚安全	偏向事故的不稳定亚安全	事故
分值	[0, 2)	[2, 3.5)	[3.5, 6)	[6, 8)	[8, 10)

5.4.2 诊断模型构建

5.4.2.1 集对分析原理

集对分析是一种结合实际情况,将有关联的 2 个集合从同一性、差异性和对立性 3 个方面加以分析,并度量刻画得出这两个集合在所论问题背景下的同异反联系度表达式的方法,它可以推广到多个集合组成的系统中,并在此基础之上去深入展开有关系统的联系、预测、控制、仿真、演化、突变等问题的研究。对 2 个集合组成的集对展开特性分析,共有 N 个特性,其中,K 个特性是 2 个集合所共有的,又有 P 个特性是 2 个集合相对立的,其余 F 个特性上 2 个集合关系不确定,那么这两个集合的联系度可以表示为

$$L=\frac{K}{N}+\frac{F}{N}u+\frac{P}{N}v=a+bu+cv \tag{5-36}$$

$$a+b+c=1$$

式中,L 为联系度;K/N 为 2 个集合的同一度,记为 a;F/N 为差异度,记为 b;P/N 为对立度,记为 c;u 为差异标记,根据不同情况在 [-1, 1] 区间内取值;v 为对立度系数,值为 -1。

5.4.2.2 BP 神经网络原理

BP 神经网络是一种包含输入层、隐含层和输出层,具有很强的自学习、自适应和非线性处理能力的误差反向传播神经网络,它可以在不提前揭示映射关系的情况下学习并储存这种映射关系,因此非常适合复杂系统的安全运行状态诊断。其基本思想是梯度下降法,利用梯度搜索技术,使得网络的实际输出值和期望输出值的均方误差为最小,如图 5-10 所示。

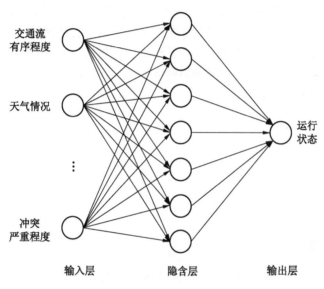

图 5-10 BP 神经网络示意图

5.4.2.3 组合诊断模型构建

在已构建的诊断指标的基础上,通过集对分析获取所需的样本数据,再将样本数据代入 BP 神经网络进行训练和测试,进而得到诊断模型。

第 1 步:安全运行状态划分。在现有空管运行亚健康研究基础上,结合管制席运行实际情况,将管制席安全运行状态分为安全(Ⅰ)、偏向安全的不稳定亚安全(Ⅱ)、稳定亚安全(Ⅲ)、偏向事故的不稳定亚安全（Ⅳ）、事故（Ⅴ）等5个状态。

第2步：确定指标权重。为具备定性和定量相结合的优点，使所确定的权重更加合理科学，文中采用层次分析法和熵权法线性组合的方式来确定指标权重。指标 n 的组合权重 R_n 为

$$R_n = \theta W_n^1 + (1-\theta) W_n^2 \tag{5-37}$$

式中，θ 为层次分析法权重占组合权重的比例；$(1-\theta)$ 为熵权法权重所占组合权重的比例；W_n^1 为指标 n 的层次分析法所求权重；W_n^2 为指标 n 的熵权法所求权重；其中层次分析法是一种依据专家经验来确定权重的主观赋权法，熵权法是依据指标的变异信息熵来确定权重的一种客观赋权法，根据评价样本矩阵来计算指标 n 的熵值 E_n，再根据熵测度来表示第 n 个指标的权重系数。

E_n 的计算公式如下：

$$E_n = -\frac{1}{\ln w} \sum_{m=1}^{w} r_{mn} \ln r_{mn} \tag{5-38}$$

式中，$r_{mn} = x_{mn} / \sum_{m=1}^{w} x_{mn}$，$x_{mn}$ 为样本值。

权重系数 W_n^2 的计算公式为

$$W_n^2 = \frac{1-E_n}{\sum_{n=1}^{z} (1-E_n)} \tag{5-39}$$

第3步：确定联系度。联系度是集对分析的核心。根据管制席安全运行状态指标特性可知，其数据是越小越优，据此知5个联系度函数为

第一等级联系度为

$$U_n(1) = \begin{cases} 1 & x_n \in [0, s_n(1)] \\ 1 - \dfrac{2 \times [x_n - s_n(1)]}{s_n(2) - s_n(1)} & x_n \in (s_n(1), s_n(2)] \text{且} s_n(1) \neq s_n(2) \\ -1 & x_n \in (s_n(2), s_n(5)] \end{cases}$$

$$\tag{5-40}$$

第二等级联系度为

$$U_n(2) = \begin{cases} -1 + \dfrac{2x_n}{s_n(1)} & x_n \in [0, s_n(1)] \\ 1 & x_n \in (s_n(1), s_n(2)] \\ 1 - \dfrac{2 \times [x_n - s_n(2)]}{s_n(3) - s_n(2)} & x_n \in (s_n(2), s_n(3)] \\ -1 & x_n \in (s_n(3), s_n(5)] \end{cases} \qquad (5-41)$$

第三等级联系度为

$$U_n(3) = \begin{cases} 1 & x_n \in (s_n(2), s_n(3)] \\ \dfrac{2 \times [x_n - s_n(1)]}{s_n(2) - s_n(1)} - 1 & x_n \in (s_n(1), s_n(2)], \text{且} s_n(1) \neq s_n(2) \\ 1 - \dfrac{2 \times [x_n - s_n(3)]}{s_n(4) - s_n(3)} & x_n \in (s_n(3), s_n(4)], \text{且} s_n(3) \neq s_n(4) \\ -1 & x_n \in (0, s_n(1)], \text{或} x_n \in (s_n(4), s_n(5)] \end{cases}$$

$$\qquad (5-42)$$

第四等级联系度为

$$U_n(4) = \begin{cases} 1 & x_n \in (s_n(3), s_n(4)] \\ \dfrac{2 \times [x_n - s_n(2)]}{s_n(3) - s_n(2)} - 1 & x_n \in (s_n(2), s_n(3)] \text{且} s_n(2) \neq s_n(3) \\ 1 - \dfrac{2 \times [x_n - s_n(4)]}{s_n(5) - s_n(4)} & x_n \in (s_n(4), s_n(5)] \\ -1 & x_n \in (0, s_n(2)] \end{cases}$$

$$\qquad (5-43)$$

第五等级联系度为

$$U_n(5) = \begin{cases} 1 & x_n \in [s_n(4), s_n(5)] \\ 1 - \dfrac{2 \times [x_n - s_n(3)]}{s_n(4) - s_n(3)} & x_n \in (s_n(3), s_n(4)] \text{且} s_n(3) \neq s_n(4) \\ -1 & x_n \in (0, s_n(3)] \end{cases}$$

$$\qquad (5-44)$$

式中，$U_n(i)(i=1,\cdots,5)$ 为管制席安全运行状态诊断指标 n 针对各状态的联系度，$s_n(i)(i=1,\cdots,5)$ 为安全运行状态划分标准中指标 n 的阈限值，x_n 为指标 n 的评分。

第 4 步：确定样本状态。根据式（5-44）得到的组合权重，设 U_i 为各样本与第 i 种状态的平均联系度，那么

$$U_i = \sum_{n=1}^{z} R_n L_n(i) \tag{5-45}$$

式中，R_n 为第 n 个指标的组合权重，若 $\max U_i = U_1$，那么该样本状态诊断为安全，若 $\max U_i = U_2$，那么该样本状态诊断为偏向安全的不稳定亚安全状态，若 $\max U_i = U_3$，那么该样本状态诊断为稳定亚安全状态，依此类推。

第 5 步：BP 神经网络的训练与测试。将集对分析所得样本数据分为训练样本和测试样本，代入 BP 神经网络进行训练和测试，具体步骤如下：

（1）网络初始化。设置网络迭代次数、期望误差和学习速率，并根据经验公式推算出隐含层的节点数；经验公式如下：

$$p = \sqrt{l+m} + a \tag{5-46}$$

式中，p 为隐含层节点数，l 为输入层节点数，m 为输出层节点数，a 表示 [1-10] 的整数。

（2）计算隐含层神经元输出 H_j：

$$H_j = f\left(\sum W_{ij} X_i - b_j\right) \quad j=1,2,\cdots,l \tag{5-47}$$

式中，W_{ij} 表示连接权值，b 表示隐含层阈值，f 表示激励函数。

（3）网络训练。将处理好的训练样本中的输入数据集和输出数据集代入网络进行训练。

（4）网络测试。将测试样本中的输入数据集和输出数据集代入网络中，输出测试数据与期望数据，若测试数据满足精度要求则算法结束，否则从步骤 2 开始重复算法直至达到预设精度。

5.4.3 实例分析

本节选取某扇区 2018 年 10 月 1—7 日的 70 个时间段作为样本数据，每个样本时间段跨度 1 h，通过分析每个时间段内的指标来诊断该样本的安全运行状态。计算主要分为两大步骤：第一步利用集对分析对管制席安全运行状态进行诊断，确定 BP 神经网络所需的训练样本和测试样本；第二步在集对分析得出诊断结果的基础上，将训练样本代入 BP 神经网络进行训练，最后再代入测试样本进行模型的测试。

5.4.3.1 基于集对分析的安全运行状态诊断

基于实际的情况或数据，结合安全运行状态分值标准，对诊断样本进行打分处理，并使用上述的组合权重法对诊断指标进行权重确定，详情见表 5-19。

表 5-19 诊断指标及权重

诊断指标	样 本 编 码									组合权重
	1	2	3	4	…	67	68	69	70	
交通流有序程度	4.2	6.4	8.6	5.8	…	5.2	4.3	5.9	3.3	0.0746
天气情况	1.0	1.5	1.6	1.6	…	3.0	4.2	4.0	5.5	0.0837
操作流畅程度	2.5	4.0	5.8	3.2	…	3.3	2.7	4.1	3.3	0.0936
指令违规情况	1.0	1.2	3.6	1.0	…	2.0	1.7	2.8	1.3	0.0757
通话流畅程度	1.5	1.7	4.8	1.5	…	2.5	2.3	2.4	1.8	0.0809
用语不规范情况	2.2	4.4	4.4	3.8	…	2.8	2.3	3.7	1.3	0.0818
应对自如情况	2.1	3.6	4.3	3.6	…	3.2	2.4	4.1	2.3	0.0781
感受压力情况	3.8	5.6	8.0	5.3	…	4.5	3.1	4.8	2.8	0.0910
班组配合情况	2.5	4.4	6.8	4.5	…	3.7	2.9	4.4	2.9	0.0578
交通流不均衡度	5.7	5.8	6.6	6.5	…	6.7	6.4	6.3	6.8	0.0882
管制工作负荷	4.0	5.8	8.2	5.5	…	5.0	4.5	5.5	3.5	0.1025
冲突严重程度	1.5	2.8	2.5	3.0	…	4.4	2.9	5.2	3.1	0.0915

将表 5-19 的数据代入集对分析中进行状态诊断之后，可得训练 BP 神经网络所需的训练样本和测试所需的测试样本。选取样本 64~70 为 7 个测试样本，其他的为训练样本，详情见表 5-20。

表 5-20　各状态平均联系度及样本诊断结果

样本	安全运行状态					诊断结果
	安全（Ⅰ）	偏向安全的不稳定亚安全（Ⅱ）	稳定亚安全（Ⅲ）	偏向事故的不稳定亚安全（Ⅳ）	事故（Ⅴ）	
样本 1	0.1537	0.4942	−0.1537	−0.7400	−0.9999	Ⅱ
样本 2	−0.48851	0.0756	0.4037	−0.2024	−0.8805	Ⅲ
样本 3	−0.7103	−0.2336	0.0746	0.1347	−0.2705	Ⅳ
样本 4	−0.4204	0.1690	0.3763	−0.3188	−0.8676	Ⅲ
⋮	⋮	⋮	⋮	⋮	⋮	⋮
样本 67	−0.5519	0.4509	0.4903	−0.4509	−0.8853	Ⅲ
样本 68	−0.2053	0.6241	0.1702	−0.6468	−0.8588	Ⅱ
样本 69	−0.8105	0.1262	0.7842	−0.1262	−0.8500	Ⅲ
样本 70	−0.1727	0.5629	0.1023	−0.6895	−0.8941	Ⅱ

5.4.3.2　基于 BP 神经网络的安全运行状态诊断

在确定 63 个训练样本和 7 个测试样本的基础上，利用 MATLAB 软件进行 BP 神经网络的训练，将基于四诊法提出的 12 个指标作为输入数据，管制席安全运行状态作为输出数据，利用式（5-46）和实际仿真实验确定最佳隐含层神经元节点数为 8，确立 1 个隐含层的 3 层神经网络模型。将 63 个训练样本数据输入神经网络，设置网络迭代次数 epochs 为 8000 次，期望误差 goal 为 0.000001，学习速率 lr 为 0.01。

选取后 7 个样本作为测试集输入训练好的神经网络，对比分析期望值和测试值，结果如图 5-11 所示。

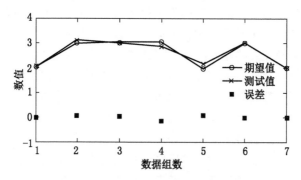

图 5-11 期望值与测试值的对比

测试值与期望值的平均绝对误差 MAE 为 0.01998，均方误差 MSE 为 0.0044223，均方根误差 RMSE 为 0.0665，说明测试值相对期望值误差较小。

由图 5-12 可知，通过 13 次的迭代达到设定的精度要求，通过 14 次的迭代达到最优的精度，说明该网络的收敛速度较快，诊断性能较好。

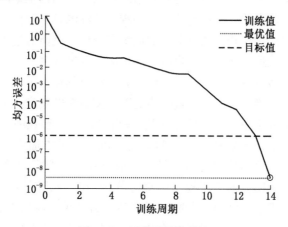

图 5-12 训练误差结果图

从测试结果来看，样本 65、66、67 和 69 属于偏向安全的不稳定亚安全状态，此状态属于不稳定状态，若管制席运行压力减小，将会向安全状态转化，若运行压力继续增加，将会向稳定亚安全状态转变；样本 64、68 和 70 属于稳定亚安全状态，此状态下属于稳定状态，虽存在运行风险，但并不会立即导致事故的发生，且不会轻易转变为安全或事故状态。从样本 64 到样本 70，随着时间变化，运行状态也随之出现波动变化，且并未出现突兀的骤变，一定程度上表明了该诊断方法的有效性。

综合 7 天状态来看，该扇区运行状态大多为偏向安全的不稳定亚安全状态和稳定亚安全状态，10 月 1 日亚安全程度最严重，7 日次之。这是由于 10 月 1—7 日属于国庆假期，出行人数暴增，航班数量增加，导致扇区运行压力增加，管制员超负荷工作，管制席出现亚安全运行状态。假期首日和末日尤为明显，管制席几乎全天处于亚安全运行状态，其他时间虽压力稍小，但多数时段均处于亚安全运行状态，这也符合国庆期间空中交通管制运行压力增加的实际情况，进一步表明了该诊断方法的有效性。

测试结果与期望得到的实际结果一致，说明该模型能很好地诊断出管制席的安全运行状态。相较于单纯的集对分析，该组合诊断方法的优点是：通过前期的训练和调试，就能通过指标快速诊断出安全运行状态，不再需要烦琐的步骤来计算权重、计算关联度；模型具有自学习能力，诊断并验证过的样本可以继续作为训练集代入神经网络，来进一步提高模型诊断的精度。

本节基于中医的"四诊法"，综合考虑主、客观因素和管制席运行特征，分别从"望、闻、问、切"四个方面入手，结合实际情况，可构建主客观相结合的管制席安全运行状态诊断指标。实例表明，本节所提出的集对分析-BP 神经网络组合诊断模型，考虑了主客观组合赋权，实现较为简单，诊断准确率高，且具有自学习能力。根据本节提出的指标构建体系与组合诊断模型，结合不同管制席的具体特性，下一步可探索其他管制席安全运行状态诊断方法。

5.5 脆弱性多因素耦合作用下空管亚安全态识别

目前，安全科学领域的学者们大多利用脆弱性理论对系统运行安全进行评价，较少对脆弱性演化过程进行具体分析，以及尚未从脆弱性角度进行空管运行亚安全状态识别的研究。基于此，本节拟从脆弱性因素耦合角度入手，构建脆弱性因素耦合及模糊评估模型，分析脆弱性特征要素递次演化过程，并实现亚安全状态识别。

5.5.1 空管运行系统脆弱性分析

5.5.1.1 脆弱性与运行状态关系分析

脆弱性是因扰动介入而显现的，在不同类别扰动作用之下表现出不同类别的脆弱性。这种属性决定了系统受到不同程度扰动时，系统运行状态的变化情况。相反，系统面临不同扰动时的不同运行状态，同样反映出系统脆弱性的大小。目前，有关脆弱性的研究，尚未定量研究系统暴露度与敏感度之间的关系，但由脆弱性特征要素递次演化关系可知：风险暴露越大，状态偏离也越多。为了便于脆弱性分析，对系统暴露风险量与运行状态偏离量之间提出以下 3 种假设：

（1）系统运行状态偏离量等于系统暴露于风险中的量，此时系统对扰动几乎不存在抵抗能力。

（2）系统运行状态偏离量小于系统暴露于风险中的量，此时系统对扰动存在一定的自适应能力，能抵抗部分扰动的影响。

（3）系统运行状态偏离量大于系统暴露于风险中的量，此时系统不仅对扰动几乎无抵抗，而且自身遭到破坏加快运行状态发生偏离。

5.5.1.2 脆弱性因素耦合模型构建与分析

通常单个空管风险因素不会造成大的系统故障，当多个风险因素之间相互耦合，叠加放大后会造成系统故障。因此有必要构建风险耦合模型分析空管运行系统中各风险因素耦合过程。由空管运行系统脆弱性概念可知：系统脆弱性的变化类似于弹性介质受力—恢复过程，为了探寻空管运行系统脆弱性真实演化过程并试图从演化过程中识别出系统的脆弱环节，将整个系统类比为一个由4条均匀连续的弹性介质构成的模型，其4个边分别表示人、机、环、管4个子系统，构建了脆弱性因素耦合模型，如图5-13所示。

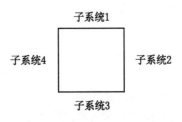

图5-13 脆弱性因素耦合模型

由于空管运行系统运行时各子系统间不是相互独立的，脆弱性因素耦合模型中各个子系统受到扰动时，通过演化过程可看出系统中脆弱性各个特征要素之间的发展关系。1~4个子系统受到风险扰动时系统状态变化情况，如图5-14所示，其中模型面积表示空管运行系统运行状态。

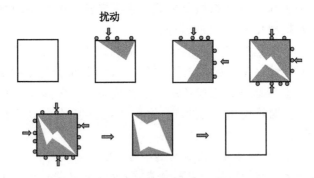

图5-14 脆弱性因素耦合演化过程

此模型中，只有扰动作用在脆弱且合适的位置时系统运行状态才会发生改变，这种位置称为暴露点，此种扰动称为有效扰动。例如：管制员由于身心不健康但技能熟练时造成了不安全事件，当身心健康但技能生疏时却没有造成不安全事件的发生，技能生疏只是增加了系统运行风险，因此在此次工作中，身心不健康为有效扰动，技能生疏视为无效扰动。黑色区域表示有效扰动作用使得系统运行状态产生偏离的量。参考免疫学理论，若将扰动看作抗原的作用，暴露点如同人体的受体，受体在接收到抗原时进行特性识别才会发生免疫应答。暴露点是暴露度最直观的体现，系统越脆弱则暴露点就越多，受到扰动的概率越大，暴露度越高。

5.5.2 亚安全状态识别模型构建

5.5.2.1 识别模型的构建

绘制扰动情况下风险承载系统变化状态曲线如图 5-15 所示，在脆弱性特征要素递次演化过程中健康运行的系统在 A 点暴露于扰动中，随后系统运行状态从 A 偏离到 B，状态偏离量为 L_0，偏离时间为 T_1，B 点之后适应度开始作用，在经历 T_2 时间段后系统状态逐渐恢复至 C 点。

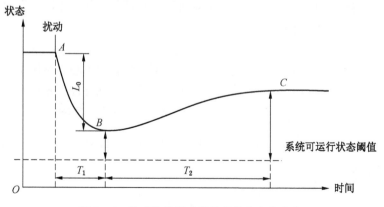

图 5-15　扰动情况下系统运行状态变化曲线

高贵兵等认为脆弱性演化过程中设备状态变化是一个跳跃过程，设备状态从正常向故障转变时，亚健康状态并不是一定存在的。目前对脆弱性演化过程中系统状态变化的识别，尤其是对亚安全态识别的研究中缺乏较合理的模型来准确识别空管运行系统状态的变化。文中主要从脆弱性特征要素演化的角度研究空管运行系统中各子系统风险因素发生耦合作用时，系统运行状态变化量及在系统状态变化中，亚安全态出现的阶段与特征要素之间的联系。

为此，构建空管亚安全态识别的N-K-云模型，计算出具有随机性和模糊性的人-机-环-管各种脆弱性因素耦合值，并将耦合值进行分类，利用逆向云发生器能定量向定性改变的特性，从不同角度对系统脆弱性中3个特征要素的边界进行确定，进而由边界确定出各特征要素发展对应的系统运行状态。

为了认清空管运行系统脆弱性各特征要素受因素耦合变化的实质以及便于分析问题，对N-K-云模型做出以下规定：

（1）系统健康运行时状态值设为1。

（2）将单因素内部因子耦合看作是双因素耦合的特例，在此不做单独考虑。同一特征要素中2因素、3因素、4因素耦合之间是独立的，三者之间各自耦合不存在任何关联，不同特征要素对应的因素耦合是连续的。

（3）暴露度云参数表示系统暴露于风险中的程度，敏感度云参数表示运行状态偏离程度，适应度云参数表示在敏感度偏离的基础上系统状态恢复的程度。为研究随着扰动增加，系统在扰动后运行能力Q，以系统状态恢复量R与偏离量D的比值作为评判标准$Q=\dfrac{R}{D}$，Q越大表示系统受扰动后运行能力越强，脆弱性越小。

5.5.2.2 识别过程的设计

N-K模型能分析和衡量出系统中各子系统之间的相互依赖

程度。N 表示系统中子系统的数目，K 代表各子系统间组合个数。若系统中 N 个子系统间存在 n 种相互作用方式，共有 n^N 种，其组合方式构成包含 n^N 个节点的多维网络模型 K，取值范围为 $[0, N-1]$。系统中风险扰动是否发生耦合并突破系统承受阈值用 0-1 变量表示。当 $n=0$，表示风险未发生耦合且并未突破，当 $n=1$，表示风险发生耦合且突破。当各种脆弱性因素进行不同方式的耦合时，参与的因素越多，发生风险的概率就越高，则耦合值越大，暴露度、敏感度、脆弱性也就越大，系统运行状态越不稳定，适应度就越大，系统恢复正常运行状态的能力就越强。

基于 N-K 模型和云模型的概念，设计 N-K-云模型识别空管亚安全状态具体步骤如下：

（1）构建空管运行系统脆弱性因素集，统计某年段各因素发生的次数，计算出频率 P。

（2）由式 (5-48)、式 (5-49)、式 (5-50) 计算出各特征要素的单因素、双因素、多因素风险耦合值 T。由于系统暴露于风险中的程度及受风险扰动后敏感性不同，系统运行可能会经历亚安全状态。由脆弱性递次演化可知，系统暴露于扰动中导致系统运行状态发生改变，由前文假设，设定将暴露度的耦合值与敏感度的耦合值之差作为亚安全状态的风险耦合值。

$$T(H,F,E,M)=\sum_i\sum_j\sum_k\sum_l\{P_{ijkl}\cdot\log_2[P_{ijkl}/(P_{i...}\cdot P_{.j..}\cdot P_{..k.}\cdot P_{...l})]\}$$
$$i,j,k,l\in\{0,1\} \tag{5-48}$$

$$\begin{cases}T(H,F,E)=\sum_i\sum_j\sum_k\{P_{ijk}\cdot\log_2[P_{ijk}/(P_{i...}\cdot P_{.j..}\cdot P_{..k.})]\}\\T(H,F,M)=\sum_i\sum_j\sum_l\{P_{ijl}\cdot\log_2[P_{ijl}/(P_{i...}\cdot P_{.j..}\cdot P_{...l})]\}\\T(H,E,M)=\sum_i\sum_k\sum_l\{P_{ikl}\cdot\log_2[P_{ikl}/(P_{i...}\cdot P_{..k.}\cdot P_{...l})]\}\\T(F,E,M)=\sum_j\sum_k\sum_l\{P_{jkl}\cdot\log_2[P_{jkl}/(P_{.j..}\cdot P_{..k.}\cdot P_{...l})]\}\end{cases} \quad i,j,k,l\in\{0,1\}$$
$$\tag{5-49}$$

$$
\begin{cases}
T(H,F) = \sum_i \sum_j \{P_{ij} \cdot \log_2[P_{ij}/(P_{i...} \cdot P_{.j..})]\} \\[2mm]
T(H,E) = \sum_i \sum_k \{P_{ik} \cdot \log_2[P_{ik}/(P_{i...} \cdot P_{..k.})]\} \\[2mm]
T(H,M) = \sum_i \sum_l \{P_{il} \cdot \log_2[P_{il}/(P_{i...} \cdot P_{...l})]\} \\[2mm]
T(F,E) = \sum_j \sum_k \{P_{jk} \cdot \log_2[P_{jk}/(P_{.j..} \cdot P_{..k.})]\} \\[2mm]
T(F,M) = \sum_j \sum_l \{P_{jl} \cdot \log_2[P_{jl}/(P_{.j..} \cdot P_{...l})]\} \\[2mm]
T(E,M) = \sum_k \sum_l \{P_{kl} \cdot \log_2[P_{kl}/(P_{..k.} \cdot P_{...l})]\}
\end{cases}
\qquad i,j,k,l \in \{0,1\}
$$

$$(5-50)$$

式中，H 为人的因素；F 为设备因素；E 为环境因素；M 为管理因素；P_{ijkl} 表示人在第 i 种状态，设备处于第 j 种状态，环境在第 k 种状态，管理在第 l 种状态下的 4 种脆弱性因素耦合概率；$P_{i...}$、$P_{.j..}$、$P_{..k.}$、$P_{...l}$ 分别表示人、机、环、管任一因素处于确定状态时耦合概率。

（3）将由上一步中得到的耦合值按照 2 因素耦合、3 因素耦合及 4 因素耦合分类，将分类后的耦合值作为对各特征要素边界从不同风险因素耦合角度进行的定量评估值，利用云模型逆向云发生器，由式（5-51）进行定性分析后得到云参数（E_x, E_n, H_e）。对人-机-环-管组成的系统风险耦合研究可知：耦合因素越多风险越大，发生的不安全事件越多，破坏程度也越严重。为研究出各特征要素不同因素耦合时，系统运行状态变化的界限，规定了将 2 因素耦合云参数作为各特征要素发展的上界，以 4 因素耦合云模型参数作为下界。

$$\begin{cases} E_x = \dfrac{1}{n} \sum\limits_{i=1}^{n} x_i \\ S^2 = \dfrac{1}{n-1} \sum\limits_{i=1}^{n} (x_i - E_x)^2 \\ E_n = \sqrt{\dfrac{\pi}{2}} \times \dfrac{1}{n} \sum\limits_{i=1}^{n} |x_i - E_x| \\ H_e = \sqrt{S^2 - E_n^2} \end{cases} \tag{5-51}$$

式中，n 为云滴数量，表示特征要素评估值数量；x_i 为特征要素评估值；S^2 表示评估值样本标准差。

5.5.3 实例分析

5.5.3.1 脆弱性因素耦合 N-K 模型应用

收集整理了来自民航局某地区空管局 2014—2018 年的 552 起空管不安全事件，将空管运行系统脆弱性影响因素由不同特征要素按照人、机、环、管四大因素分类，见表 5-21。使用 0 和 1 分别表示四大因素间未发生耦合和发生耦合，从空管运行系统脆弱性中暴露度、敏感度和适应度等方面分析系统脆弱性影响因素耦合次数与频率，结果见表 5-22。

为了计算出耦合值 T，以暴露度为例，先计算出以下各项的值：

（1）单因素耦合概率：

$P_{0\cdots} = P_{0000} + P_{0100} + P_{0010} + P_{0001} + P_{0110} + P_{0101} + P_{0011} + P_{0111} = 0.6522$，同理得到 $P_{1\cdots} = 0.3478$，$P_{\cdot 0 \cdot \cdot} = 0.5960$，$P_{\cdot 1 \cdot \cdot} = 0.4040$，$P_{\cdot \cdot 0 \cdot} = 0.6159$，$P_{\cdot \cdot 1 \cdot} = 0.3841$，$P_{\cdots 0} = 0.8478$，$P_{\cdots 1} = 0.1522$。

（2）双因素耦合概率：

$P_{00\cdot\cdot} = P_{0000} + P_{0010} + P_{0001} + P_{0011} = 0.4022$，同理得到 $P_{01\cdot\cdot} = 0.25$，$P_{10\cdot\cdot} = 0.1938$，$P_{11\cdot\cdot} = 0.1540$，$P_{0\cdot 0\cdot} = 0.2844$，$P_{0\cdot 1\cdot} = 0.3678$，$P_{1\cdot 0\cdot} = 0.3315$，$P_{1\cdot 1\cdot} = 0.0163$，$P_{0\cdot\cdot 0} = 0.5779$，$P_{0\cdot\cdot 1} = 0.0743$，$P_{1\cdot\cdot 0} = 0.2699$，$P_{1\cdot\cdot 1} = 0.0779$，$P_{\cdot 00\cdot} = 0.2283$，$P_{\cdot 01\cdot} = 0.3678$，$P_{\cdot 10\cdot} = 0.3877$，$P_{\cdot 11\cdot} = 0.0163$，$P_{\cdot 0\cdot 0} = 0.4783$，$P_{\cdot 0\cdot 1} = 0.1178$，$P_{\cdot 1\cdot 0} = 0.3696$，$P_{\cdot 1\cdot 1} = 0.0344$，$P_{\cdot\cdot 00} = 0.4928$，$P_{\cdot\cdot 01} = 0.1232$，$P_{\cdot\cdot 10} = 0.3551$，$P_{\cdot\cdot 11} = 0.0290$。

表 5-21 空管运行系统脆弱性影响因素

第一层	第二层	第三层	空管运行系统脆弱性影响因素
空管运行系统脆弱性	暴露度	人	管制员违规操作　管制员精力分配不当　机组人员违规操作　地面人员工作失误
		机	设备检修不到位　地面危险施工　设备老旧
		环	自然天气复杂　空域环境复杂　管制室内环境不良　无线电干扰
		管	班组管理水平不高　安全监督失职　安全培训投入不足
	敏感度	人	管制员技能熟练度　机组技能熟练度　管制员安全意识　机组安全意识　管制员身心健康
		机	空管设备故障　飞机设备故障
		环	机场及跑道情况　飞行冲突情况　军机误入情况
		管	规章完善程度　军航协调情况
	适应度	人	管制员特情处理能力　机组人员特情处理能力
		机	机载告警系统反馈及时
		环	机场有效保障
		管	应急预案制定有效　应急演练充分

表5-22　空管运行系统脆弱性因素耦合次数与频率

项目	耦合类型	次　数　与　频　率					
暴露度	单因素	$N(0000)=0$ $P_{0000}=0$	$N(1000)=72$ $P_{1000}=0.1304$	$N(0100)=127$ $P_{0100}=0.2301$	$N(0010)=191$ $P_{0010}=0.3460$	$N(0001)=22$ $P_{0001}=0.0399$	
	双因素	$N(1100)=73$ $P_{1100}=0.1322$	$N(1010)=1$ $P_{1010}=0.0018$	$N(1001)=32$ $P_{1001}=0.0580$	$N(0110)=1$ $P_{0110}=0.0018$	$N(0101)=8$ $P_{0101}=0.0145$	$N(0011)=9$ $P_{0011}=0.0163$
	多因素	$N(1110)=3$ $P_{1110}=0.0054$	$N(1101)=6$ $P_{1101}=0.0109$	$N(1011)=2$ $P_{1011}=0.0036$	$N(0111)=2$ $P_{0111}=0.0036$	$N(1111)=3$ $P_{1111}=0.0054$	
敏感度	单因素	$N(0000)=0$ $P_{0000}=0$	$N(1000)=75$ $P_{1000}=0.1359$	$N(0100)=115$ $P_{0100}=0.2083$	$N(0010)=212$ $P_{0010}=0.3841$	$N(0001)=56$ $P_{0001}=0.1014$	
	双因素	$N(1100)=24$ $P_{1100}=0.0435$	$N(1010)=10$ $P_{1010}=0.0181$	$N(1001)=38$ $P_{1001}=0.0688$	$N(0110)=2$ $P_{0110}=0.0036$	$N(0101)=1$ $P_{0101}=0.0018$	$N(0011)=0$ $P_{0011}=0$
	多因素	$N(1110)=3$ $P_{1110}=0.0054$	$N(1101)=4$ $P_{1101}=0.0072$	$N(1011)=8$ $P_{1011}=0.0145$	$N(0111)=1$ $P_{0111}=0.0018$	$N(1111)=3$ $P_{1111}=0.0054$	

表5-22（续）

项目	耦合类型	次数与频率					
适应度	单因素	$N(0000)=0$ $P_{0000}=0$	$N(1000)=52$ $P_{1000}=0.0942$	$N(0100)=89$ $P_{0100}=0.1612$	$N(0010)=169$ $P_{0010}=0.3062$	$N(0001)=31$ $P_{0001}=0.0562$	
	双因素	$N(1100)=35$ $P_{1100}=0.0634$	$N(1010)=16$ $P_{1010}=0.0290$	$N(1001)=32$ $P_{1001}=0.0580$	$N(0110)=22$ $P_{0110}=0.0399$	$N(0101)=8$ $P_{0101}=0.0145$	$N(0011)=74$ $P_{0011}=0.1341$
	多因素	$N(1110)=5$ $P_{1110}=0.0091$	$N(1101)=3$ $P_{1101}=0.0054$	$N(1011)=8$ $P_{1011}=0.0145$	$N(0111)=2$ $P_{0111}=0.0036$	$N(1111)=6$ $P_{1111}=0.0109$	
脆弱性	单因素	$N(0000)=0$ $P_{0000}=0$	$N(1000)=119$ $P_{1000}=0.2156$	$N(0100)=74$ $P_{0100}=0.1341$	$N(0010)=36$ $P_{0010}=0.0652$	$N(0001)=29$ $P_{0001}=0.0525$	
	双因素	$N(1100)=27$ $P_{1100}=0.0489$	$N(1010)=33$ $P_{1010}=0.0598$	$N(1001)=46$ $P_{1001}=0.0833$	$N(0110)=65$ $P_{0110}=0.1178$	$N(0101)=34$ $P_{0101}=0.0616$	$N(0011)=24$ $P_{0011}=0.0435$
	多因素	$N(1110)=6$ $P_{1110}=0.0109$	$N(1101)=17$ $P_{1101}=0.0308$	$N(1011)=12$ $P_{1011}=0.0217$	$N(0111)=19$ $P_{0111}=0.03442$	$N(1111)=11$ $P_{1111}=0.01993$	

（3）多因素耦合概率：

$P_{000.} = P_{0000} + P_{0001} = 0.0399$，同理得到 $P_{100.} = 0.1884$，$P_{010.} = 0.2446$，$P_{001.} = 0.3623$，$P_{110.} = 0.1431$，$P_{101.} = 0.0054$，$P_{011.} = 0.0054$，$P_{111.} = 0.0109$，$P_{00.0} = 0.3460$，$P_{10.0} = 0.1323$，$P_{01.0} = 0.2319$，$P_{00.1} = 0.0562$，$P_{11.0} = 0.1377$，$P_{10.1} = 0.0616$，$P_{01.1} = 0.0181$，$P_{11.1} = 0.0163$，$P_{0.00} = 0.2301$，$P_{1.00} = 0.2627$，$P_{0.10} = 0.3478$，$P_{0.01} = 0.0544$，$P_{1.10} = 0.0073$，$P_{1.01} = 0.0688$，$P_{0.11} = 0.0199$，$P_{1.11} = 0.0091$，$P_{.000} = 0.1304$，$P_{.100} = 0.3623$，$P_{.010} = 0.3478$，$P_{.001} = 0.0978$，$P_{.110} = 0.0073$，$P_{.101} = 0.0254$，$P_{.011} = 0.0199$，$P_{.111} = 0.0091$。

同理，可分别得到敏感度、适应度、脆弱性因素的不同因素耦合概率计算结果，分别见表 5-23 至表 5-25。

表 5-23　敏感度因素耦合概率

耦合类型	耦 合 概 率							
单因素	0.7011	0.2989	0.7228	0.2772	0.5670	0.4330	0.7989	0.2011
双因素	0.4855	0.2156	0.2373	0.0616	0.3116	0.3895	0.2554	0.0435
	0.5960	0.1051	0.2029	0.0960	0.3062	0.4167	0.2609	0.0163
	0.5380	0.1848	0.2609	0.0163	0.3877	0.1793	0.4112	0.0217
多因素	0.1014	0.2047	0.2101	0.3841	0.0507	0.0326	0.0054	0.0109
	0.3841	0.1540	0.2120	0.1014	0.0489	0.0833	0.0036	0.0127
	0.2083	0.1793	0.3877	0.1033	0.0236	0.0761	0.0018	0.0199
	0.1359	0.2518	0.4022	0.1703	0.0091	0.0091	0.0145	0.0072

表 5-24　适应度因素耦合概率

耦合类型	耦 合 概 率							
单因素	0.7156	0.2844	0.6920	0.3080	0.4529	0.5471	0.7029	0.2971
双因素	0.4964	0.2192	0.1957	0.0888	0.2319	0.4837	0.2210	0.0634
	0.5072	0.2083	0.1957	0.0888	0.2083	0.4837	0.2446	0.0634
	0.4293	0.2627	0.2736	0.0344	0.3188	0.1341	0.3841	0.1630

表5-24（续）

耦合类型	耦 合 概 率							
多因素	0.0562	0.1522	0.1757	0.4402	0.0688	0.0435	0.0435	0.0199
	0.3062	0.1232	0.2011	0.1902	0.0725	0.0725	0.0181	0.0163
	0.1612	0.1576	0.3460	0.0707	0.0380	0.0634	0.1377	0.0254
	0.0942	0.2246	0.3351	0.1141	0.0489	0.0199	0.1486	0.0145

表5-25 脆弱性因素耦合概率

耦合类型	耦 合 概 率							
单因素	0.5091	0.4909	0.5417	0.4583	0.6268	0.37319	0.6522	0.3478
双因素	0.1612	0.3478	0.3804	0.1105	0.2482	0.2609	0.3786	0.1123
	0.3170	0.1920	0.3351	0.1558	0.3514	0.1902	0.2754	0.1830
	0.3406	0.2011	0.3116	0.1467	0.3986	0.2283	0.2536	0.1196
多因素	0.0525	0.2989	0.1957	0.1087	0.0797	0.0815	0.1522	0.0308
	0.0652	0.2754	0.2518	0.0960	0.0598	0.1051	0.0960	0.0507
	0.1341	0.2645	0.1830	0.1141	0.0707	0.1141	0.0779	0.0417
	0.2156	0.1830	0.125	0.1359	0.1286	0.0924	0.0652	0.0543

根据式（5-48）、式（5-49）、式（5-50）分别计算出暴露度、敏感度、适应度、脆弱性及亚安全态的耦合值，见表5-26。

表5-26 各要素因素耦合值

耦合类型	暴露度因素 耦合值	敏感度因素 耦合值	适应度因素 耦合值	脆弱性因素 耦合值	亚安全态 耦合值
人-机	0.00239	0.00806	0.00002	0.0901	-0.00567
人-环	0.22144	0.11331	0.12560	0.0123	0.10813
人-管	0.01475	0.02605	0.00031	0.0147	-0.0113
机-管	0.018115	0.04185	0.05934	0.0195	-0.02374
环-管	0.02233	0.08921	0.000004	0.0171	-0.06688

表 5-26（续）

耦合类型	暴露度因素 耦合值	敏感度因素 耦合值	适应度因素 耦合值	脆弱性因素 耦合值	亚安全态 耦合值
机-环	0.29007	0.18695	0.15692	0.0523	0.10312
人-机-环	0.64556	0.42099	0.36556	0.2083	0.22457
人-机-管	0.03941	0.09192	0.06376	0.1207	-0.05251
人-环-管	0.26429	0.27673	0.12818	0.0414	-0.01244
机-环-管	0.41736	0.44401	0.24848	0.1381	-0.02665
人-机-环-管	0.86095	0.87789	0.54165	0.3460	-0.01694

5.5.3.2　脆弱性因素耦合云模型应用

由表 5-26 可知：空管运行系统随着耦合因素的增加，耦合风险值增高。将特征要素因素耦合值分类，以暴露度为例，因 2 因素耦合值总体最小，将 2 因素耦合值作为评估暴露度的上界，得到评估集 $O_u = \{0.0024, 0.2214, 0.0148, 0.0181, 0.0223, 0.2901\}$，将 3 因素耦合值作为评估暴露度中间层，则评估集 $O_m = \{0.6456, 0.0394, 0.2643, 0.4174\}$，由于人-机-环-管 4 因素耦合时系统暴露度只有一个风险耦合值，因此将此值作为暴露度下界记为 $O_l = \{0.8610\}$。将评估集合由逆向云发生器计算得到各云参数分别为 $O_u = (0.0949, 0.1344, 0.0686)$，$O_m = (0.3417, 0.2379, 0.0879)$，$O_l = (0.8610, 0, 0)$，由云模型理论可知：$E_x$ 表示的是各脆弱性因素平均评估情况，是最能反映评估结果的量，熵 E_n 反映的是对各特征要素边界评估的离散程度，E_n 越大表示对各边界层评估的差异越大，随机性越强，不确定性也越大。由此得出，空管运行系统在 2 因素耦合时，系统面对风险时的暴露程度最大为 0.0949；3 因素耦合时，系统暴露程度最大为 0.3417；4 因素耦合时，系统暴露度最大为 0.8610。

特征要素耦合值、脆弱性耦合值及亚安全态耦合值的各边界层云参数计算结果见表 5-27。

表5-27　各要素耦合值边界层云参数

耦合值	上界云参数	中间层云参数	下界云参数
T(暴露度)	(0.0949,0.1344,0.0686)	(0.3417,0.2379,0.0879)	(0.8610,0,0)
T(敏感度)	(0.0776,0.0655,0.0245)	(0.3084,0.1555,0.0667)	(0.8779,0,0)
T(适应度)	(0.0570,0.0713,0.0320)	(0.2015,0.1323,0.0642)	(0.5417,0,0)
T(脆弱性)	(0.0384,0.0607,0.0170)	(0.1323,0.1139,0.0623)	(0.3460,0,0)
T(亚安全态)	(0.0173,0.0738,0.0341)	(0.0332,0.1199,0.0203)	(-0.0169,0,0)

5.5.3.3　结果分析

由表5-27可知：2因素耦合时系统面对风险的暴露程度为0.0949，系统运行状态偏离量为0.0776，3因素耦合时系统暴露度为0.3417，系统运行状态偏离量为0.3084，系统状态变化量小于风险暴露程度，这表明系统在面对风险扰动初期由于自身存在一定的自适应能力，能够抵御一部分扰动，余下扰动则继续侵犯系统使得运行状态发生改变。可知2因素耦合系统所抵御风险扰动转化为运行状态量为0.0173，3因素耦合为0.0333。

4因素耦合时系统暴露度为0.8610，系统状态偏离量为0.8779，与2因素、3因素耦合不同的是系统运行状态的偏离量比系统暴露的程度大，这表明面对相当大的风险扰动时，系统已经没有充足的能力来抵抗此类风险对系统的侵犯，此时4个子系统之间都受到不同程度的损害，系统运行状态的偏离不仅是风险扰动的直接影响，自身结构的崩塌也加速运行状态的下滑。

系统无论面对少量扰动还是大量扰动，在应对风险扰动后，自身运行状态都未能恢复至扰动前的水平，这也表明了空管运行系统受到风险扰动时容易产生损害，同时又较难恢复至原先状态。

当人-机-环-管4个因素耦合时，此时系统面临最大的风险扰动，运行状态偏离量为0.8779，系统剩余0.1221的状态量。通过大量空管实际运行不安全事件数据测试发现，系统运行状态的偏离量总是小于1，由此表明在实际的空管运行过程中系统无论经历多大的风险扰动，运行状态都不会完全崩溃。

文中规定以暴露度耦合值与敏感度耦合值之差作为评估亚安全态存在的依据，主要是为了探寻在受扰动早期系统自身适能力是否参与抗扰动活动。2因素耦合时确定出亚安全状态量为0.0173，3因素耦合时亚安全状态量为0.0332，这与系统抵御风险扰动转化的状态量接近。因此可知，脆弱性发展过程为暴露度—适应度—敏感度—适应度，系统运行状态变化为安全—亚安全—不安全。4因素耦合时系统面临的风险超过系统承受能力，此时亚安全状态量为负值仅表示系统运行过程中不存在亚安全态。脆弱性发展过程为暴露度—敏感度—适应度，系统运行状态变化为安全—不安全。

2因素耦合时 Q 为0.735，3因素耦合 Q 为0.653，4因素耦合 Q 为0.617。可知系统面临的风险扰动越大，运行能力越弱，脆弱性越大。

由上述分析结果绘制出空管运行系统扰动情况下系统运行状态变化曲线，如图5-16所示，2因素、3因素、4因素耦合的系统运行状态偏离量分别特征要素因素耦合系统状态变化曲线在 t_3、t_2、t_1 时刻达到最大值，在 t_4、t_5、t_6 时刻系统运行状态恢复至最终状态。

综合所有脆弱性因素耦合值得到空管运行系统脆弱性云参数，分析发现，在经历递次演化活动后，绘制出脆弱性因素耦合系统状态变化曲线，如图5-17所示。2因素耦合时，系统运行状态偏离至 t_c 时刻状态开始恢复，t_d 时刻恢复至最终运行状态，系统最终状态变化量为0.0384，系统最终运行状态为0.9616；3因素耦合时，系统运行状态偏离至 t_b 时刻状态开始恢复，t_e 时刻恢复至最终运行状态，状态变化量为0.1323，最终状态为0.8677；4因素耦合时，系统运行状态偏离至 t_a 时刻状态开始恢复，t_f 时刻恢复至最终运行状态，状态变化量为0.3460，最终状态为 0.654。

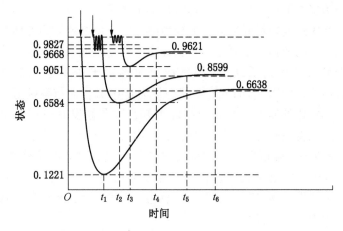

图 5-16 特征要素因素耦合系统状态变化曲线

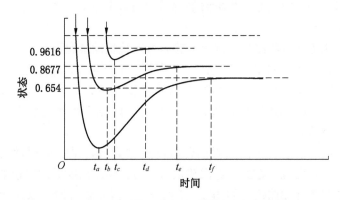

图 5-17 脆弱性因素耦合系统状态变化曲线

对比图 5-16 和图 5-17,从脆弱性因素耦合与从特征要素因素耦合角度研究系统运行状态变化特征所得出的最终运行状态基本一致,证明从 3 特征要素角度研究系统脆弱性具有一定的有效性,也表明 N-K-云模型研究系统脆弱性与运行状态变化关系具备可行性。

　　本节首先对脆弱性和运行状态的关系进行了分析，建立空管运行系统脆弱性耦合模型，对脆弱性递次演化过程中的各子系统的耦合关系进行了分析。其次建立了空管运行系统亚安全态识别模型，通过利用 N-K 模型计算出三个脆弱性特征要素和脆弱性因素的不同耦合类型的耦合值，分类得到不同耦合类型的脆弱性特征要素的边界，利用云模型中的逆向云发生器对分类后的耦合值进行计算得到云参数，由特征要素耦合云参数识别出亚安全态出现的阶段，并识别出亚安全态是系统的风险扰动和适应度共同作用的结果。最后通过对特征要素和脆弱性因素耦合结果对比分析发现，系统脆弱性递次演化后的最终运行状态基本一致。

6 民航空管安全亚健康态评估

6.1 基于灰色层次分析法的空管运行亚健康评价研究

目前，空管运行安全管理理论方面的研究主要集中在对空管安全风险的评估与控制上。国外学者对空管运行管理方面的研究较早，提出了较为成熟的定性和定量的空管安全风险管理的模型及方法，但针对中国空管运行的适用性还有待讨论。国内对空管运行安全管理方面的研究较晚，空管安全管理方面的研究主要侧重于运用不同的方法对空管安全风险进行评估及控制，缺少对于空管运行中存在的可能导致系统处在亚健康状态的安全隐患等问题的研究。为此，通过建立合适的评估指标体系对空管运行的亚健康状态进行诊断，以及时发现空管运行中存在的安全隐患并对其进行有效控制，实现空管安全管理从事后分析向事前预防的转变，切实提高空管运行安全管理水平。

6.1.1 评估指标体系构建

通过对影响空管运行亚健康因素的详细分析，利用层次分析法将评估指标体系分为 3 个层次：目标层、中间层和最底层。目标层表示在各因素作用下的空管运行亚健康状态，中间层表示一级评价指标，最底层表示二级评价指标，最底层各指标下又设若干三级指标。构建的空管运行亚健康评估指标体系如图 3-1 所示，具体的三级指标见表 3-1。

6.1.2 灰色层次评价模型构建

运用层次分析法将研究的指标体系进行分层，通过分析层次间的关系，将决策者的主观判断和推理联系起来，对决策者的推理过程进行量化表达。层次分析法虽然在一定程度上可以降低决策者逻辑推理上的失误，但决策者对指标信息难免把握不充分，会做出不完全确定的决策。灰色理论是一种减少主观因素影响、解决不确定问题的有效方法，将灰色理论与层次分析法相结合，能够有效提高指标体系分析的可靠性，灰色层次分析法的关键在于针对分析对象构建灰色层次评价模型。

6.1.2.1 利用层次分析法确定评价指标权重

由图 3-1 可知，在评估指标体系中，根据层次分析法原理，将中间层 $A_i(i=1,2,\cdots,5)$ 对目标层 A 的权重集记为 $W=(a_1,a_2,a_3,a_4,a_5)$，其中 a_i 为中间层指标 A_i 的权重值，且 $a_i \geq 0$，$\sum\limits_{i=1}^{5} a_i = 1$；最底层各指标 A_{ij} 对中间层指标 A_i 的权重集记为 $W_i=(b_{i1},b_{i2},\cdots,b_{ij})$，其中 b_{ij} 为最底层指标 A_{ij} 对中间层指标 A_i 的权重值，且 $b_{ij} \geq 0$，$\sum\limits_{j=1}^{3} b_{ij} = 1$，$j=1,2,3$。

6.1.2.2 利用灰色理论确定评价指标评分标准

为了保证所构建指标体系及各指标权重的合理性和可靠性，需进行分等级定量化评价。根据灰色理论原理，考虑到人类思维和分辨能力对不同评价内容的差异性，需对评价等级赋予相应的分值。针对建立的空管运行亚健康评估指标体系，对指标的评价分为 4 个等级：很好、较好、一般和较差，各评价等级对应的分值见表 6-1。因此有评价等级向量 $G=(7,5,3,1)$，其中介于两级评价等级之间的，相应按 6、4、2 进行评分。

表6-1 指标评分标准

等级	很好	较好	一般	较差
分值	7	5	3	1

6.1.2.3 建立评价样本矩阵

假定组织 r 位专家参与评分，其中第 h 位专家对中间层 A_i 下属的第 j 个最底层指标 A_{ij} 的评分值为 $d_{hj}(h=1,2,\cdots,r; j=1,2,$

3），通过汇总 r 位专家对目标层 A_i 下属的所有指标的评分，可建立评价样本矩阵 $\boldsymbol{D}_i$：

$$\boldsymbol{D}_i = \begin{bmatrix} d_{11} & d_{12} & \cdots & d_{13} \\ d_{21} & d_{22} & \cdots & d_{23} \\ \vdots & \vdots & & \vdots \\ d_{r1} & d_{r2} & \cdots & d_{r3} \end{bmatrix}$$

其中，D_i 的每行为某专家对 A_i 下属最底层各指标的评分，D_i 的每列为对 A_i 下属最底层某一指标不同专家的评分。

6.1.2.4 确定评价灰类根

据灰色理论可知，专家评判的分值为灰数，如果要综合并真实地反映出某指标的等级，需要利用白化权函数将灰数计算为相应的白化数，即评价灰类。根据表 6-1 的指标评分标准，选择合适的白化权函数形式构造了各评价灰类的白化权函数。

第一类评分等级为"很好"，则灰数 $d_{hj}(\otimes) \in (0,7,+\infty)$，白化权函数 $f_1(d_{hj})$ 的表达式为

$$f_1(d_{hj}) = \begin{cases} \dfrac{d_{hj}}{7} & d_{hj} \in (0,7) \\ 1 & d_{hj} \in (7,+\infty) \\ 0 & d_{hj} \notin (0,+\infty) \end{cases} \tag{6-1}$$

第二类评分等级为"较好"，则灰数 $d_{hj}(\otimes) \in (0,5,10)$，白化权函数 $f_2(d_{hj})$ 的表达式为

$$f_2(d_{hj}) = \begin{cases} \dfrac{d_{hj}}{5} & d_{hj} \in (0,5) \\ 2 - \dfrac{d_{hj}}{5} & d_{hj} \in (5,10) \\ 0 & d_{hj} \notin (0,10) \end{cases} \tag{6-2}$$

第三类评分等级为"一般"，则灰数 $d_{hj}(\otimes) \in (0,3,6)$，白化权函数 $f_3(d_{hj})$ 的表达式为

$$f_3(d_{hj}) = \begin{cases} \dfrac{d_{hj}}{3} & d_{hj} \in (0,3) \\ 2 - \dfrac{d_{hj}}{3} & d_{hj} \in (3,6) \\ 0 & d_{hj} \notin (0,6) \end{cases} \tag{6-3}$$

第四类评分等级为"较差"，则灰数 $d_{hj}(\otimes) \in (0,1,2)$，白化权函数 $f_4(d_{hj})$ 的表达式为

$$f_4(d_{hj}) = \begin{cases} 1 & d_{hj} \in (0,1) \\ 2 - d_{hj} & d_{hj} \in (1,2) \\ 0 & d_{hj} \notin (0,2) \end{cases} \tag{6-4}$$

6.1.2.5 计算灰色评价权向量及权矩阵

令 n_{ije} 表示各专家对最底层某指标 A_{ij} 的评判分值属于第 e 个评价灰类的灰色统计数，n_{ij} 表示 A_{ij} 属于各个灰类的总灰色统计数，从而 r 位专家就 A_{ij} 属于第 e 个评价灰类的灰色评价权为 q_{ije}，依次计算得到 A_{ij} 对于各个评价灰类的灰色评价权向量 $\boldsymbol{q}_{ij}$，进而得到目标层若干指标所属于中间层某指标 A_i 的评价权矩阵 $\boldsymbol{Q}_i$，分别见式（6-5）至式（6-9）。

$$n_{ije} = \sum_{h=1}^{r} f_e(d_{hj}) \tag{6-5}$$

$$n_{ij} = \sum_{e=1}^{4} n_{ije} \tag{6-6}$$

$$q_{ije} = n_{ije} / n_{ij} \tag{6-7}$$

$$\boldsymbol{q}_{ij} = [q_{ij1}, q_{ij2}, \cdots, q_{ij4}] \tag{6-8}$$

$$\boldsymbol{Q}_i = [\boldsymbol{q}_{i1}, \boldsymbol{q}_{i2}, \cdots, \boldsymbol{q}_{i3}]^{\mathrm{T}} \tag{6-9}$$

6.1.2.6 综合评价结果

对中间层指标 A_i 进行综合评价的等级向量为 $\boldsymbol{B}_i$，进而计算出对目标层 A 进行综合评价的等级向量 $\boldsymbol{B}$，最后结合评价等级向

量 G 对指标体系进行综合评价的结果为 M，即

$$B_i = W_i \times Q_i \tag{6-10}$$

$$B = W \times [B_1, B_2, \cdots, B_5]^T \tag{6-11}$$

$$M = B \times G^T \tag{6-12}$$

6.1.3 实例分析

6.1.3.1 确定评价指标权重

利用构建的灰色层次评价模型，对空管运行亚健康评估指标体系进行综合评价。由图 3-1 可知，对目标层而言，中间层包含 5 个指标，最底层有 15 个指标，运用层次分析法计算得到各评价指标的权重分别为 $W = (0.43, 0.06, 0.10, 0.26, 0.15)$；$W_1 = (0.11, 0.43, 0.46)$；$W_2 = (0.44, 0.17, 0.39)$；$W_3 = (0.65, 0.23, 0.12)$；$W_4 = (0.16, 0.54, 0.30)$；$W_5 = (0.54, 0.30, 0.16)$。上述评价指标的权重均满足一致性检验。

6.1.3.2 评价样本矩阵

通过 5 位专家对最底层各指标进行评分，得到评价样本矩阵：

$$D_1 = \begin{bmatrix} 7 & 5 & 6 \\ 6 & 6 & 4 \\ 7 & 3 & 5 \\ 5 & 4 & 7 \\ 4 & 1 & 5 \end{bmatrix} \quad D_2 = \begin{bmatrix} 7 & 5 & 6 \\ 5 & 6 & 7 \\ 7 & 7 & 5 \\ 6 & 2 & 7 \\ 6 & 7 & 7 \end{bmatrix} \quad D_3 = \begin{bmatrix} 5 & 5 & 6 \\ 2 & 1 & 4 \\ 5 & 3 & 3 \\ 7 & 5 & 7 \\ 6 & 4 & 3 \end{bmatrix}$$

$$D_4 = \begin{bmatrix} 7 & 5 & 6 \\ 6 & 6 & 4 \\ 7 & 5 & 6 \\ 5 & 3 & 7 \\ 5 & 3 & 2 \end{bmatrix} \quad D_5 = \begin{bmatrix} 7 & 5 & 6 \\ 6 & 6 & 7 \\ 7 & 7 & 6 \\ 5 & 7 & 5 \\ 7 & 5 & 6 \end{bmatrix}$$

6.1.3.3 计算灰色评价权矩阵

根据评价样本矩阵计算相应属于各评价灰类的白化权函数，并代入式 (6-5) 至式 (6-9) 可得到各灰色评价权矩阵：

$$Q_1 = \begin{bmatrix} 0.46 & 0.42 & 0.11 & 0.00 \\ 0.29 & 0.36 & 0.25 & 0.11 \\ 0.41 & 0.45 & 0.14 & 0.00 \end{bmatrix}$$

$$Q_2 = \begin{bmatrix} 0.52 & 0.44 & 0.04 & 0.00 \\ 0.47 & 0.41 & 0.12 & 0.00 \\ 0.54 & 0.42 & 0.04 & 0.00 \end{bmatrix}$$

$$Q_3 = \begin{bmatrix} 0.41 & 0.44 & 0.15 & 0.00 \\ 0.26 & 0.37 & 0.27 & 0.10 \\ 0.35 & 0.36 & 0.29 & 0.00 \end{bmatrix}$$

$$Q_4 = \begin{bmatrix} 0.48 & 0.45 & 0.07 & 0.00 \\ 0.32 & 0.41 & 0.27 & 0.00 \\ 0.43 & 0.41 & 0.16 & 0.00 \end{bmatrix}$$

$$Q_5 = \begin{bmatrix} 0.54 & 0.42 & 0.04 & 0.00 \\ 0.48 & 0.45 & 0.07 & 0.00 \\ 0.50 & 0.46 & 0.04 & 0.00 \end{bmatrix}$$

6.1.3.4 综合评价结果及分析

由式（6-10）计算可得对中间层指标 A_i 进行综合评价的等级向量：$B_1 = [0.36, 0.40, 0.18, 0.05]$；$B_2 = [0.56, 0.43, 0.05, 0.00]$；$B_3 = [0.37, 0.23, 0.19, 0.02]$；$B_4 = [0.38, 0.42, 0.21, 0.00]$；$B_5 = [0.52, 0.44, 0.05, 0.00]$。由式（6-11）计算可得对目标层 A 进行综合评价的等级向量：$B = W \times [B_1, B_2, \cdots, B_5]^T = [0.40, 0.40, 0.16, 0.02]$。由式（6-12）计算可得对指标体系进行综合评价的结果：$M = B \times G^T = 5.30 > 5$。由表 6-1 的指标评分标准可知，该指标体系的综合评价结果为较好。

本节考虑空管运行的实际情况，基于灰色层次分析法构建了针对空管运行亚健康的灰色层次评价模型，利用该模型对所构建的空管运行亚健康评估指标体系进行了综合评价。综合评价的结果表明，该指标体系各因素符合实际情况，各指标因素权重排序切实可靠，空管运行亚健康评估中间层指标因素按权重大小的排序为人员因素、管理因素、运行因素、环境因素和设备因素。所建立的评估指标体系对于未来空管运行亚健康状态的诊断，以及影响因素之间的相关关系和影响因子对空管运行亚健康的作用机理等研究奠定了基础。

6.2 基于 PSR 和未确知测度的空管运行系统风险评估

随着中国空中交通量的快速增长，不安全事件发生数量也在增长，促使管理方式逐步转向事前的预测预防。建立科学的空管运行系统风险评估指标体系，并采取有效的方法对空管运行系统进行风险评估尤为重要。

国内外对空管运行系统风险评估的研究日渐丰富，国内外学者构建的空管风险评估指标体系考虑了系统的各个方面，具有较高的借鉴和参考意义，但考虑各指标间的相互影响和相互关系的研究较少，而压力-状态-响应（Pressure-State-Response，PSR）模型以"发生了什么，为什么发生，应该如何做"表征风险评估指标之间的联系，已经在道路交通、电网等领域得到了一定应用。

基于以上分析，运用 PSR 模型从"产生风险的压力因素，压力作用下系统内各部分状态，为使系统更好发展做出的努力"3 个方面出发，阐述空管运行系统风险的产生和发展过程，构建风险评估指标体系并进行评估，可为空管运行系统的安全管理提供技术支持。

6.2.1 基于 PSR 评估指标体系构建

由于空管运行系统具有复杂性，要实现合理、准确的评估，必须建立完备且科学的指标体系。PSR 模型最初应用在环境问题指标体系的构建中，突出了环境受到的压力和其发生退化之间的因果关系，从压力、状态、响应 3 个方面综合、深入地分析了从问题发生到对策措施制定的全过程。在分析空管运行系统不安全事件，参考相关文献和民航空管运行单位实施安全管理体系

（Safety Management System，SMS）建设指导手册的基础上分析管制运行过程，采用 PSR 模型划分并构建空管运行系统风险评估指标体系，其模型的逻辑思维关系如图 6-1 所示，以此将指标体系分为压力指标 P、状态指标 S 和响应指标 R 3 类。

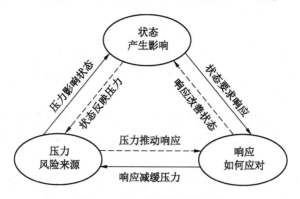

图 6-1　PSR 模型逻辑思维图

6.2.1.1　压力指标

压力表征空管运行系统中存在的扰动，能够描述系统在运行过程中可能诱发不安全事件的风险指标。压力指标可着重从航班保障量和外部环境两方面来分析，包括以下 5 个指标。

（1）航班保障架次增长情况（P_1）：空管运行系统航班保障量较上月（上一时期）同期航班保障量的增长情况，可衡量空管运行系统压力增长情况。

（2）人均航班保障量情况（P_2）：反映空管运行系统平均航班保障量工作压力，从"人机比"维度反映了工作量，保障量增加时管制工作保障压力也会增加。

（3）空域环境复杂程度（P_3）：复杂的空域环境会给管制员指挥航空器增加难度，会使非常规情况下的指挥难度和风险大大增加。

（4）恶劣天气状况（P_4）：不可控且影响范围较大的恶劣天

气往往给管制员的指挥增加难度，成为管制员巨大的压力源之一。恶劣天气包括雷暴、低空风切变、大雾等。

（5）薪酬影响程度（P_5）：薪酬水平会影响管制员的工作积极性，过低的薪酬待遇往往成为管制员的压力源之一。

6.2.1.2 状态指标

状态表征空管运行系统的运行状态，归纳为管制员状态、空中交通流状态和班组状态，可从管制技能熟练程度、管制员错忘漏情况、规章违反情况、班组胜任程度、空中交通流状态5个方面进行分析。

（1）管制技能熟练程度（S_1）：熟练的管制技能有助于管制员在各种不利情况下及时做出正确的决策，此项指标是管制员工作状态的重要体现。

（2）管制员错忘漏情况（S_2）：在大流量和复杂的空域环境的工作条件下，管制员易出现疲劳状态，使得"错、忘、漏"等差错的发生概率增大，反映了管制员在压力情况下呈现的状态。

（3）规章违反情况（S_3）：由于在管制工作中管制员在压力因素作用下易出现违反规章的情况，此项指标反映管制员的规章遵守情况。

（4）班组胜任程度（S_4）：班组是整个空管系统中最小的组织结构单元，班组运行状态直接影响空管运行系统的安全性，班组胜任程度从一个侧面反映了空管运行系统的状态情况。

（5）空中交通流状态（S_5）：空中交通流在时间和空间上的不均衡程度从一个侧面反映了空管运行系统的状态。

6.2.1.3 响应指标

响应是指管制单位为提高空管运行系统的安全和效率，减小不安全事件出现概率，提高系统状态采取的应对措施，包括对管制员培训、班组建设和空域优化。

（1）定期安全培训情况（R_1）：定期进行安全培训与考核提

升管制技能，如模拟大流量和空域限制等情景练习，可以最大限度地预防、控制和降低各种突发事件对系统造成的伤害。

（2）空域资源优化配置情况（R_2）：对现阶段的空域情况进行综合分析，并对其进行优化配置，合理划分空域资源，可以提升飞行安全性，减少压力因素对状态带来的影响。

（3）流量管理措施情况（R_3）：预先对交通流进行合理管理，在应对恶劣天气、军航活动和突发事件时使用适当的流量管理措施，可减少不安全事件发生的可能性。

（4）应急预案完备情况（R_4）：完备的应急预案可以控制、减轻和消除突发事件引起的严重危害，能使空管运行系统更加有效应对压力因素。

（5）班组建设管理情况（R_5）：班组建设涉及多方面的因素，可反映空管运行系统在班组管理中存在的问题。从班组建设管理角度减小压力带来的影响，使得系统状态变得更加稳定。

根据以上分析，建立了基于 PSR 模型的空管运行系统健康评价指标体系，如图 6-2 所示，涉及的各影响指标之间发生交

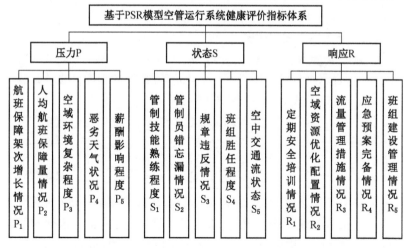

图6-2 基于 PSR 的空管运行系统健康评价指标体系

互作用，处在一个动态平衡之中。运用 PSR 模型进行整个系统的全方面分析，着重从空管运行系统的风险因素、系统运行状态和管理规章制定和应急等方面评价空管运行系统安全性，并不只是针对其中的某一环节。

未确知测度函数能够较好地解决不确定和复杂的问题，该函数既可运用主观指标借鉴专家的经验，又可以充分运用客观指标的本身属性，对主客观指标进行评判分析，从而有效处理不确定信息。且由于空管运行系统具有复杂性和不确定性的特征，该函数可对空管运行系统安全影响指标进行定量分析，可以充分考虑系统的不确定性，减小系统的不确定性带来的影响。

假设评价对象 x 有 n 个，即指标空间 $x = \{x_1, x_2, \cdots, x_n\}$，每个评价对象有 m 个评价指标空间，即 $I = \{I_1, I_2, \cdots, I_m\}$，则 x_i 可表示 m 维向量 $\boldsymbol{R}_i = (x_{i1}, x_{i2}, \cdots, x_{im})$ 健康评价指标测量值。对于 x_{im} 有 p 个评价等级，则记评价等级空间 $U = \{C_1, C_2, \cdots, C_p\}$，其中 C_k 表示第 k 个评价等级。设 k 级比 $k+1$ 级强，即 $C_k > C_{k+1}$，则称 $\{C_1, C_2, \cdots, C_p\}$ 为评价空间 U 上的一个有序分割类。

1. 单指标未确知测度

假设 $\boldsymbol{u}_{ijk} = \boldsymbol{u}(x_{ij} \in C_k)$（$i = 1, 2, \cdots, n$；$j = 1, 2, \cdots, m$；$k = 1, 2, \cdots, p$）表示测量值 x_{ij} 属于第 k 个评价等级 C_k 的程度，要求 $\boldsymbol{u}$ 满足式（6-13）、式（6-14）和式（6-15）：

$$0 \leqslant \boldsymbol{u}(x_{ij} \in C_k) \leqslant 1 \qquad (6\text{-}13)$$

$$\boldsymbol{u}(x_{ij} \in U) = 1 \qquad (6\text{-}14)$$

$$\boldsymbol{u}\left(x_{ij} \in \bigcup_{l=1}^{k} C_l\right) = \sum_{l=1}^{k} \boldsymbol{u}(x_{ij} \in C_l) \qquad (6\text{-}15)$$

其中，若 $\boldsymbol{u}$ 满足式（6-13）、式（6-14）和式（6-15）所对应的"非负有界性""归一性"和"可加性"，则称 $\boldsymbol{u}$ 为未确知测度，简称测度。称矩阵 $(\boldsymbol{u}_{ijk})_{m \times p}$ 为单指标测度评价矩阵，构成的矩阵：

$$(\boldsymbol{u}_{ijk})_{m \times p} = \begin{bmatrix} u_{i11} & u_{i12} & \cdots & u_{i1p} \\ u_{i21} & u_{i22} & \cdots & u_{i2p} \\ \vdots & \vdots & \ddots & \vdots \\ u_{im1} & u_{im2} & \cdots & u_{imp} \end{bmatrix} \quad (6-16)$$

在构建单指标测度评估矩阵时，首先构建单指标测度函数，构建方法较多，其中直线型未确知测度函数是应用最广泛、最简易的测度函数，故评价计算采用直线型未确知测度函数。

2. 信息熵法确定权重系数

权重确定方法的客观与否影响到评价结果的准确性，采用信息熵的方法确定各项指标权重，可以减少主观因素带来的影响。设 w_{ij} 表示评价指标 I_j 相对于其他指标的重要程度，并且 w_{ij} 还需满足 $0 \leqslant w_{ij} \leqslant 1$，$\sum_{j=1}^{m} w_{ij} = 1$，则称 w_{ij} 为指标 I_j 的权重。权重的计算过程如下：

$$v_{ij} = 1 + \frac{1}{\lg p} \sum_{k=1}^{p} (\boldsymbol{u}_{ijk} \lg \boldsymbol{u}_{ijk}) \quad (6-17)$$

$$w_{ij} = \frac{v_{ij}}{\sum_{j=1}^{m} v_{ij}} \quad (6-18)$$

由于已知单指标测度评价矩阵，因此可以通过式（6-17）和式（6-18）求得权重 w_{ij}。

3. 计算多指标综合测度

根据已得到的评价指标权重，根据式（6-19）得到评价对象的多指标综合测度：

$$\boldsymbol{u}_{ik} = \sum_{j=1}^{m} w_{ij} \boldsymbol{u}_{ijk} \quad (6-19)$$

此外，若未确知测度 $\boldsymbol{u}_{ik}$ 满足 $\sum_{k=1}^{p} \boldsymbol{u}_{ik} = 1$，称 $\boldsymbol{u}_{ik} = [u_{i1}, u_{i2}, \cdots, u_{ip}]$ 为评价对象 x_i 的多指标综合测度评价向量。

4. 置信度识别准则

已知 $C_1 > C_2 > \cdots > C_p$，采用置信度识别准则，设置信度 $\lambda \, (0.5 \leqslant \lambda \leqslant 1)$，且令

$$k_0 = \min \left\{ k \sum_{l=1}^{k} u_{il} \geqslant \lambda, \ (k = 1, 2, \cdots, p) \right\} \qquad (6\text{-}20)$$

则认为评价样本 x_i 属于 C_{k_0} 级别。

6.2.2 风险评估流程与指标分级

6.2.2.1 空管运行系统风险评估流程

根据提出的评估方法步骤绘制出空管运行系统风险评估流程，如图6-3所示。

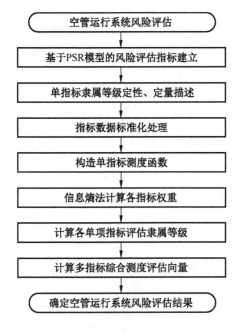

图6-3 空管运行系统风险评估流程图

6.2.2.2 评估指标分级

根据未确知测度理论模型函数，为有效评价空管运行系统健康程度等级，将评价空间分为 Ⅰ、Ⅱ、Ⅲ、Ⅳ和 Ⅴ 5 个等级，其中评分大于或等于 90 为 Ⅰ级，81~90 为 Ⅱ级，71~80 为Ⅲ级，61~70 为Ⅳ级，小于或等于 60 为 Ⅴ级。5 个等级分别对应很好、较好、一般、较差、很差 5 个级别的健康程度，即整体评价等级空间 $U = \{C_1, C_2, C_3, C_4, C_5\}$，具体数据见表 6-2。

表6-2 空管运行系统健康评价指标分级

评价指标	Ⅰ(C_1)	Ⅱ(C_2)	Ⅲ(C_3)	Ⅳ(C_4)	Ⅴ(C_5)
P_1	小	较小	一般	较大	极大
P_2	小	较小	一般	较大	极大
P_3	小	较小	一般	较大	极大
P_4	小	较小	一般	较大	极大
P_5	小	较小	一般	较大	极大
S_1	非常熟练	较熟练	熟练	较不熟练	不熟练
S_2	从未发生	基本未发生	偶尔发生	时有发生	经常发生
S_3	从未违反	基本未违反	偶尔违反	时有违反	经常违反
S_4	好	较好	一般	较差	差
S_5	非常简单	简单	一般	比较复杂	非常复杂
R_1	培训全面有效	培训全面但效果一般	培训较少效果一般	培训少且效果差	基本不进行培训
R_2	好	较好	一般	较差	差
R_3	次次采用	经常采用	一般采用	偶尔采用	从未采用
R_4	非常完备	比较完备	一般完备	完备性较差	完备性非常差
R_5	好	较好	一般	较差	差

6.2.3 实例分析

6.2.3.1 数据获取

选取某管制单位作为评价对象，通过邀请该管制单位经验丰富的管制员发放45份问卷，问卷回收40份，考虑不同专家对于指标的认识上存在差异性，将问卷结果数据汇总统计进行数据分析取均值后获得了指标统计值，对应的具体数值见表6-3。

表6-3 空管运行系统健康评价指标值

指标	数值	指标	数值	指标	数值
P_1	64.15	S_1	76.45	R_1	79.78
P_2	66.43	S_2	77.91	R_2	69.67
P_3	73.37	S_3	74.31	R_3	74.54
P_4	63.76	S_4	82.87	R_4	84.70
P_5	61.67	S_5	70.22	R_5	77.45

6.2.3.2 构建单指标测度函数

根据式（6-16）有关单指标测度函数的定义和表6-2中有关各指标评判标准，构建空管运行系统健康评价的各指标测度函数，进而求得各指标的测度值。具体指标测度函数如图6-4所示。

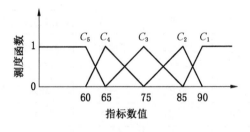

图6-4 单指标测度函数

6.2.3.3 计算单指标未确知测度矩阵

由表6-3的指标计算值和上述单指标测度函数求得单指标测度矩阵：

$$
\boldsymbol{u}_{15\times5} =
\begin{bmatrix}
0 & 0 & 0 & 0.170 & 0.830 \\
0 & 0 & 0.857 & 0.143 & 0 \\
0 & 0 & 0.163 & 0.837 & 0 \\
0 & 0 & 0 & 0.248 & 0.752 \\
0 & 0 & 0 & 0.664 & 0.334 \\
0 & 0.145 & 0.855 & 0 & 0 \\
0 & 0.291 & 0.709 & 0 & 0 \\
0 & 0 & 0.069 & 0.931 & 0 \\
0 & 0 & 0.787 & 0.213 & 0 \\
0 & 0 & 0.478 & 0.522 & 0 \\
0 & 0.478 & 0.522 & 0 & 0 \\
0 & 0 & 0.533 & 0.467 & 0 \\
0 & 0 & 0.046 & 0.954 & 0 \\
0 & 0.970 & 0.03 & 0 & 0 \\
0 & 0.245 & 0.755 & 0 & 0
\end{bmatrix}
\tag{6-21}
$$

6.2.3.4 确定指标权重

根据信息熵法的思路，由式（6-17）和式（6-18）及单指标测度矩阵式（6-16）中的数据计算各指标的权重为

$$w = [0.068, 0.070, 0.068, 0.062, 0.057, 0.070, 0.059, 0.080, 0.063, 0.054, 0.054, 0.064, 0.083, 0.086, 0.062]$$

6.2.3.5 多指标综合测度评价向量计算

根据单指标未确知测度矩阵和各评价指标计算得出的权重，并且由式（6-19）得到该空管运行系统健康评价的多指标综合测度评价向量：

$$\boldsymbol{u}_{1\times5} = [0.00, 0.152, 0.369, 0.356, 0.128] \tag{6-22}$$

6.2.3.6 置信度识别

根据置信度取值范围，取置信度 $\lambda = 0.5$，并且由式 (6-19)，在已得到的多指标综合测度评价向量基础上，计算当 $p_0 = 3$ 时，从小到大有 $0.152 + 0.369 = 0.521 > 0.5$，即该空管单位运行系统健康程度等级为Ⅲ级；从大到小，$0.128 + 0.356 + 0.369 = 0.853 > 0.5$，评价等级也为Ⅲ级。由此可见，从两方面对空管单位评价，结果相一致，由此可判定该空管单位的健康等级为Ⅲ级。根据置信度识别结果，该管制单位的健康评价等级为Ⅲ级，即健康程度一般，可预防接受，需针对性处理。

通过分析得到，航班保障架次增长情况、恶劣天气状况和薪酬影响程度较大，对空管运行系统造成压力。该单位管制的空域环境复杂，空域限制多，交通流量大，人均航班保障量增加，管制员和空中交通流在压力作用下呈现紧张状态。该单位定期安全培训、应急预案完备情况和班组建设管理等响应工作对于增强管制员技能熟练程度、减少管制员错忘漏和改善班组胜任程度产生作用，一定程度上降低了人员因素对系统产生的影响，但对于规章违反情况作用力度相对较小，后续工作中应加强规章制度建设。此外，空域资源优化配置和流量管理措施的完备性仍有待改进，单位应加强此方面的管理。

该单位近年来发生不安全事件属于可控范围，评价结果与管制单位实际情况相符，验证了此模型方法的有效性和可行性。实例表明 PSR 和未确知测度可用于评价空管运行系统的健康程度，并且其评价结果与实际情况吻合度较高。对结果的分析有助于管制单位及时采取应对措施，进一步保障空管运行系统的安全。

6.3 基于 DEMATEL-Choquet 积分的航班运行风险评价

航空公司作为民航体系中重要的组成部分，不仅承担着乘客出行安全责任，同时影响着整个民航体系运作的安全，做好航空公司的航班运行风险研究是保证航空公司运行安全的重要工作。在安全风险管理工作中确定风险评价值是开展风险控制工作的重点。因此，航空公司在开展航班运行风险研究时要客观、全面、科学地进行风险指标识别，找出风险影响因素，运用科学方法对指标进行评估，再针对评估结果采取对应的措施，使风险降至最低，从而保证航空公司安全运行。

关于航空公司运行安全方面研究颇多。外国学者主要根据数理统计方法，对历史事件进行数理统计，评估航空公司运行安全；中国学者在航空公司运行安全研究方面主要运用证据理论评价、层次分析法等。相关研究可实现定性分析与定量分析有效结合，领域适用性较强，然而对于具有多因素且关系复杂的系统而言，计算繁杂，工作量较大，具有一定的局限性。针对此问题，可利用复杂系统分析方法确定系统的关键因素，同时利用Choquet Inte-gral 的模糊测度消除指标间模糊不清的关系，实现对系统风险的评价。为此，通过决策试行与评价实验室（Decision-making Trial and Evaluation Laboratory，DEMATEL）法对航空公司航班运行风险因素间的相互影响进行研究，确定因素因果属性并找出关键因素实现风险因素指标优化，最后利用 Choquet 积分构建风险评价模型对航班运行风险进行综合评价，以期为航空公司安全管理决策提供理论支持。

6.3.1　风险评价指标体系建立

通过对航空公司航班运行风险因素的识别，建立航班运行风险评价体系相关指标。由于航空公司航班运行风险的复杂性与多样性，对运行安全风险因素的识别，可以采用安全系统工程的方法来进行分析。以安全管理中的人、物、环境、管理为对象，参考 2007—2015 年航空安全报告数据，结合中国民航局已施行的民用航空公司安全评估指标体系和安全审计体系中的指标进行整合，在遵循指标体系建立的全面性、科学性、合理性和适用性的原则下，构建航空公司航班运行风险评价指标体系，见表6-4。

表6-4　航班运行风险评价指标体系

目标层	准则层	指　标　层		
航空公司航班运行风险	机组因素（S_1）	机组违规操作（R_1）	机组专业技能水平较低（R_2）	机组协调决断失误（R_3）
		机组责任感不强（R_4）	机组安全意识与态度不强（R_5）	机组心理素质较差（R_6）
	航空器因素（S_2）	空中停车频次（R_7）	飞行系统运行异常（R_8）	飞机维修维护不达标（R_9）
		机务维修失误（R_{10}）	—	—
	环境因素（S_3）	飞行期间天气恶劣（R_{11}）	航路结构复杂度（R_{12}）	空管指挥失效（R_{13}）
		机场环境危险（R_{14}）	通、导、监设备工作故障（R_{15}）	—
	管理因素（S_4）	人员技术培训不足（R_{16}）	安全方针的制定与实施不完善（R_{17}）	监管部门监管不力（R_{18}）
		签派决策失误（R_{19}）	应急管理培训不达标（R_{20}）	—

6.3.2　风险评价模型构建

6.3.2.1　基于 DEMATEL 的关键风险因素辨识

DEMATEL 法是一种运用图论与矩阵论原理进行系统要素分析的方法。通过分析评价指标体系中各个指标之间的逻辑关系，计算得到指标之间影响关系的综合矩阵，确定各指标的因果属性及其排序，最后找出航班运行风险关键指标，从而实现对航空公司航班运行风险的有效评价。利用 DEMATEL 方法进行关键因素辨识的步骤如下：

（1）设指标层因素为 $R_i(i=1,2,\cdots,20)$，准则层因素为 $S_i(i=1,2,3,4)$，且 R_i，$S_i \in X$，X 为风险因素集合。所研究的因

素见表 6-4。

（2）专家参照表 6-5 的风险因素强弱评价标度，根据指标之间是否存在关系以及关联程度的强弱对风险因素进行打分，构建系统因素的直接影响矩阵 $\boldsymbol{T}$ 为

$$\boldsymbol{T} = \begin{bmatrix} 0 & t_{1,2} & \cdots & t_{1,n} \\ t_{2,1} & 0 & \cdots & t_{2,n} \\ \vdots & \vdots & & \vdots \\ t_{n,1} & t_{n,2} & \cdots & 0 \end{bmatrix} \qquad (6\text{-}23)$$

式中，t_{kij} 表示第 k 个专家赋予风险因素 t_i 对风险因素 t_j 的直接影响程度的分数，其中，$j=1,2,\cdots,n$；$k=1,2,\cdots,m$。

由于两因素间影响程度不等，因此，一般情况为 $t_{ij} \neq t_{ji}$；当 $i=j$ 时，取 $t_{ij}=0$。

表 6-5　风险因素强弱评价标度

影响关系	无	弱	一般	强
标度	0	1	2	3

（3）计算规范化直接影响矩阵 $\boldsymbol{H}$，$\boldsymbol{H} = [h_{ij}]_{n \times n}$，其中，$h_{ij}$ 表示为风险因素 t_i 对风险因素 t_j 规范化后的影响程度，$\boldsymbol{H}$ 的计算公式为

$$\boldsymbol{H} = \frac{1}{\max\limits_{1 \leqslant i \leqslant n} \sum\limits_{j=1}^{n} t_{ij}} \cdot \boldsymbol{T} \qquad (6\text{-}24)$$

（4）计算综合影响矩阵 $\boldsymbol{B}$，$\boldsymbol{B} = [b_{ij}]_{n \times n}$，其中，$b_{ij}$ 为风险因素 t_i 对风险因素 t_j 直接与间接影响的叠加，$\boldsymbol{B}$ 的作用是确定每一个指标相对于评价体系中最高水平的指标的最后影响，即

$$\boldsymbol{B} = \boldsymbol{H} \frac{\boldsymbol{I}}{\boldsymbol{I}-\boldsymbol{H}} = \boldsymbol{H}(\boldsymbol{I}-\boldsymbol{H})^{-1} \qquad (6\text{-}25)$$

式中，$\boldsymbol{I}$ 为单位矩阵。

（5）计算各指标中心度（m_i）与原因度（n_i）。中心度是影响

度 (f_i) 和被影响度 (e_i) 的和，原因度是影响度 (f_i) 和被影响度 (e_i) 的差，影响度 f_i 为综合影响矩阵 $\boldsymbol{B}(\boldsymbol{B}=[b_{ij}]_{n \times n})$ 中元素行相加之和，被影响度 (e_i) 是综合影响矩阵中元素列相加之和。

$$\begin{cases} m_i = \sum_{j=1}^{n} b_{ij} + \sum_{j=1}^{n} b_{ji} \\ n_i = \sum_{j=1}^{n} b_{ij} - \sum_{j=1}^{n} b_{ji} \end{cases} \quad i = 1, 2, \cdots, n \quad (6\text{-}26)$$

若原因度 (n_i) 为正，则该指标影响或导致其他指标的发生，称为原因因素；若原因度 (n_i) 为负，则该指标被其他指标所影响，称为结果因素。而中心度 (m_i) 越大，表示指标对指标体系的影响程度高，反之亦然。

6.3.2.2 基于 Choquet 积分的航班运行风险评价建模

Choquet 积分法是日本学者 Sugeno 将约束条件较弱的单调性取代了经典概率中的可加性条件，目的是解决指标间存在关联但不具备可加性的多属性决策问题，所提出的模糊测度的概念。基于模糊测度理论，Choquet 积分可常用作基数信息的集结算子。

航空公司航班运行风险是一个综合性风险，且风险之间具有关联性，运用 Choquet 积分计算，可消除风险之间的关联性，从而得出综合风险值。

(1) 设航空公司航班运行风险为 $R, R = [R_1, R_2, \cdots, R_n]$ 所构成的；设有 k 位专家所占的权重 $\boldsymbol{w} = [w_1, w_2, \cdots, w_k]$；设 $\boldsymbol{L} = [l_1, l_2, \cdots, l_n]$ 为历史统计得出的某风险损失向量，l_n 为第 n 个风险损失；设 $\boldsymbol{P} = [P_1, P_2, \cdots, P_n]$ 为历史统计得出的风险概率向量，P_n 为第 n 个风险损失概率；设 $\boldsymbol{Z} = [z_1, z_2, \cdots, z_n]$ 为风险值向量。

(2) 根据风险损失向量 $\boldsymbol{L} = [l_1, l_2, \cdots, l_n]$，将 n 个风险与 m 个专家赋权集结成综合风险损失向量 $\boldsymbol{L}_G$，$\boldsymbol{L}_G = [l_{G1}, l_{G2}, \cdots, l_{Gn}]$，其中综合风险损失值 l_{Gi} 表示共有 m 个专家对第 i 个风险损失值的赋权值总和，其中 l_i 为第 i 个风险损失值，其计算公式为

$$l_{Gi} = \sum_{k=1}^{m} w_k l_i \quad i = 1, 2, \cdots, n \quad (6\text{-}27)$$

（3）根据各风险指标概率向量 $\boldsymbol{P}=[P_1,P_2,\cdots,P_n]$，$n$ 个风险与 m 个专家赋权集结成综合风险概率向量 $\boldsymbol{P}_G=[P_{G1},P_{G2},\cdots,P_{Gn}]$，计算公式为

$$P_{Gi}=\sum_{k=1}^{m}w_k P_i \quad i=1,2,\cdots,n \qquad (6\text{-}28)$$

（4）计算风险值向量 $\boldsymbol{Z}=[z_1,z_2,\cdots,z_n]$，其中 $z_i=l_{Gi}P_{Gi}$ $(i=1,2,\cdots,n)$。

（5）对风险值进行由小到大排序，使得 $R'_1,R'_2,\cdots,R'_n$ 对应的风险值满足 $z'_1\leqslant z'_2\leqslant\cdots\leqslant z'_n$。

（6）假设风险因素集为 $\boldsymbol{R}=[R_1,R_2,\cdots,R_n]$，$\mu$ 为 $P(R)$ 幂集到 $[0,1]$ 上的函数，满足条件 $\mu(\varnothing)=0$，$\mu(R)=1$；具有连续单调性，存在集合 A 与 B，当 $A,B\in P$，$\mu(A)\leqslant\mu(B)$，可将 μ 为定义在 $P(R)$ 上的 λ 模糊测度。

若 $A,B\in P$，$A\cap B=\varnothing$ 且满足式（6-27），μ 为 R 上的可加测度，其表达式为

$$\mu(A\cup B)=\mu(A)+\mu(B)+\lambda\mu(A)\mu(B) \qquad (6\text{-}29)$$

结合 DEMATEL 方法求得的中心度与原因度计算模糊测度，由于影响因素存在相互关联关系，影响因素集为 $R=(R_1,R_2,\cdots,R_n)$，$P(R)$ 为 R 的幂集，μ 为定义在 $P(R)$ 上的模糊测度，则影响因素 R_i 的重要性指数定义为

$$v_i=\sum_{Q\subseteq X_i}\frac{(n-k-1)!\,k!}{n!}[\mu(Q\cup R_i)-\mu(Q)] \qquad (6\text{-}30)$$

式中，n、k 分别为集合 R 和 Q 的基数；v_i 表示影响因素在整个集合中的权重，且满足 $0\leqslant v_i\leqslant 1$ 与 $v_1+v_2+\cdots+v_n=1$。

假设影响因素集 R 的重要性指数权重为 w_i：

$$w_i=\frac{\sqrt{m_i^2+n_i^2}}{\displaystyle\sum_{i=1}^{n}\sqrt{m_i^2+n_i^2}} \qquad (6\text{-}31)$$

模糊测度 μ 的定义为

$$
\begin{cases}
\mu(R) = 1 \\
\lambda + 1 = \prod_{i=1}^{n}\left[\,1 + \mu(R_i)\,\right]
\end{cases} \tag{6-32}
$$

$$
B = \begin{bmatrix}
0 & 0 & 0.01 & 0 & 0 & 0.03 & 0 & 0.18 & 0 & 0 & 0 & 0 & 0 & 0 & 0 & 0 & 0 & 0 & 0 & 0 \\
0.27 & 0 & 0.18 & 0 & 0 & 0.01 & 0 & 0.05 & 0 & 0 & 0 & 0 & 0 & 0 & 0 & 0 & 0 & 0 & 0 & 0 \\
0 & 0 & 0 & 0 & 0 & 0 & 0 & 0 & 0 & 0 & 0 & 0 & 0 & 0 & 0 & 0 & 0 & 0 & 0 & 0 \\
0.03 & 0 & 0 & 0 & 0.18 & 0 & 0 & 0.01 & 0 & 0 & 0 & 0 & 0 & 0 & 0 & 0 & 0 & 0 & 0 & 0 \\
0.18 & 0 & 0 & 0 & 0 & 0.01 & 0 & 0.03 & 0 & 0 & 0 & 0 & 0 & 0 & 0 & 0 & 0 & 0 & 0 & 0 \\
0 & 0 & 0.27 & 0 & 0 & 0 & 0 & 0 & 0 & 0 & 0 & 0 & 0 & 0 & 0 & 0 & 0 & 0 & 0 & 0 \\
0 & 0 & 0.18 & 0 & 0 & 0 & 0 & 0 & 0 & 0 & 0 & 0 & 0 & 0 & 0 & 0 & 0 & 0 & 0 & 0 \\
0 & 0 & 0.05 & 0 & 0 & 0.18 & 0 & 0 & 0 & 0 & 0 & 0 & 0 & 0 & 0 & 0 & 0 & 0 & 0 & 0 \\
0 & 0 & 0.01 & 0 & 0 & 0 & 0.03 & 0.03 & 0.03 & 0.28 & 0 & 0 & 0 & 0 & 0 & 0 & 0 & 0 & 0 & 0 \\
0 & 0 & 0.02 & 0 & 0 & 0.02 & 0.09 & 0.09 & 0.09 & 0.03 & 0 & 0 & 0 & 0 & 0 & 0 & 0 & 0 & 0 & 0 \\
0 & 0 & 0.28 & 0 & 0 & 0.18 & 0 & 0 & 0 & 0 & 0.04 & 0.18 & 0.09 & 0 & 0 & 0 & 0 & 0.19 & 0 \\
0 & 0 & 0.09 & 0 & 0 & 0 & 1 & 0 & 0 & 0 & 0 & 0 & 0 & 0 & 0 & 0 & 0 & 0 & 0 \\
0 & 0 & 0.18 & 0 & 0 & 0 & 2 & 0 & 0 & 0 & 0 & 0 & 0 & 0 & 0 & 0 & 0 & 0 & 0 \\
0 & 0 & 0.12 & 0 & 0 & 0 & 3 & 0 & 0 & 0 & 0.18 & 0 & 0 & 0 & 0 & 0 & 0 & 0 & 0 \\
0 & 0 & 0.12 & 0 & 0 & 0 & 4 & 0 & 0 & 0 & 0.09 & 0 & 0 & 0 & 0 & 0 & 0 & 0.09 & 0 \\
0.26 & 0.27 & 0.18 & 0 & 0 & 0.01 & 0.01 & 0.05 & 0.28 & 0.08 & 0 & 0 & 0 & 0 & 0 & 0 & 0 & 0.18 & 0 \\
0.18 & 0 & 0.05 & 0 & 0 & 0.04 & 0 & 0.21 & 0 & 0 & 0 & 0 & 0 & 0 & 0 & 0 & 0 & 0.03 & 0.18 \\
0.13 & 0.02 & 0.04 & 0 & 0 & 0.01 & 0 & 0.04 & 0.12 & 0.03 & 0 & 0 & 0 & 0 & 0.09 & 0.09 & 0 & 0.04 & 0.11 \\
0 & 0 & 0.18 & 0 & 0 & 0 & 0 & 0 & 0 & 0 & 0 & 0 & 0 & 0 & 0 & 0 & 0 & 0 & 0 \\
0 & 0 & 0.21 & 0 & 0 & 0 & 0 & 0 & 0 & 0 & 0 & 0 & 0 & 0 & 0 & 0 & 0 & 0.18 & 0
\end{bmatrix}
$$

基于此，计算模糊测度向量 $\boldsymbol{\mu}^{G}$，设备专家给出相应风险集合 $\{R_i, R_{i+1}, \cdots, R_n\}$ 的模糊测度 μ_{i-n}，则

$$
\mu_{i-n}^{G} = \sum_{k=1}^{m} w_k \mu_{i-n}^{k} \quad i = 1, 2, \cdots, n \tag{6-33}
$$

（7）可通过 Choquet 积分进行集结计算综合风险 Z_e，设 Z 为定义在 R 上的非负实值函数，μ 为定义在 R 上的模糊测度，$R_i = \{r_1, r_2, r_i, \cdots, r_n\}$ 表示函数 Z 在非空集合 R 上的一个置换，使得 $Z(r_1) \leqslant Z(r_2) \leqslant \cdots \leqslant Z(r_n)$，则函数 Z 关于 μ 的离散 Choquet 积分集合 CI_μ 计算可表示为

$$
\text{CI}_\mu(Z) = \sum_{i=1}^{n}\left[\,Z(r_i) - Z(r_{i-1})\,\right]\mu(A_i) \tag{6-34}
$$

基于此，考虑各专家给出的模糊测度，可将综合风险 Z_e 表示为

$$Z_e = \sum_{i=1}^{n} (z_i' - z_{i-1}') \mu_{i-n}^{G} \qquad (6-35)$$

6.3.3 实例分析

6.3.3.1 模型应用

以中国某航空公司为例，采用专家评议法对该航空公司航班运行风险指标体系进行评定（包括一级指标与二级指标）。以专家评议结果为基础，建立直接影响矩阵，并利用式（6-24）将其进行标准化处理，接着利用式（6-25）计算综合影响矩阵 **B**。最后利用式（6-26）计算得到各风险指标的中心度与原因度，见表6-6。

表6-6 指标的分析结果

指标	f_i	e_i	m_i	准则层因素 m_i 排名	指标层因素 m_i 排名	n_i	属性
S_1	1.48	2.39	3.87	1	—	-0.91	结果
S_2	1.13	2.09	3.22	3	—	-0.96	结果
S_3	2.36	0	2.36	4	—	2.36	原因
S_4	1.49	1.98	3.47	2	—	-0.49	结果
R_1	0.22	1.05	1.27	—	7	-0.83	结果
R_2	0.51	0.29	0.8	—	12	0.22	原因
R_3	0	2.17	2.17	—	5	-2.17	结果
R_4	0.22	0	0.22	—	20	0.22	原因
R_5	0.22	0.18	0.4	—	19	0.04	原因
R_6	0.27	0.31	0.58	—	17	-0.04	结果
R_7	0.18	0.31	0.49	—	18	-0.13	结果
R_8	0.23	0.69	0.92	—	10	-0.46	结果
R_9	0.38	10.52	10.9	—	1	-10.14	结果
R_{10}	0.34	0.42	0.76	—	14	-0.08	结果

表6-6（续）

指标	f_i	e_i	m_i	准则层因素 m_i 排名	指标层因素 m_i 排名	n_i	属性
R_{11}	0.96	0	0.96	—	9	0.96	原因
R_{12}	1.09	0	1.09	—	8	1.09	原因
R_{13}	2.18	0.31	2.49	—	4	1.87	原因
R_{14}	3.30	0.18	3.48	—	3	3.12	原因
R_{15}	4.30	0.09	4.39	—	2	4.21	原因
R_{16}	1.32	0.09	1.41	—	6	1.23	原因
R_{17}	0.69	0.09	0.78	—	13	0.60	原因
R_{18}	0.72	0	0.72	—	15	0.72	原因
R_{19}	0.18	0.71	0.89	—	11	−0.53	结果
R_{20}	0.39	0.29	0.68	—	16	0.10	原因

　　根据表6-6可知，经过专家评议后可保留中心度排名前13的风险指标有：机组专业技能水平较低、机组协调决断失误、飞行系统运行异常、飞机维修维护不达标、飞行期间天气恶劣、航路结构复杂度、空管指挥失效、机场环境危险、通、导、监设备工作故障、人员技术培训不足、安全方针的制定与实施不完善、监管部门监管不力、应急管理培训不达标，从而实现对评价指标的精简。根据专家权重 $w = (0.4, 0.3, 0.3)$ 与指标对应的风险向量与风险概率代入式（6-27）、式（6-28）得到对应的风险值以及排名见表6-7。

表6-7　指标的风险值及排名

影响因素	风险值	排名
机组专业技能水平较低	0.9307	10
机组协调决断失误	3.3600	13
飞行系统运行异常	0.6633	6
飞机维修维护不达标	0.7896	8

表6-7（续）

影响因素	风险值	排名
飞行期间天气恶劣	1.0735	11
航路结构复杂度	0.0682	5
空管指挥失效	0.0487	4
机场环境危险	2.3520	12
通、导、监设备工作故障	0.0005	1
人员技术培训不足	0.8684	9
安全方针的制定与实施不完善	0.7314	7
监管部门监管不力	0.0031	2
应急管理培训不达标	0.0072	3

根据重新排序后的影响因素根据式（6-29）、式（6-32）计算模糊测度向量为 $\boldsymbol{\mu}_G = (1, 0.984, 0.904, 0.867, 0.763, 0.720, 0.596, 0.547, 0.507, 0.292, 0.189, 0.068)$，3位专家评议 $w = (0.4, 0.3, 0.3)$ 的模糊测度见表6-8。最后代入式（6-35）可计算出该航空公司的航班运行风险值为0.964。

表6-8　指标的模糊测度

专家	μ_k												
	μ_{1-13}^k	μ_{2-13}^k	μ_{3-13}^k	μ_{4-13}^k	μ_{5-13}^k	μ_{6-13}^k	μ_{7-13}^k	μ_{8-13}^k	μ_{9-13}^k	μ_{10-13}^k	μ_{11-13}^k	μ_{12-13}^k	μ_{13-13}^k
1	1	0.99	0.91	0.87	0.76	0.72	0.62	0.55	0.51	0.31	0.28	0.21	0.08
2	1	0.97	0.89	0.87	0.79	0.76	0.56	0.52	0.49	0.29	0.26	0.18	0.07
3	1	0.99	0.91	0.86	0.74	0.68	0.60	0.57	0.52	0.27	0.25	0.17	0.05

6.3.3.2　结果分析

以中国某航空公司为例，先运用 DEMATEL 方法得到风险指标的中心度和原因度。由表6-6，从二级指标得知，原因属性的指标有：机组专业技能水平较低（R_2）、机组责任感不强（R_4）、机组安全意识与态度不强（R_5）、飞行期间天气恶劣（R_{11}）、航路结构复杂度（R_{12}）、空管指挥失效（R_{13}）、机场环境危险（R_{14}）、通、导、监设备工作故障（R_{15}）、人员技术培训不足（R_{16}）、安全方针的制定与实施不完善（R_{17}）、监管部门监管不力（R_{18}）、应急管理培训不达标（R_{20}）。这些指标属于致因因素，会导致结果属性的因素发生。

结果属性的指标有：机组违规操作（R_1）、机组协调决断失误（R_3）、机组心理素质较差（R_6）、空中停车频次（R_7）、飞行系统运行异常（R_8）、飞机维修维护不达标（R_9）、机务维修失误（R_{10}）、签派决策失误（R_{19}）。从一级指标得知，环境因素属于原因属性，且对应二级指标普遍排名较高，中心度较高，可见对其他因素起着决定性的作用，也是导致航空公司航班运行风险的最主要原因。机组因素属于结果属性，且中心度最高，可知当环境类因素对机组因素影响最大。

经过筛选后的 13 个指标，利用 Choquet 积分进行指标体系的风险评价，由表6-7可知，管理因素直接引起的风险值较小，而机组人员面对突发情况做出错误决断时所导致的风险损失是最大的，而突发情况的产生一般是由于飞机设备故障、危险天气等因素所引起的。由表6-8的模糊测度评估得到的风险值表明，该航空公司航班运行风险较低，与实际情况相吻合。综上，航空公司管理者与风险管理团队，加强培养针对不同环境情况的机组飞行专业技能、应急决断能力等，同时做好日常风险管理工作，从根源上消除危险因素，以提升航空公司运行安全水平。

本节运用复杂系统因素分析的 DEMATEL 方法对航空公司航班运行风险因素进行分析，得知环境因素主要影响航班运行风险，以及各影响因素的重要程度，明确关键指标，达到进一步优化指标的效果。通过 Choquet 积分算子对精简后的关键影响因素进行计算，能够消除由于指标相互影响的关联方式带来的评价结果失真问题，可知机组人员对突发事件处理成功与否直接影响风险的大小，最后计算得到该航空公司航班运行风险较低。整个评价指标体系风险中需要较高专家评议，过程复杂且计算量较大，仍需进一步研究。在计算综合评价值后还应针对航空公司实际安全管理情况，设置相应的风险参考区间。

6.4 着陆阶段航空器航迹检测与风险识别方法

进近着陆是整个飞行过程中最易发生危险的阶段。在1996—2005 年这十年间，中国民航共发生事故征候 1147 起，其中进近阶段事故征候 137 起。由于靠近地面，着陆阶段事故往往导致机毁人亡。因此，加强对进近着陆阶段航空器的监视和管控，对保证飞行安全具有重要意义。

与航管二次雷达、自动相关监视等协作式监视手段相比，视频监视技术作为一种非协作式监视手段，不仅价格便宜，而且无须在航空器上安装应答设备。因此，利用视频监视航空器活动引起民航界的广泛关注。INTERVUSE 项目采用摄像网络作为雷达设备的补充手段，对场面的航空器车辆监视跟踪。瑞典 SAAB 公司的远程塔台技术，利用视频为航班较少的机场提供管制服务。国内则利用图像技术对航空器翼尖进行跟踪，避免滑行中的刮蹭。

在上述应用及智能交通系统中，已经出现许多目标检测跟踪方法。这些方法在取得成功应用的同时对于着陆阶段航空器的检测也暴露出一些问题。基于 Haar 特征训练飞机分类器需要建立充分的样本，但机型多、运动姿态多变，往往易漏检。目标轮廓代替传统帧差法解决了目标分割后的异常变形，但轮廓信息的抗干扰能力差，室外场景下易产生噪声。固定阈值分割图像控制环境光照干扰，但在进近着陆阶段应用时，航空器需要经过天空、建筑物、机场跑道等差异较大的背景，该方法会造成运动区域不完整或者大量噪声。帧差和背景相结合修正的方案改进了以上两种方法的不足，但计算耗时较大，对像素多的图像实时性较差。在 HSV 空间中应用密码本模型快速有效分割行人，但对于目标小、运动速度快的航空器，背景建模计算耗时。

本节在借鉴现有研究成果的基础上，提出了一种新的图像分析方法，实现了对着陆阶段航空器航迹的实时检测。以该方法为核心，本节成功提取了小型通航航空器进近着陆航迹，并以此为基础成功实现了航空器落地时刻、危险行为的识别。

6.4.1 自适应阈值运动目标提取

6.4.1.1 运动目标提取

考虑到室外环境、光照变化较大，抗干扰强的自适应算法流程如下：

（1）重构背景 B_0。由于通航航空器尺寸小，图像背景遮挡少，本节采用帧差法对图像序列的前景和背景进行分割，将一系列分割出的背景像素取平均值。

（2）将当前帧与背景帧相减，求得差分图像 d。

$$d(i,j) = |f_t(i,j) - B_t(i,j)| \tag{6-36}$$

式中，$f_t(i,j)$ 为当前图像中像素的灰度值；$B_t(i,j)$ 为当前背景中像素的灰度值。

（3）背景更新。为了使背景能够适应环境和光照的变化，对背景点采用式（6-36）更新模型。

$$B_t(i,j) = \begin{cases} B_{t-1}(i,j) & d(i,j) > T \\ a \cdot B_{t-1}(i,j) + (1-a) \cdot f_t(i,j) & d(i,j) < T \end{cases} \tag{6-37}$$

式中，$a \in (0,1)$ 为更新率，调节 a 将影响背景更新的快慢，a 一般取 0.2；T 为固定阈值。

（4）运动跟踪。两帧之间，同一个目标位移变化较小、形状相似度很高，因此对每个运动目标图像块进行标号，提取图像块中心坐标、面积、外接矩形等参数构造特征向量。计算两帧特征向量的欧式距离 s；设阈值 t，当 $s<t$ 时，认为当前两个目标相互匹配。最后各帧的匹配关系确定目标运动轨迹。

6.4.1.2 改进的自适应阈值

差分图像 d 中的噪声服从高斯分布，根据概率论的"3σ 规则"，当 d 像素满足式（6-38）时，认为是运动区域。

$$d(i,j)-\mu>3\sigma \qquad (6\text{-}38)$$

式中，μ、σ 为差分图像 d 的均值和方差。

为了提高计算效率，增加抗干扰性。将差分图像 d 划分为 n 个大小为 M 的子块，当子块功率满足式（6-39），认为该子块是运动区域。

$$\frac{1}{M^2}\sum_{(i,j)\in s}\sum(d(i,j))^2+\mu^2-2\mu\frac{1}{M^2}\sum_{(i,j)\in s}\sum(i,j)>9\sigma^2 \quad (6\text{-}39)$$

这种方法对于运动目标大、数量多的场景，有很好的分割效果。而着陆阶段航空器视频中运动目标小，场景中包含大量为灰度值较低的背景像素，分割图像会产生较强的噪声；特别是场景中没有运动目标时，更会导致背景像素被误检测为运动目标。

由于差分图像 $d(i,j)$ 中背景像素灰度值较低，运动像素灰度值较高，因此可以利用这个差别将运动目标识别出来。定义 2 个阈值 th_1、th_2，灰度值小于 th_1 的像素为背景点，大于 th_2 的像素为运动目标，th_1、th_2 定义为

$$th_1=\alpha_1\cdot256$$
$$th_2=\alpha_2\cdot256 \qquad (6\text{-}40)$$

式中，α_1 和 α_2 为 2 个经验参数，且 $\alpha_1<\alpha_2\in(0,1)$。

改进分割的算法表示为

$$M(i,j)=\begin{cases}1 & \left(\dfrac{1}{M^2}\sum_{(i,j)\in s}\sum(d(i,j))^2+\mu^2-2\mu\dfrac{1}{M^2}\sum_{(i,j)\in s}\sum(i,j)>9\sigma^2\right)\text{and}(d(i,j)>\mu)\\ 0 & d(i,j)<\mu\\ 0 & \dfrac{1}{M^2}\sum_{(i,j)\in s}\sum(d(i,j))^2+\mu^2-2\mu\dfrac{1}{M^2}\sum_{(i,j)\in s}\sum(i,j)<9\sigma^2\\ 0 & \text{若}\mu\text{为空},d(i,j)<th_1\end{cases}$$

$$(6\text{-}41)$$

式中，μ、σ 为分布在 (th_1,th_2) 区间的期望、方差。

取 $\alpha_1 = 0.1$，$\alpha_2 = 0.3$，$M = 3$，滤除面积较小的噪声块，得到运动目标分割图像，如图 6-5 所示。

图 6-5　目标检测

从图 6-5 中可以看出，滑行中的航空器被成功提取。通过对一组连续视频的处理，航空器整条航迹都被识别出来，如图 6-6 所示。

图 6-6　航迹提取

航空器运动轨迹识别，是实现航空器着陆风险分析的第一步。在着落风险分析中，还需要提取机场跑道信息，通过与航迹信息几何关系的比对，定位风险。

6.4.2　基于 HSV 空间的跑道提取

Hough 变换是分析遥感图像的主要方法。由于摄像机安装位置、拍摄角度等原因，场景中的机场跑道很难完整提取。从另一方面看，机场跑道颜色单一、饱和度均匀、图像中占用面积大，其色彩与背景有很大区别，非常适合用色彩空间提取跑道。

与 RGB（Red、Green、Blue，红、绿、蓝）空间相比，HSV（Hue、Saturation、Value，色调、饱和度、亮度）空间更适用于分割彩色图像。机场跑道颜色 H、S、V 分量范围，见表6-9。

表6-9 H、S、V 范围

分量	蓝	黄	红	白	黑
H	[0.56,0.72]	[0.08,0.22]	[0.88,1]或[0,0.08]	—	—
S	—	[0.3,0.6]			
V	—	[0.7,1]	—	—	—

跑道提取步骤如下：

（1）将背景图由 RGB 空间转换为 HSV 空间。

（2）根据跑道的颜色特性，分别对 HSV 空间进行阈值分割：H 维 0.07~0.15、S 维小于 0.65、V 维大于 0.7 的像素置1，其余的像素置为 0。

（3）将分割后的 H、S、V 共 3 个维度的二值图像进行逻辑"与"运算，得到跑道二值图。检测二值图，滤除跑道区域内连通域面积小的噪声块。最后得出跑道索引矩阵 $index(i,j)$。对采集的视频进行处理，结果为 1088×1904 的 {0,1} 矩阵，其中白色像素为 1，黑色像素为 0，如图6-7 所示。

图6-7 跑道分割

6.4.3 航空器着陆航迹风险识别

6.4.3.1 落地判别

落地是落地航迹上的关键点。着陆中常见的着陆弹跳、接地过早、接地过晚等不安全事件都与落实点密切相关。因此，本节将首先研究落地判别问题。

按照民航空管中的惯例，通常将航空器机轮接触跑道定为航空器落地。在着陆航空器航迹跟踪的过程中，根据运动目标（航空器）外接矩形下边界位置坐标 (i, j)，提取跑道索引矩阵 $index(i, j)$ 中的像素值。

当航空器位于空中时，$\sum_{(i, j) \in L} index(i, j) = 0$，航空器进入跑道区域，$\sum_{(i, j) \in L} index(i, j)$ 逐渐变大，定义当 $\sum_{(i, j) \in L} index(i, j)$ 大于航空器外接矩形下边界长度的 $\alpha_3[\alpha_3 \in (1, 2)]$ 时，判断航空器落地。

落地判据算法表示为

$$
\begin{cases}
\text{着陆} & \sum_{(i, j) \in L} index(i, j) > l/\alpha_3 \\
\text{空中} & \sum_{(i, j) \in L} index(i, j) \leq l/\alpha_3
\end{cases}
\tag{6-42}
$$

式中，L 为目标外界矩形下边界元素集合，l 为下边界的元素个数，设 $\alpha_3 = 1.5$。

图 6-8 所示是完成落地判别的航迹点，其中 "∗" 表示目标在空中，"○" 表示目标落地。

6.4.3.2 着陆弹跳识别

着陆弹跳是指在着陆的过程中，由于航空器接地角度、接地速度控制不当，航空器落地再次弹向空中的不安全事件。本节采用卡尔曼滤波，将经过校正的正常航迹与观测航迹进行对比，进而识别出危险滑行航迹的方法识别着陆弹跳。算法流程如下：

（1）采集正常落地航迹，对卡尔曼滤波器的参数进行训练。

（2）将训练完成的卡尔曼滤波器对观测航迹进行跟踪，实

图 6-8 着陆航迹

时计算 y 方向上估计值 $\hat{y}_{k,k-1}$ 与观测航迹 $y_z(k)$ 的差值。为了保证 y 方向上估计值 $\hat{y}_{k,k-1}$ 为正常滑行航迹，定义阈值 T_1，当 $(\hat{y}_{k,k-1}-y_z(k))>T_1$ 时，下一帧估计值保持不变，$\hat{y}_{k+1,k}=y_z(k)$ 继续跟踪；当 $(\hat{y}_{k,k-1}-y_z(k))<T_1$ 时，更新表示为

$$\hat{y}_{k+1,k}=\begin{cases}y_z(k)+\alpha_4 \cdot v_y(k) & (\hat{y}_{k,k-1}-y_z(k))<T_1\\ y_z(k) & (\hat{y}_{k,k-1}-y_z(k))>T_1\end{cases} \quad (6-43)$$

式中，$\alpha_4 \in (0,1)$ 为更新率，调节 α_4 改变 y 方向变化的快慢。考虑到摄像机拍摄角度，设 $\alpha_4=0.2$ 作为调节。

（3）当高度差大于阈值 $T_2(T_2>T_1)$ 时，判断为危险轨迹，进行告警。

实际着陆航迹处理中，取当前帧目标外接矩形高的 $1/3$ 为 T_1，当前帧目标外接矩形高的 $3/4$ 为 T_2。着陆弹跳的识别效果如图 6-9 所示。

在图 6-9 中，"亮◇"表示实际航迹，"暗○"表示正常航迹，"亮○"表示发生着陆弹跳的航迹。

6.4.4 结果分析

本节提出的算法在辽宁朝阳机场进行了验证。朝阳机场平面布局及摄像机安装的位置如图 6-10 所示。视频拍摄于 2014 年 6 月 15 日，视频分辨率为 1088×1904，帧率 15 帧/s，受监视航空器机型为 DA-42 四座轻型飞机。全部算法用 MATLAB 编程实现。

图 6-9　危险轨迹提取

图 6-10　朝阳机场视频监视区

6.4.4.1　图像分割

1. 阈值选取方法

图 6-11 所示是本节改进的自适应阈值与原方法、固定阈值

的对比，固定阈值为 0.25×256。实验从航空器进入视野到滑行离开视野的视频中采集 154 帧图像，利用 3 种方法统计每一帧阈值，如图 6-11 所示。

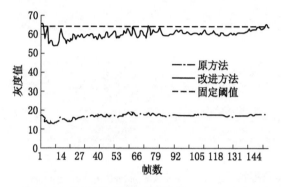

图 6-11 阈值比较

实验结果表明，原方法计算阈值过低，而改进的方法则较好的克服了原方法的不足。

2. 分割效果

分别采用本节提出的方法和固定阈值进行分割，统计分割后每帧图像连通域的数量，如图 6-12 所示。

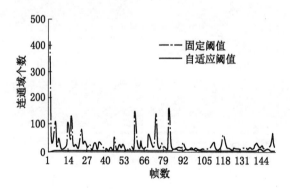

图 6-12 连通域对比

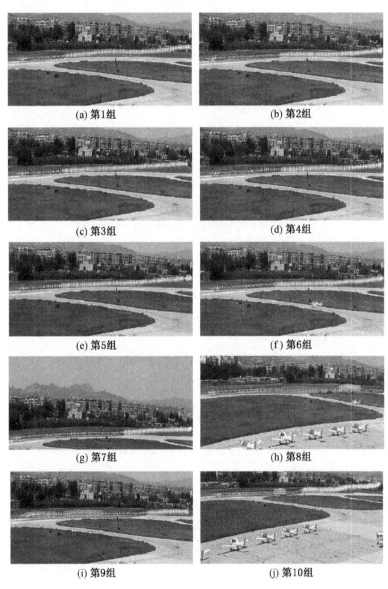

(a) 第1组

(b) 第2组

(c) 第3组

(d) 第4组

(e) 第5组

(f) 第6组

(g) 第7组

(h) 第8组

(i) 第9组

(j) 第10组

图6-13 本节算法生成多组视频航迹分析

实验结果表明,固定阈值在分割过程中产生大量连通域(最高达到 415 个),很大程度上影响计算效率。本节提出的方法将连通域的数量控制在 8 个以下,具有很好的抗干扰性。

6.4.4.2 着陆航迹分析

图 6-13 所示是 10 架航空器着陆航迹跟踪效果。"亮 ∗"表示空中位置,"亮 ◇"表示实际滑行位置,"暗 ○"表示正常滑行位置,"亮 ○"表示为滑行阶段不正常轨迹的位置。图 6-13 中 1~7 组着陆阶段航迹正常,8~10 组因飞行员操作不当,着陆后发生不同程度的弹跳。

多组实验表明,本方法识别航空器落地时刻误差基本在 1 s 以内,平均误差为 0.5 s;并能有效地检测出落地后存在的危险,危险航迹段漏检帧数在 5 帧以内,平均漏检率为 13.2%,见表 6-10 和表 6-11。基本满足飞行训练监视的要求。

表6-10 算法落地时刻误差

指标	1	2	3	4	5	6	7	8	9	10
实际落地帧	135	131	119	118	131	138	104	11	58	152
检测落地帧	129	120	115	101	127	118	95	11	48	145
误差时间/s	0.4	0.67	0.26	1.1	0.26	1.3	0.45	0	0.67	0.46

表6-11 算法危险航迹漏检率

指标	8	9	10
实际危险帧数	30	47	15
检测危险帧数	26	44	12
漏检率/%	13.3	6.3	20

6.4.4.3 危险航迹分析

图 6-14 所示是对第 7 组起跳阶段拟合的轨迹曲线。从图中可以确定航空器最大弹跳高度为 2 m。通过与相关飞行训练标准

的比对，可以确定此次弹跳属于正常范围内。

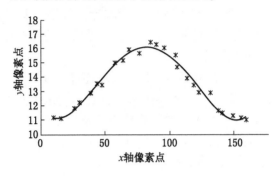

图 6-14　起跳航迹拟合曲线

利用视频监视的数据对航空器着陆航迹跟踪分析，具有自动化程度高、检测准确、稳定等优点，特别对于通航机场具有保障安全和降低监视成本的现实意义。借鉴现有研究成果的基础上，本节提出了一种运动目标分割方法克服了原方法计算阈值过低的不足，具有很好的抗干扰性，实现了复杂环境的小运动目标的鲁棒跟踪。在此基础上识别航空器降落过程中的运行风险，并采用辽宁朝阳机场多组监视视频验证。结果表明，本节提出的风险识别方法有效解决以下问题：

（1）提出的跑道索引矩阵判别方法能准确地识别航空器落地，平均误差为 0.5 s。

（2）采用卡尔曼滤波校正的正常航迹与观测航迹对比，有效地检测出不正常滑行航迹，危险航迹段平均识别率为 86.8%。将本节提出的方法与图像拼接技术结合，可以实现对于着陆滑行阶段的全部航迹的跟踪和识别，后续将对此展开研究。

7 民航空管亚健康态仿真干预

7.1 空管系统运行亚健康状态的系统动力学仿真

当空管系统运行处于亚健康状态，它的抗干扰能力以及处理突发情况的能力下降，风险源不完全受控，同时难以承受更大的交通流量，发生各种事故的风险大大增加。目前国内外对空管安全风险预警的研究已经取得一定成果，主要是将预警原理及技术应用到制定管理标准规范和系统早期监测上。国外学者在航空领域安全风险管理中建立了一些较为成熟的相关模型和体系。国内学者在评估体系的基础上建立了更加适用于中国空管运行的预警模型。总体来说，国内外在空管安全风险管理方面进行了尝试并取得了阶段性的成功，但对空管系统运行亚健康预警的研究较为少见。原因在于空管系统运行亚健康状态不稳定，难以运用常规的预测方法对致因因素之间的关系进行定量分析，而系统动力学能够有效解决时变及非线性的复杂系统问题，可定量研究复杂系统中各相关因素的变化规律。

系统动力学（System Dynamic，SD）作为一门研究信息反馈的方法，可以提供仿真模拟功能，不仅有利于人们较好地把握复杂系统中各个元素的变化规律以及元素之间的联系，而且可以针对空管系统安全的非线性、开放性、动态性等复杂问题提供很好的解决方法，能够在空管系统安全数据库不很完善的前提下进行正常研究。因此，利用系统动力学软件 Vensim，根据空管系统运行亚健康致因变量的相互关系，通过设置参数和函数关系，构建因果关系图和系统流图，对空管系统运行状态进行定量预测，模拟结果直观显示各变量对空管系统运行状态的影响。

7.1.1 流程建构与边界条件确定

7.1.1.1 模型流程建构

运用系统动力学对空管系统运行亚健康的预警模型构建步骤如下：

（1）确定空管系统运行亚健康状态预警的建模目的，进行访谈调研，搜集必要的数据信息。

（2）在对空管系统运行亚健康致因因素分析的基础上聚焦于系统的内部，提出由系统内部的反馈结构导致动态变化的建模假设，划分模型边界并确定系统中的变量。

（3）分析系统总体与局部、部分与部分之间的反馈机制，确定变量的种类及回路中的反馈关系，根据初始假设、关键变量和可用的数据等构建空管系统运行亚健康因果关系图。

（4）明确系统所研究的水平变量，以水平变量为中心，依据因果关系图中各回路的关系绘制空管系统运行亚健康系统流图，确定流图中各变量之间的函数关系，并科学处理模型中的参数，建立空管系统运行亚健康预警模型。

（5）依托实际数据，对模型进行有效性检验，如果模型的有效性不达标，需要找出出错的地方进行修改，直至模型的有效性通过检验为止。

（6）对建立的有效模型进行模拟仿真，并对各相关变量在系统中的运行状态以及对系统的影响进行分析，探究各因素与系统整体之间相关关系的变化情况。

（7）对分析结果针对性地提出实施策略或解决方案，据此对系统进行改进。

7.1.1.2 模型边界条件确定

在进行系统动力学模型仿真时，由于关键影响要素不同导致系统的内在结构也有所区别，因此首先需要确定模型边界。空管系统运行状态的变化受人员因素、设备因素、环境因素、管理因素、运行因素的影响，因为本节研究的主体是与管制员工作负荷紧密联系的扇区空管系统亚健康状态，所以研究的边界只涉及与管制员工作相关的影响因素，具体包括人员子系统、设备子系统、运行子系统与管理子系统。本节将研究以上子系统间由于相互关系而构成的系统，其关系如图7-1所示。

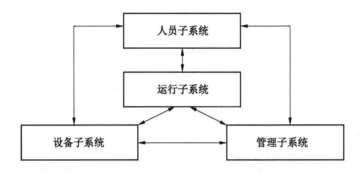

图7-1 空管系统运行亚健康状态研究边界的确定

在咨询民航安全专家及资深管制员意见、进行大量研讨的基础上，选取了扇区空管系统运行亚健康状态的关键致因因素，确定了系统的整体结构，基于普适性原则，对扇区空管系统运行亚健康状态模型构建做以下假设：

假设1：仿真以系统的初始状态为基础，模拟时段内指标间的相互关系只考虑模型边界内的变量，不考虑突发情况等不可控因素。

假设2：以运行子系统中的管制员工作量为分析起点，综合分析人员子系统、设备子系统及管理子系统与这一要素之间的系统结构，其他环境因素仅作为外生变量和非模型变量。

假设3：管理子系统的相关变量作为辅助变量计量。

根据以上假设，通过相关变量界定扇区空管系统运行亚健康的系统动力学模型边界，分为内生变量、外生变量、非模型变量。其中，内生变量是从系统内部产生，对内部运行产生影响的变量；外生变量是制约着内生变量但又不受其制约的变量；非模型变量是不进入分析模型的变量。模型边界的划分见表 7-1。

表 7-1　扇区空管系统运行亚健康状态模型边界划分

内　生　变　量		外生变量	非模型变量
管制员工作量	培训投入	扇区容量	天气因素
管制员工作负荷	设备故障	空域因素	军航影响
工作状态	超容比	运行规范	突发情况
工作效率	溢出因子	管理制度	社会环境
工作满意度	交通流空间分布不均衡度	预算约束	
指挥失误	高峰时段交通流密度	航路、航线结构	

7.1.1.3　亚健康致因因素因果关系分析

　　通过对空管系统运行亚健康致因因素之间相互影响和协同作用关系进行分析，根据系统动力学因果关系的反馈结构反映系统运行的复杂特征，运用系统动力学仿真软件 Vensim，可做出空管系统运行亚健康因果关系图，如图 7-2 所示。图中因果链的极性表示箭尾端变量与箭头端变量的相关性："+"表示两变量变化趋势相同，"-"表示两变量变化趋势相反。因果链两端的变量反映了彼此间最表层的直接作用关系，但是在空管系统运行的大环境下它们还与其他系统要素保持着更为复杂的非线性关系，这种深层作用通过反馈回路得以体现。由于图中各变量之间的关系较为直观，仅以其中一条关键反馈回路为例进行分析：管制员工作量→+管制员培训投入→+管制员工作能力→+工作效率→-指挥失误→+管制员工作量。其中管制员培训投入主要包括对新增管制员的培训以及对原有管制员的培训，因此由上述反馈回路可以得到以下信息：在管制员工作量增加的情况下，新增管制员增多，相应培训投入加大，与此同时原管制员的培训投入也加大，使得管制员工作能力提高，工作效率也随之提高，减少指挥失误的出现次数，为负反馈回路。

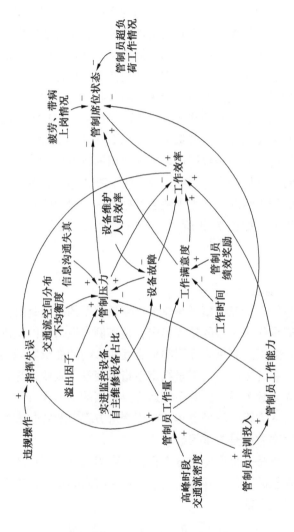

图 7-2 扇区空管系统运行亚健康因果关系图

7.1.2 流图及变量函数关系确定

7.1.2.1 系统动力学流图构建

因果关系图表现了系统要素之间的反馈结构，展示了系统内部变量之间的因果关系，但它仅定性描述空管系统运行时亚健康致因因素间变化的复杂原因，却未能表达空管系统中变量的性质以及使变量发生变化的内在机理，从而便不能描述空管系统运行时的控制过程。系统流图在因果关系图基础上进一步区分变量的性质，用更加直观的符号表示反馈回路中各水平变量（也称状态变量）和各速率变量相互联系的形式以及各回路之间的关系。从空管系统运行亚健康致因因素相互作用的特点出发，考虑空管系统运行时安全风险流运动的规律，为清晰描述空管系统运行中动态变量的积累情况，在因果关系基础上，构建空管系统运行亚健康系统流图，如图7-3所示。图中包含水平变量、速率变量以及辅助变量，其中水平变量用矩形表示，速率变量用阀门符号表示。

7.1.2.2 变量函数关系确定

空管系统运行亚健康系统流图中变量关系的确定是对预警模型各相关变量作用关系的精确界定，是实例模拟仿真的基础。根据历年统计数据，利用多元回归拟合互相影响的变量之间的线性关系，对于系统流图中的无量纲定性指标变量，则依据综合赋权的方法建立函数关系。空管系统运行亚健康的动力学方程包含水平方程、速率方程、辅助方程、初值变量方程以及常数方程，水平方程和速率方程是基本函数形式。

水平方程是一个一阶差分方程，具有固定的表现形式，用来描述模型存量的变化。存量是流量变化对时间的积累，能以差分方程的形式进行描述：

$$L_K = L_J + \left(\sum R_{in,JK} - \sum R_{out,JK} \right) \cdot DT \qquad (7-1)$$

式中，L_K 为水平变量 L 在 K 时刻的取值；L_J 为水平变量 L

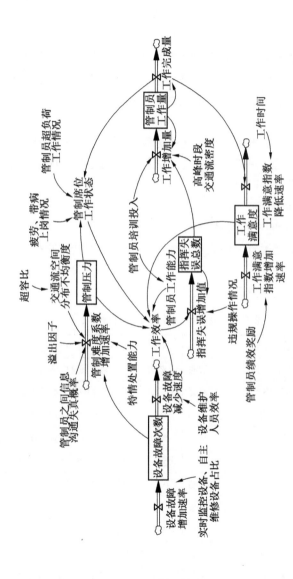

图 7-3 扇区空管系统运行亚健康系统流图

在 J 时刻的取值；$R_{in,JK}$ 为流入速率变量 R_{in} 在 JK 区间内的取值；$R_{out,JK}$ 为流出速率变量 R_{out} 在 JK 区间内的取值；DT 为仿真时间步长变量，即 J、K 时刻间求解时间间隔的长度。

空管系统运行亚健康的动力学速率方程描述的是调节存量的主观愿望，可以通过确定观测状态与目标状态之间的偏差进行建立，则速率方程表示为水平变量与常量的函数，即

$$R = f(L, \text{Constant}) \tag{7-2}$$

此外，辅助方程是计算速率方程的子方程，用于计算辅助变量的取值，描述决策过程，变量之间的运算规则，根据空管系统运行的实际意义确定。

7.1.3 系统动力学仿真

7.1.3.1 关键参数确定

空管系统运行亚健康系统流图中的各类型变量众多，分别从水平变量（存量）、速率变量（流量）和辅助变量中选取 10 个关键指标，其参数定义见表 7-2。

表 7-2 亚健康预警关键监测指标参数

序号	变量名称	性质	单位	指 标 说 明
1	工作满意度	存量	无量纲	以问卷调查中的结果为对象
2	管制压力	存量	无量纲	以访谈中的压力测试为基数计量
3	设备故障增加速率	流量	次/月	以时段内平均故障增加次数为对象
4	工作效率	辅助	%	以绩效分值计量，具有延迟
5	交通流空间分布不均衡度	辅助	无量纲	以基尼系数几何算法计算得到
6	工作增加量	流量	架次/月	以管制员飞行器管制增加为计数对象
7	管制员超负荷工作情况	辅助	次	管制负荷百分比大于80%时的次数
8	管制席位状态	辅助	无量纲	以波动状态为监控特征，具有延迟
9	指挥失误总数	存量	次	管制席位一旁的观察员进行次数统计
10	管制难度增加系数	流量	无量纲	仅说明难度变化趋势

7.1.3.2 实例仿真及预警决策方案分析

以扇区空管系统为研究对象，通过数据调研，将得到的模型仿真所需全部数据进行整合，对于部分无法准确获得的数据（如管制难度增加系数等），在结合专家经验的基础上赋予较为贴切并具有说服力的数值，以此设置模型参数。模型初始参数设置为 FINAL TIME：24，TIME STEP：1，UNITS FOR TIME：MONTH，即模型预测未来 24 个月之内相关变量在系统中的运行状态，部分仿真预测结果如下：

（1）管制员工作量与管制员在工作环境中感知的压力值变化情况分别如图 7-4、图 7-5 所示。由调查发现，该管制单位在短时期内原有管制员离岗或转岗情况少，新增管制员增多。根据这一实际情况，由图 7-4 可知，管制员的工作量出现明显的增加，其中在未来 4 个月内增幅最快，随后趋于平稳。随着工作量的增加，由图 7-5 可知，管制员的工作压力呈倍数上升。在此趋势下，管制难度系数将有显著提高，从而导致管制工作效率明显降低，最终增加管制风险程度，空管系统运行亚健康症状将越来越明显，未来有较大概率出现风险事件。为切实落实空管系统健康运行，需要做出以下措施：第一，加强班组资源管理：科学搭配班组资源，年龄互补、性格互补、性别及经验互补，确保整个工作团队优势互补。保证部门与部门之间、施班组人员之间的配合和沟通，提高团队合作效率，营造良好氛围，避免由于压力过大而造成工作失误。第二，完善制度，加强执行力度：优化轮班制度，保证合理的休息间隔。第三，改善管制工作环境：确保管制工作的屏幕造型、座椅高度、光的强度、温度湿度等均符合人机关系，给管制员创造良好的工作环境，使其放松心情，提高空管运行效率。另一方面，关心管制员的家庭与日常生活，是否家庭和谐，是否心情愉悦，是否有心理负担等，从而降低管制员由于环境原因而造成的失误。

（2）空管系统设备故障次数变化情况如图 7-6 所示。随着

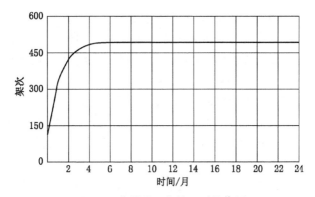

图 7-4　管制员工作量预测趋势图

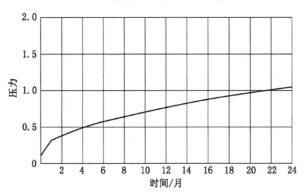

图 7-5　管制员感知的压力值预测趋势图

平均管制飞行器流量的逐渐加大，空管系统设备在未来 2 个月之内出现故障情况呈倍数增长，最终稳定在 18 次。说明在现有的设备投入情况以及设备维护人员现有工作效率下，此后每月将会有 18 次左右的设备故障出现，设备故障次数以存量形式积累空管设备系统的安全风险隐患，从而导致整个空管系统的亚健康。为避免今后空管系统运行亚健康的症状越发明显，应及时加大对空管系统设备进行更新换代的投入、采取奖励和培训等措施进一步提高维修人员的工作效率、适当减小设备容量饱和度、增加实时监控设备以及自主维修设备占比（即增添新设备）。

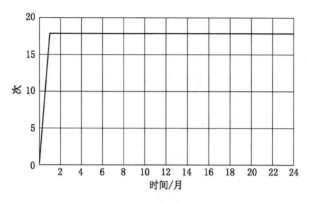

图 7-6 设备故障次数预测趋势图

（3）管制员指挥失误风险情况如图 7-7 所示。该管制单位出现的指挥失误风险事件次数快速增多，在两年内接近 60 次。说明该单位空管系统中管制一环已经存在隐患，这些隐患会引发事故征候，长此以往很可能会在某个时间导致事故发生。因此应增强对管制员的培训，提高他们的专业知识和工作技能，促使管制员养成良好的陆空通话习惯，按照要求进行听、说、复诵、判断和更正。

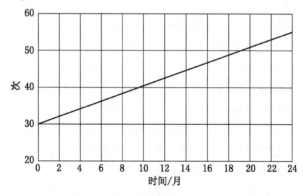

图 7-7 指挥失误风险事件预测趋势图

本节运用系统动力学的基本原理和方法，绘制了因果关系图和系统流图，构建了基于系统动力学的空管系统运行亚健康预警模型，使用 Vensim 软件对预警模型进行模拟仿真，实例仿真直观显示了管制压力、设备故障、指挥失误在系统中不同时间节点的变化情况，这三个关键因素随着时间推移均呈现出上升趋势，说明该系统正处于亚健康状态，需要决策者必须依此采取必要的预控策略。说明了基于系统动力学的空管系统运行亚健康状态预警模型的实用性，该模型可以对系统运行的状态值进行有效监测，及时找出隐患并加以干预调理，利于将安全防控的关口前移，避免空管系统运行由亚健康状态向故障态转变。

7.2 基于 BP 神经网络的扇区空管运行亚健康关联因子预测

由于空管系统是一个开放、动态、多维度的系统，所以对空管系统运行状态的评估和预测需要从其影响因素的角度入手。在空中交通管制业务中，实施业务的最小单位是扇区，而管制员工作负荷是影响扇区空管系统运行状态的重要指标，通过对管制员工作负荷进行预测，对预测结果进行分析，可以判定扇区空管系统运行的状态。

7.2.1 关联因子和指标设计

短期内，空中交通流在各航路段分布的模式是保持不变的，其空间分布会直接影响到扇区空管系统运行的状态，那么可以从空中交通流的空间分布方面提取合适的指标，来进行扇区空管系统运行亚健康关联因子的计算。管制员工作负荷是扇区空管系统运行状态人为影响因素中的关键组成部分，可以作为反映扇区空管系统运行状态的指标，而扇区内管制员的工作受交通量空间时间分布的直接影响，亚健康关联因子中衡量交通量空间时间分布且具有内在关联性的主要指标有航空器平均飞行时间、超容比、交通流空间分布不均衡度、交通流瞬时超容率，它们在研究时段内变化大、易于统计和计算，因此可以选择它们对管制员工作负荷进行预测。

7.2.1.1 超容比

空中交通流在扇区内的繁忙情况可以通过计算超容比来定义。超容比能够反映交通流在时间段内的变化，它是指扇区内超过其运行容量的航班服务架次占运行容量的百分比：

$$R = \frac{Q-P}{P} \times 100\% \tag{7-3}$$

式中，R 为超容比；Q 为扇区的航班服务架次；P 为扇区运行容量。

7.2.1.2 交通流空间分布不均衡度

扇区空中交通流的空间分布均匀程度直接影响空管系统运行的品质，因此交通流空间分布不均衡度能够作为扇区管制员工作负荷预测研究的重要指标，它是指单位时间内不同航段个体之间所服务航班架次的差异，可以利用基尼系数进行定量表示。基尼系数是判断分配平等程度的指标，由洛伦茨曲线可以推导得到，其运算方法见式（7-4）及图 7-8。

$$G = \frac{A}{A+B} \tag{7-4}$$

式中，G 为基尼系数；A 为洛伦茨曲线和绝对平均线（45°线）之间区域面积；B 为洛伦茨曲线以下区域面积。

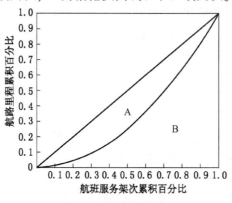

图 7-8 洛伦茨曲线

图 7-8 中，若 A 为 0，则基尼系数为 0，表示交通流空间分布完全均衡；若 B 为 0，则基尼系数为 1，表示交通流空间分布绝对不均衡，即完全失调。交通流空间分布越是趋向均衡，洛伦茨曲线的弧度越小，基尼系数也越小，反之，交通流空间分布越是趋向失调，洛伦茨曲线的弧度越大，基尼系数也越大。以扇区内航班服务架次累积百分比作为横坐标，以航路里程累积百分比作为纵坐标，运用 MATLAB 软件计算各时间段内的基尼系数。

7.2.1.3　交通流瞬时超容率

扇区空中交通流的微观特性可以通过计算其瞬时超容比来进行定量分析，它能够实时反映单位时间内扇区空管系统运行的状态：若交通流瞬时超容比的值大于 0，则单位时间内的扇区流量超容。以 15 min 作为一个时间段进行研究，交通流瞬时超容比大于 0 的分钟数占研究区间的百分比越大，即瞬时超容率越大，说明扇区空管系统运行状态越差。交通流瞬时超容率的计算：

$$S_i = \frac{Q_i - Q_{MAP}}{Q_{MAP}} \qquad (7-5)$$

$$l = \frac{j}{15} \times 100\% \qquad (7-6)$$

式中，S_i 为第 i 分钟的瞬时超容比，$i = 1, 2, \cdots, 15$；Q_i 为第 i 分钟服务航班架次，$i = 1, 2, \cdots, 15$；Q_{MAP} 为与监控警告参数 MAP 数值相等的扇区瞬时容量；l 为瞬时超容率；j 为瞬时超容比大于 0 的分钟数。

其中，监控警告参数（MAP）的计算式：

$$MAP = \frac{T}{\tau} \qquad (7-7)$$

式中，T 为航空器扇区平均飞行时间；τ 为单位负荷时间；暂取人为因素专家制定的数值 36 s。

7.2.1.4　管制员工作负荷

管制员工作负荷是扇区空管系统运行呈亚健康状态的主要致

因成分，因此可以作为预测的指标。管制员工作负荷分为看得见的负荷和看不见的负荷，在此主要研究看得见的负荷，将管制员工作负荷定义为管制通话时间和设备操作时间的总和。此外，选取相关研究建立完成的某扇区的管制员工作负荷模型进行指标运算，计算式如下：

$$W = 0.057Q^3 - 2.604Q^2 + 53.73Q - 52.76 \qquad (7-8)$$

式中，W 为管制员工作负荷。

时间段内每架航空器平均管制工作负荷计算：

$$\overline{W} = \frac{W}{Q} \qquad (7-9)$$

式中，$\overline{W}$ 为每架航空器平均管制工作负荷。

7.2.2 工作负荷预测模型构建

7.2.2.1 常见预测方法

目前对空管安全风险的预测研究多采用时间序列预测法、马尔科夫预测法、灰色预测模型、遗传算法、Petri 网等，表 7-3 对这几种方法进行了分析对比。

表7-3 常见预测方法

预测方法	原理	适用范围	优点	缺点
时间序列	将预测对象按照时间顺序排列起来，构成一个所谓的时间序列，从所构成的这一组时间序列过去的变化规律，推断今后变化的可能性及变化趋势、变化规律	适用于非固定数据，如经济、天气、股票价格和零售销售等	简单易行，便于掌握，能够充分运用原时间序列的各项数据，计算速度快，对模型参数有动态确定的能力，精度较好，采用组合的时间序列或者把时间序列和其他模型组合效果更好	不能反映事物的内在联系，不能分析两个因素的相关关系，常数的选择对数据均匀程度影响较大，不宜取的太小，只适用于短期预测

表7-3（续）

预测方法	原理	适用范围	优点	缺点
马尔科夫	通过对不同状态的初始概率以及状态之间的转移概率的研究，来确定状态的变化趋势，从而达到对未来进行预测的目的	适用于对复杂系统中不确定事件及其状态改变的定量分析	能够计算出具有维修能力和多重降级状态的系统的概率	假设状态变化的概率是固定的；所有事项在统计上具有独立性，因此未来的状态独立于一切过去的状态，除非两个状态紧密相接；需要了解状态变化的各种概率；有关矩阵运算的知识比较复杂
灰色预测模型	将已知数据序列按某种规则构成动态或非动态的白色模块，再按某种变化、解法来求解未来	适用于有较强指数规律的序列	不需数据的样本空间足够大；样本不需有规律分布；运算简便，易于检验；精度高	只适于中长期以及近似于指数增长的预测，对波动性不好的时间序列预测结果较差
遗传算法	利用生物启发算子，如变异、交叉和选择来生成高质量的优化和搜索问题的解决方案	适用于处理传统方法难以解决的复杂的和非线性的问题	能够求出优化问题的全局最优解；优化结果与初始条件无关；算法独立于求解域；具有较强的鲁棒性；适合于求解复杂的优化问题；应用较为广泛	收敛速度慢；局部搜索能力差；控制变量较多；无确定的终止准则

表 7-3（续）

预测方法	原理	适用范围	优点	缺点
Petri 网	一个经典的 Petri 网由四元组（库所，变迁，输入函数，输出函数）组成。可以将任何图映射到这样一个四元组上，反之亦然	适用于描述和分析以有规则行为为特征的系统，主要描述异步和并发关系	既有严格的数学表述方式，也有直观的图形表达方式，既有丰富的系统描述手段和系统行为分析技术，又为计算机科学提供坚实的概念基础	模型容易变得很庞大；模型不能反映时间方面的内容；不支持构造大规模模型

通过对比分析，可以看出各种预测方法均在一定程度上存在适用范围限制，考虑到要建立具有非线性特征的管制员工作负荷与空管系统运行状态之间的关系，需要权衡各方法的优缺点及适用性，对于影响因素较多时的多重共线问题，可以选用自身具有非线性特征的 BP 神经网络，进而构建管制员工作负荷的精确预测模型。

7.2.2.2 BP 神经网络原理

BP 神经网络是一种由误差反向传播和信息正向传播的学习过程，由输入层、隐含层、输出层组成，其结构如图 7-9 所示。输入层各神经元接收外界的信息后将其传递给隐含层神经元，隐含层将信息变换后传递给输出层神经元，输出层各神经元的信息经过进一步的处理完成一次学习的正向传播过程，由输出层向外界输出信息处理结果。当实际输出与期望输出不符，误差通过输入层沿梯度下降的方式修正各层权值，经隐含层向输入层逐层反传，完成误差的反向传播过程。经过反复的学习训练，确定与最小误差对应的权值和阈值，训练即告停止。此时经过训练的神经网络即能自行处理类似样本的输入信息，输出误差最小的经过非线性转换的信息。

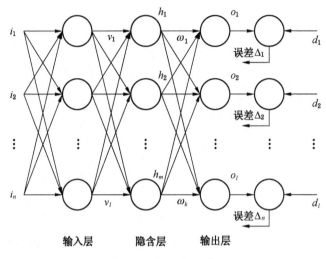

图 7-9 BP 神经网络结构图

神经网络结构中的变量如下：

输入层输入向量 $\boldsymbol{I} = (i_1, i_2, \cdots, i_k, \cdots, i_n)^{\mathrm{T}}$，隐含层输出向量 $\boldsymbol{H} = (h_1, h_2, \cdots, h_i, \cdots, h_m)^{\mathrm{T}}$，输出层输出向量 $\boldsymbol{O} = (o_1, o_2, \cdots, o_j, \cdots, o_l)^{\mathrm{T}}$，期望输出向量 $\boldsymbol{D} = (d_1, d_2, \cdots, d_j, \cdots, d_l)^{\mathrm{T}}$。输入层到隐含层的权值矩阵用 $\boldsymbol{V} = (v_1, v_2, \cdots, v_j, \cdots, v_l)^{\mathrm{T}}$ 表示，其中列向量 v_i 为隐含层第 i 个神经元对应的权向量，隐含层到输出层的权值矩阵用 $\boldsymbol{\Omega} = (\omega_1, \omega_2, \cdots, \omega_j, \cdots, \omega_k)$ 表示，其中列向量 ω_j 为输出层第 j 个神经元对应的权向量。

BP 神经网络的主要计算过程如下：

（1）信息正向传播过程。

对于输入层，有：

$$\mathrm{net}_k = \sum_{j=0}^{l} i_{jk} v_j \quad k = 1, 2, \cdots, n \qquad (7\text{-}10)$$

对于隐含层，有：

$$h_i = f(\mathrm{net}_i) = f\left(\sum_{k=0}^{n} v_{ki} i_k\right) \quad i = 1, 2, \cdots, m \qquad (7\text{-}11)$$

对于输出层，有：

$$o_j = f(\text{net}_j) = f\left(\sum_{i=0}^{m} \omega_{ij} h_i\right) \quad j = 1, 2, \cdots, l \qquad (7\text{-}12)$$

式中的传递函数 $f(\text{net})$ 一般使用 Sigmoid 函数或线性函数作为传递函数，Sigmoid 函数根据输出值的取值范围分为对数 S 型函数（Log-sigmoid）和双曲正切 S 型函数（Tan-sigmoid），它们分别可由式（7-13）和式（7-14）确定：

$$f(x) = \frac{1}{1+e^{-x}} \quad 0 < f(x) < 1 \qquad (7\text{-}13)$$

$$f(x) = \frac{2}{1+e^{-2x}} \quad -1 < f(x) < 1 \qquad (7\text{-}14)$$

（2）误差的反向传播过程。

当网络输出与期望输出不相等时，存在输出误差 E，定义为

$$E = \frac{1}{2}(D-O)^2 = \frac{1}{2}\sum_{j=1}^{k}(d_j - o_j)^2 \qquad (7\text{-}15)$$

将输出误差展开至隐含层，得到：

$$E = \frac{1}{2}\sum_{j=1}^{l}\left[d_j - f\left(\sum_{i=0}^{m}\omega_{ij}h_i\right)\right]^2 \qquad (7\text{-}16)$$

将误差进一步展开至输入层，得到：

$$E = \frac{1}{2}\sum_{j=1}^{l}\left\{d_j - f\left[\sum_{i=0}^{m}\omega_{ij}f\left(\sum_{k=0}^{n}v_{ki}h_k\right)\right]\right\}^2 \qquad (7\text{-}17)$$

由上式可以看出，网络误差是各层权值 v_{ki}、ω_{ij} 的函数，因此调整权值可改变误差 E，当权值的调整量与误差的梯度下降成正比时，误差将会不断减小，即

$$\Delta v_{ki} = -\eta \frac{\partial E}{\partial v_{ki}} \quad k = 0, 1, 2, \cdots, n; i = 1, 2, \cdots, m \qquad (7\text{-}18)$$

$$\Delta \omega_{ij} = -\eta \frac{\partial E}{\partial \omega_{ij}} \quad i = 0, 1, 2, \cdots, m; j = 1, 2, \cdots, l \qquad (7\text{-}19)$$

式中的负号表示梯度下降，常数 $\eta \in (0,1)$ 表示比例系数，

在训练中反映了学习速率。

7.2.2.3 BP 神经网络预测的基本步骤

管制员工作负荷的 BP 神经网络预测模型构建包括以下 8 个步骤：

（1）样本数据归一化。扇区空管系统运行亚健康关联因子各指标具有不同的量纲和量纲单位，会导致神经网络收敛速度慢，延长训练时间，影响数据分析结果。为了解决数据指标之间的可比性，需要对所有样本数据进行标准化处理。通常采用最大-最小标准化算法将数据进行归一化，把原始值映射到特定区间内，计算式如下：

$$z_i' = \frac{z_i - z_{min}}{z_{max} - z_{min}} \qquad (7-20)$$

式中，z_i 为原始数据；z_i' 为归一化后的无量纲指标；z_{min} 为原始数据中的最大值；z_{max} 为原始数据中的最小值。

（2）网络初始化。选取指标作为网络结构的输入与输出，若有 n 个输入指标，m 个输出指标，则输入层神经元节点数为 n，输出层节点数为 m。输入层神经元节点数可由扇区空管系统运行亚健康关联因子的指标数确定，输入层神经元节点数由所需预测的对象——管制员工作负荷确定，而隐含层最佳节点数的确定常用的一个方法为试凑法。常用的确定隐含层节点数的经验公式如下：

$$p = \sqrt{n+m} + a \qquad (7-21)$$

式中，n 为输入单元数；m 为输出单元数；p 为隐含单元数；a 为 $[1, 10]$ 之间的常数。

（3）确定隐含层数量。在设计 BP 网络结构时先考虑设计一个隐含层，若隐含层的神经元节点数足够多却不能改善网络的性能，则考虑增加隐含层的数量。深度神经网络的研究表明多隐含层的神经网络有优异的学习能力，因此可以适当增加隐含层数量来深度刻画样本数据。

（4）传递函数的选择。本节研究了 Sigmoid 函数和线性函数的搭配组合，测试了不同组合对网络性能的影响，测试结果表明当输入层和隐含层为双曲正切 S 型函数（Tan-sigmoid）、输出层为线性函数时，效果最好。

（5）训练函数的选择。训练函数中的 traingdm（动量梯度下降反向传播算法）在对权重和阈值更新时考虑了当前的以及前一时刻的梯度方向，降低了网络性能对参数调整的敏感性，有效抑制了局部极小，但收敛速度较慢；trainlm（Levenberg-Marquardt 优化方法）能够根据网络训练误差变化情况自动调节网络训练参数，使网络实时采取适宜的训练方法；traingdx（自适应学习速率动量梯度下降反向传播训练函数），对于梯度下降法，学习率的选取很大程度上影响了训练成功与否，而自适应学习算法能够自适应调节学习率来增加稳定性，提高训练的速度和精度；trainbfg（BFGS 拟牛顿回退法）收敛速度快，但是需要更多内存，适合规模较小的网络。通过对以上训练方式的对比分析，最终确定训练函数为 trainlm，该方式收敛速度快，拟合精度高。

（6）设定训练参数。为了提高神经网络预测精度，需要设置合适的训练参数，常用的训练参数有最大迭代次数、学习速率、训练要求精度、动量系数、动态参数等。

（7）训练网络。对归一化后的输入样本矢量集、目标样本矢量集进行网络训练。网络训练流程如图 7-10 所示。

（8）网络仿真。将需要预测的目标数据放入到训练成功的神经网络中，输出预测结果。

7.2.2.4 BP 神经网络在预测中的优势

BP 神经网络可以学习和储存大量输入输出模式映射关系，且不需要事前揭示描述这种映射关系的数学方程，因此根据扇区特点及空管系统运行情况，在分析扇区空管系统运行亚健康关联因子之间关系的基础上，建立完整的 BP 神经网络，可以进行较

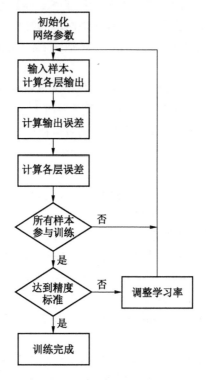

图 7-10 BP 神经网络训练流程

高精度的预测研究。运用 BP 神经网络对管制员工作负荷预测有以下优势：

（1）网络由多层构成，层与层之间全连接，能够从输入中挖掘更多的信息，完成更复杂的任务。

（2）数据在网络中从输出层经隐含层向后传播，训练网络权值时从输出层沿着减少误差的方向向前修正连接权值。因此，误差随着网络不断学习会越来越小。

（3）具有高度学习和自适应能力的 BP 神经网络能够自动对输入数据进行合理规划，使得预测过程更加灵活。

（4）BP 神经网络在局部神经元受损后不会阻碍系统的正常工作，也就是说训练过程中的个别偏差数据不会对最终的输出造成太大影响，它的容错能力保证了多次试验结果的稳定。

（5）BP 神经网络的传递函数必须可微，因此其能以任意精度逼近任何非线性连续函数，擅长处理潜在规律隐含在多维数据空间中的映射逼近问题。BP 神经网络有较强非线性映射能力，这使其特别适合求解扇区空管系统运行亚健康关联因子间关系的问题。

可以对不同地方的不同扇区构建符合实际情况的预测网络结构。使用构建完成的 BP 网络对样本数据进行训练，最终获得能够反映本扇区空管运行状态的管制员工作负荷预测结果。

7.2.3 相关指标计算

7.2.3.1 数据来源

为直观展现扇区管制员工作负荷的预测过程，使用某扇区 2013 年 10 月 1 日 8：00—13：00 时段的实际运行雷达数据进行相关运算，已知该扇区公布的运行容量为 11 架次/15 min，同时为了精确统计航班服务架次及航空器飞行时间，所以将 15 min 作为一个时间段进行研究，在 11：15—11：30 时间片内，航班流量为 6 架/15 min，未达到运行容量，为保证计算精度，剔除这一时段数据，对剩余 19 个时间片进行研究，部分统计数据见表7-4。

表7-4 某扇区部分统计数据

序号	15 min 时间段	扇区航班服务架次/架	航空器扇区平均飞行时间/min
1	8：00—8：15	11	4
2	8：15—8：30	16	7
3	8：30—8：45	16	6
4	8：45—9：00	15	6

表7-4（续）

序号	15 min 时间段	扇区航班服务架次/架	航空器扇区平均飞行时间/min
5	9:00—9:15	17	6
6	9:15—9:30	24	4
⋮	⋮	⋮	⋮

7.2.3.2　亚健康相关指标计算

利用表7-4中某扇区的数据，根据式（7-3）至式（7-9）计算各时间段内的亚健康相关指标的数值，即超容比、交通流空间分布不均衡度、交通流瞬时超容率、每架航空器平均管制工作负荷，其运算结果见表7-5。

表7-5　某扇区指标运算结果

序号	15 min 时间段	超容比	交通流空间分布不均衡度	交通流瞬时超容率	每架航空器平均管制工作负荷/s
1	8:00—8:15	0.00	0.74	0.00	27.19
2	8:15—8:30	0.45	0.61	0.00	23.36
3	8:30—8:45	0.45	0.57	0.00	23.36
4	8:45—9:00	0.36	0.53	0.00	23.98
5	9:00—9:15	0.55	0.59	0.00	22.83
6	9:15—9:30	1.18	0.53	1.00	21.87
⋮	⋮	⋮	⋮	⋮	⋮

7.2.3.3　管制工作负荷预测

1. 数据归一化处理

将表7-5中的某扇区相关指标运算结果用最大-最小标准化算法进行归一化处理。以8:15—8:30时间段中的平行飞行时间为例：所有时间段中10:15—10:30的平均飞行时间数值最大，

12：00—12：15 的最小，即 $T_{max} = 9$ min，$T_{min} = 4$ min，而 $T = 7$ min，那么 $T' = (7-4)/(9-4) = 0.6$（min）。所有时间段相关指标的归一化数值见表7-6。

表7-6　某扇区指标归一化数值

序号	15 min 时间段	航空器扇区平均飞行时间/min	超容比	交通流空间分布不均衡度	交通流瞬时超容率	每架航空器平均管制工作负荷/s
1	8:00—8:15	0.00	0.00	0.96	0.00	1.00
2	8:15—8:30	0.60	0.38	0.42	0.00	0.31
3	8:30—8:45	0.40	0.38	0.25	0.00	0.31
4	8:45—9:00	0.40	0.31	0.08	0.00	0.42
5	9:00—9:15	0.40	0.47	0.33	0.00	0.21
6	9:15—9:30	0.00	1.00	0.08	1.00	0.04
⋮	⋮	⋮	⋮	⋮	⋮	⋮

2. BP 神经网络预测

将表7-6中的某扇区指标归一化数值作为 BP 神经网络模型的输入数据。以每架航空器平均管制工作负荷作为果变量，平均飞行时间、超容比、交通流空间分布不均衡度、交通流瞬时超容率构成因变量集合，运用 BP 神经网络进行扇区管制员工作负荷预测。因变量集合中有 4 个指标，则输入层神经元节点数为 4，果变量只有一个指标，输出层神经元节点数为 1。由式（7-21）计算得出隐含层神经元节点个数在 4~13 之间，最终由实验法选择最佳隐含层神经元个数为 7。以三隐含层网络进行扇区管制员工作负荷预测模型的构建，其 4×7×1 网络结构如图 7-11 所示。

将表7-6前15组的归一化数据输入网络，训练形成稳定的模型结构。设定网络输入层和隐含层的激励函数为双曲正切 S 型函数（Tan-sigmoid），输出层的激励函数为线性函数，网络训练

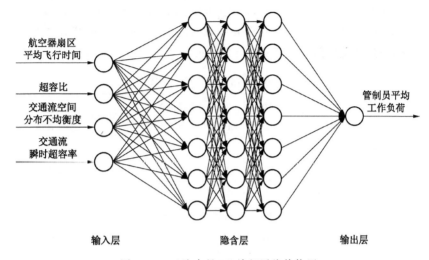

图 7-11　三隐含层 BP 神经网络结构图

函数为 trainlm，网络性能函数为 mse。设置网络参数：网络迭代次数 epochs 为 5000 次，期望误差 goal 为 0.00001，学习速率 lr 为 0.01。

　　从表 7-6 中选取第 16—18 组的数据作为验证数据，分析预测结果误差精度。利用 MATLAB 程序对训练好的网络模型进行分析计算，将得到三个时间段的预测结果进行反归一化，结果见表 7-7，可见 BP 神经网络模型的预测值与实际值的相对误差不高于 3%，说明该 BP 神经网络模型可以满足管制员工作负荷预测的应用要求。

表 7-7　BP 神经网络预测结果和预测误差

序号	仿真预测值	反归一化预测值/s	实际值/s	相对误差/%
16	0.36	23.66	23.98	1.33
17	0.77	25.92	26.29	1.41
18	0.33	23.49	23.98	2.04

对表 7-6 最后一组数据进行预测仿真，训练误差变化趋势如图 7-12 所示，可以看出 BP 神经网络经过约 133 步的训练模拟达到设定的精度要求 0.00001，说明网络收敛速度较快。

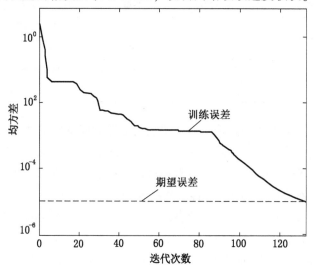

图 7-12　网络训练误差变化趋势图

7.2.4　讨论分析

经过多位专家分析评定，管制负荷百分比在 55% 以下时，管制员工作压力较小而感到轻松；管制负荷百分比在 55%~65% 左右，管制员感受到压力但能保持常态化工作状态；当大量航班进入扇区，管制员感到较大压力，管制负荷百分比在 65%~75% 左右，此时若还存在交叉、汇聚趋势的特殊运行航班，管制员的紧张度增加，管制负荷百分比在 75% 以上。因此根据管制负荷百分比的数值将扇区空管运行状态预警等级设定为 4 级，见表 7-8。

扇区空管运行状态在预警等级 Ⅱ 时，也可以不采取预控措施，但应引起注意，防止亚健康状态向故障态变化。当扇区空管运行状态在预警等级 Ⅲ、Ⅳ，应采取相应措施：发布流量控制通知，限制其他航班进入扇区；进行换岗，严格调整执勤人数和时间；当有恶劣天气等特殊情况出现，应请求带班主任的帮助。

表7-8　扇区空管运行状态预警等级

等级	管制负荷百分比	告警	扇区空管运行状态
I	0~55%	无	完全健康
II	55%~65%	轻警	偏向健康的亚健康
III	65%~75%	中警	偏向故障的亚健康
IV	75%以上	重警	事故征候发生

　　本节从空中交通流、空中交通管制等方面选取了具有内在关联性的客观指标，消除了主观赋值的误差，对某扇区 2013 年 10 月 1 日 8:00—13:00 的雷达数据进行了标准化处理，消除了指标间的量纲影响，运用 BP 神经网络模型对扇区空管系统运行亚健康关联因子和管制员工作负荷进行了分析研究。构建的三隐含层网络结构经过一定次数的学习训练过程，得到误差趋势图。经检验，BP 神经网络能够真实反映本扇区的运行状态，表明该模型在实际应用中具有可行性，为下一步空管系统运行亚健康状态的预警奠定了基础。

7.3　反脆弱视角下空管运行亚安全态调控策略研究

7.3.1　反脆弱性鹰鸽博弈分析

7.3.1.1　反脆弱性概念

　　国际标准化组织对风险的定义为不确定性对目标的影响。所谓的不确定性蕴含了两层含义，一是风险对承灾体作用的结果是有害的，对承灾体的正常运行造成不同程度的损害。二是风险有助于承灾体正常运行，对承灾体而言风险是有益的。在传统的安全风险研究中，对风险的认知是负面的，费尽心思地对风险加以识别及控制，遏制风险的继续蔓延从而阻止事故的发生。而从不确定性的另一层面研究风险对承灾体如何有益的相关理论甚少，直到反脆弱性理论的提出，彻底打破了传统风险研究的认知，对辩证看待风险提升承灾体抗扰动能力及研究风险如何促进系统的良性发展提供了方向。

反脆弱性是指在随机出现的较大的安全风险对系统产生了不安全事件甚至事故中获得意外收获。著名的"黑天鹅"理论创造者纳西姆·尼古拉斯·塔勒布提出，由于不可能存在完美的强韧性，在一个随机出现并不可预测的冲击压力和波动中能够不断地自我修正、自我发展并实现自我再生的机制，这个机制就是反脆弱性。纳西姆·尼古拉斯·塔勒布在其著作《反脆弱》中写道：风可以吹灭蜡烛，但也能使蜡烛越燃越旺，对于随机性、不确定性也是同样道理，应当看到其潜在的优势并将其进行利用，而不是选择躲避。纳西姆·尼古拉斯·塔勒布设想要在充满诸多不确定性的"黑天鹅"的世界中生存下来，不能选择逃避反而应当直面困难，在不确定性中发现自身的弱点，努力弥补不足，不断吸取经验教训从而在一次又一次的挫折中逐渐强大自己。

安全管理中也应具有反脆弱思想。传统的风险安全研究的目的就是保证承灾体在正常的安全生产过程中不产生风险，不发生事故，系统能一直安全运行。这在实际的运行过程中是不可能也是不可行的。因此要想无限接近于传统安全风险管理的目标，反脆弱性理论给出安全管理一个重要的启发，要用发展的眼光看待风险的作用，若正面积极地看待每一次风险对系统的正面影响，从中培养系统自我再生及持续进化的能力，反而能使得系统在面对更大的扰动时能实现自我调节，从而健康安全地运行。

7.3.1.2　传统鹰鸽博弈模型

在传统鹰鸽博弈模型中，设定博弈双方是具有自主选择能力的理性个体，博弈双方的策略有鹰策略（H）和鸽策略（D）两种。鹰鸽博弈是同一物种中的两个个体为了争夺同一种资源的一种博弈，因此，为了使博弈方在博弈过程中能获得最大化的利益，双方博弈时存在的策略集合有鹰-鹰、鸽-鸽、鹰-鸽、鸽-鹰。

由表7-9支付矩阵知，假设博弈双方所争夺的利益为V，当采用鹰-鹰策略的成本为C，此时双方收益均为$(V-C)/2$；当双方采用鹰-鸽或鸽-鹰策略时，鹰一方的收益为V，鸽一方的收益为0；当采用鸽-鸽策略时，双方的博弈收益均为$V/2$。

表7-9　鹰鸽博弈支付矩阵

策略（Strategies）	鹰（Hawk）	鸽（Dove）
鹰（Hawk）	$(V-C)/2, (V-C)/2$	$V, 0$
鸽（Dove）	$0, V$	$V/2, V/2$

传统鹰鸽博弈默认博弈双方建立在实力对等的情况下进行的博弈。当收益V大于成本C时，博弈是进化稳定的纯策略纳什均衡鹰-鹰；当收益V小于成本C时，博弈为鹰-鸽和鸽-鹰两个纯策略纳什均衡且不存在进化稳定策略，但存在混合进化稳定策略$(P, 1-P)$，而且$P=V/C$为双方博弈中某一方采用鹰策略的概率。

7.3.1.3　博弈模型中反脆弱性视角下的亚安全态

亚安全状态为系统运行处于安全和不安全之中的一种第三状态，这种状态如果不加以调控会引发更多不安全事件甚至事故的发生。但当从反脆弱性视角下看待亚安全态，它是系统极限利用有限资源的一种表现，目的是在有限资源的基础上短期内提升系统运行能力，可认为它是系统自身为了适应风险的一种积极运行状态。比如在空管运行系统中，管制员超负荷工作，空域环境出现拥挤，空管设备超负荷运转等，这些都是系统在所需资源尚未得到充分保证下，一种短期内的来满足自身实际运行需求的具体表现，其目的是保证短期内具有较高的运行效率和安全性。但长期的亚安全运行会逐渐消磨系统的韧性，增加对风险的敏感性，表现在人员长期超负荷工作会带来身体和心理上的疾病，设备也会造成不可察觉的损害等，长此以往会导致不安全事件、事故征候甚至事故频繁发生。

　　基于反脆弱性对于研究亚安全态的意义，可作为本节研究亚安全态中的扰动和适应度之间存在鹰鸽博弈理论支撑，使得扰动和适应度为了追求同一资源而能够进行冲突与合作成为可能。在前文的研究中，空管运行亚安全态是系统经历风险扰动和自身适应度之间相互作用产生的，系统中不同耦合类型的风险对系统产生了不同作用的结果，风险相对小，适应度能够对风险产生一定的抵抗作用时，系统出现亚安全态，系统脆弱性演化过程为暴露度—适应度—敏感度—适应度，系统的运行状态为安全态—亚安全态—不安全态。当系统经历了较大扰动影响，适应度对扰动的抵抗作用不明显时，系统却未出现亚安全态，系统脆弱性演化过程为暴露度—敏感度—适应度，系统运行状态变化过程为安全态—不安全态。

　　综上所述，空管运行系统的亚安全态是风险扰动和系统适应度之间博弈的结果，这种博弈是系统自身的适应度能够对风险扰动的策略产生有效的应对，且基于反脆弱性理论，有必要正面看待风险扰动的作用，以此研究系统扰动与适应度之间的博弈过程。

7.3.2　非对称鹰鸽博弈分析

　　由前文对亚安全状态识别发现，亚安全状态是系统在面对相对较小的耦合风险时，适应度对风险扰动（简称扰动）的有效抵抗作用时产生的，此阶段系统运行状态并不安全但未发生事故。因此，本节将对扰动和适应度之间的博弈进行分析。

7.3.2.1　模型条件假设

　　为了便于分析亚安全态形成的博弈过程，对亚安全状态中的扰动和适应度之间的博弈提出以下假设：

　　假设1：在系统内，扰动和适应度是两个理性的个体，都能为了各自最大化的利益自主做出选择。

　　假设2：博弈过程中扰动和适应度信息是不对等的，除了系统中已出现过的扰动还有系统完全未知的扰动。而适应度只能对已知的扰动有着明显的识别和消灭能力，对于未知扰动的反应暂且未知。

假设3：扰动和适应度的不同决策对应着系统不同运行趋势，博弈双方采取相同策略时，系统趋于稳定的亚安全态，采取不同策略时对应系统的安全态和事故态。具体结果见表7-10。

表7-10　博弈过程中系统运行趋势

		扰　动	
	策略	鹰策略	鸽策略
适应度	鹰策略	亚安全态（振荡不稳定）	安全态（偏向安全态的不稳定）
	鸽策略	事故态（偏向事故态的不稳定）	亚安全态（稳定）

假设4：亚安全状态中博弈双方所能获得的收益为 V，发生冲突风险的成本为 C，其中 $C \geq V$（否则博弈方总能在冲突中获得正向收益，系统状态运行趋势会超越亚安全态范围，对于研究结果无意义）。

7.3.2.2　模型中博弈双方行为分析

在空管运行过程中，风险作用于系统的扰动有已知和未知两种，已知扰动是系统已经识别出的扰动，系统能及时发现并消灭此类扰动，在模型中为鸽策略的扰动。未知扰动是系统中尚未出现过的扰动，系统对此类扰动没有任何有效应对措施，只能凭借以往的经验进行模糊应对，在模型中为鹰策略的扰动。适应度按照对扰动的作用程度有强弱之分，强适应度不仅对已知扰动的强作用，对未知扰动也具有较强的抵抗作用，表现在系统遇到未知扰动时反应迅速，应急系统反馈及时，参与者能够根据当时的具体情况及时做出有效的应对策略，因此强适应度表示系统的鹰策略。弱适应度只能对发生过的已知扰动进行适度抗衡，确保扰动不会进一步对系统进行破坏，而对未知扰动尚无任何有效抵抗，因此弱适应度表现为适应度的鸽策略。

7.3.2.3 亚安全态中博弈双方均衡解

1. 构建非对称博弈支付矩阵

传统的鹰鸽博弈建立在博弈双方信息对等，实力相同的基础上，彼此能够对对方的任何策略选择做出相应的对抗策略。在研究亚安全态中扰动和适应度作用关系时，系统若是能预见未知的风险显然是不可行也是不可能的，因此，在传统鹰鸽博弈模型的基础上研究亚安全态中扰动和适应度之间非对称博弈问题，通过对双方的博弈策略分析亚安全的调控策略。

前文提出亚安全态中博弈双方为理性的个体，能够自主做出己方利益最大的策略。设 M 为最大化效用，双方合作收益为 V，双方冲突的成本为 C，则有 $M=V-C$。考虑亚安全态中博弈双方实力不同，设定博弈过程中扰动的实力为 K，适应度的实力为 $1-K$，其中 $0.5<K<1$，前者实力大于后者，K 和 $1-K$ 可表示为在扰动和适应度之间对争夺亚安全资源空间中发生冲突的获胜的概率，当博弈双方均采取鹰策略爆发冲突时，扰动得到的净收益为 $\frac{M}{K}<0$，适应度所得到的净收益为 $\frac{M}{1-K}<0$。当扰动和适应度之间采取不相同的博弈策略时，即当扰动采取鹰策略，适应度采取鸽策略时，扰动一方所获得的纯收益为 V，适应度一方所获得的纯收益为 0；当适应度采取鹰策略，扰动采取鸽策略时，适应度一方纯收益为 V，扰动一方的收益为 0。

基于以上对亚安全状态中扰动和适应度之间的非对称博弈行为假设，得到的双方不同策略选择下所获得的收益支付矩阵，见表 7-11。

表 7-11 非对称鹰鸽博弈支付矩阵

	策略	扰动	
		未知扰动（鹰策略）	已知扰动（鸽策略）
适应度	强适应度（鹰策略）	$(V-C)/(1-K), (V-C)/K$	$V, 0$
	弱适应度（鸽策略）	$0, V$	$(1-K)V, KV$

2. 博弈双方的期望收益

在亚安全态非对称鹰鸽博弈模型支付矩阵中，扰动和适应度之间存在纯战略纳什均衡，保证了博弈参与者的纯战略，都是针对对方所做出纯战略而选择的，目的是能获得最大化利益。因此，为了探究在亚安全中扰动和适应度的博弈效果，考虑双方的期望值作为衡量标准。假设在亚安全态中，扰动采取鹰策略的概率为 X，采取鸽策略的概率为 $1-X$，适应度采取鹰策略的概率为 Y，采取鸽策略的概率为 $1-Y$，则扰动的期望收益为 $E_{扰}(X,Y)$，适应度的期望收益为 $E_{适}(X,Y)$。

对于扰动的期望收益：

$$E_{扰}(X,Y)=\frac{XY(V-C)}{K}+(1-X)Y\times0+X(1-Y)V+(1-X)(1-Y)KV$$

$$(7-22)$$

对于适应度的期望收益：

$$E_{适}(X,Y)=\frac{XY(V-C)}{1-K}+(1-X)YV+X(1-Y)\times0+(1-X)(1-Y)(1-K)V$$

$$(7-23)$$

3. 博弈策略纳什均衡解

由纳什均衡的定义可知，亚安全态中适应度给定策略 $(Y,1-Y)$ 的情况下，扰动是以为寻求自身利益 $E_{扰}(X,Y)$ 最大的 X 值，利用微积分求极值的方法最优化一阶微分条件为

$$\frac{\partial E_{扰}(X,Y)}{\partial X}=\frac{Y(V-C)}{K}+0+(1-Y)V-(1-Y)KV=0 \quad (7-24)$$

同理可得在扰动给定策略 $(Y,1-Y)$ 情况下，适应度的目标同样是为了寻求自身利益 $E_{适}(X,Y)$ 最大的 Y 值，同样利用微积分求极值进行最优化一阶微分条件为

$$\frac{\partial E_{适}(X,Y)}{\partial Y}=\frac{X(V-C)}{1-K}+(1-X)V+0-(1-X)(1-K)V=0$$

$$(7-25)$$

由式（7-24）和式（7-25）求得

$$X = \frac{(K^2 - K)V}{KV - C + (1 - K)^2 V} \qquad (7-26)$$

式中，$X \in [0,1]$。

$$Y = \frac{(K^2 - K)V}{V - C - KV + K^2 V} \qquad (7-27)$$

式中，$Y \in [0,1]$。

对于扰动而言，当适应度选择的鸽策略的概率为 $1-Y_0$ 时，任意的扰动选择鸽策略概率为 $1-X_1$ 或 $1-X_2$，将扰动的鸽策略概率代入式（7-22）和式（7-24）中有：

$$E_{扰}(1-X_1, 1-Y_0) = E_{扰}(1-X_2, 1-Y_0) \qquad (7-28)$$

式中，$X_1 \geqslant 0$，$X_2 \leqslant 1$。

此时，对于扰动而言，选择任何策略都是同样的结果，因为有：

$$E_{扰}(1-X, 1-Y_0)_{\max} = \frac{(K^2 - K)KV^2}{V - C - KV + K^2 V} \qquad (7-29)$$

同理，当扰动选择的鸽策略概率为 $1-X_0$ 时，任意的适应度鸽策略概率为 $1-Y_1$ 或 $1-Y_2$ 代入式（7-23）和式（7-25）中有：

$$E_{适}(1-X_0, 1-Y_1) = E_{适}(1-X_0, 1-Y_2) \qquad (7-30)$$

式中，$Y_1 \geqslant 0$，$Y_2 \leqslant 1$。

由纳什均衡理论可知，亚安全态中扰动和适应度之间存在纳什均衡，即当每一局中博弈一方的混合策略是另外一方混合策略的最优反应，此为博弈中的纳什均衡，扰动和适应度博弈的均衡解为

$$X_0 = \frac{(K^2 - K)V}{KV - C + (1 - K)^2 V} \qquad (7-31)$$

$$Y_0 = \frac{(K^2 - K)V}{V - C - KV + K^2 V} \qquad (7-32)$$

式中，X_0、Y_0 分别为扰动和适应度选择鹰策略即冲突策略的

概率。

7.3.3 博弈过程及稳定性分析

7.3.3.1 博弈单位成本收益分析

为了研究博弈过程中双方的策略选择，假设 $R = \dfrac{V}{C}$，表示双方冲突的单位成本收益，$S = \dfrac{K}{1-K}$，表示双方实力对比。在扰动和适应度博弈过程中，扰动的决策在一定程度上会影响适应度的决策，因此对于扰动的均衡解 $X_0 = \dfrac{(K^2-K)V}{KV-C+(1-K)^2V}$ 则有：

$$X_0 = \frac{SR}{(1+S)^2 - (S^2+S+1)R} \qquad (7-33)$$

由于假设的 R 和 S 均大于 0，由假设 $C \geqslant V$ 知 $0 \leqslant R \leqslant 1$，由式 (7-33) 知 X_0 的大小与 R 和 S 相关，因此，对 R 和 S 进行讨论。

讨论 X_0 与 R 之间的关系，由式 (7-33) 对 R 进行求导得

$$\frac{\partial X_0}{\partial R} = \frac{(1+S)^2 S}{[(1+S)^2 - (S^2+S+1)R]^2} > 0 \qquad (7-34)$$

由前面假设知，在式 (7-34) 中保持双方实力对比 S 不变时，则 X_0 是一个关于 R 的增函数，即随着双方冲突的单位成本 R 增加，博弈收益增加速度相对大于冲突成本，对应的 X_0 也越来越大，亚安全态中扰动将越有可能采取鹰策略，双方进行合作的可能性也就越小，局势就越不稳定，此时系统中由于博弈收益增加，适应度为了自身利益最大化有采取鹰策略的可能性，系统中扰动和适应度均采取鹰策略，此时，由于双方鹰策略博弈较为激烈，亚安全状态为振荡不稳定，随时有可能出现一方策略失效，系统运行状态可能偏向安全态或不安全态。

当随着冲突单位成本收益 R 越来越大，直到双方冲突的利益无限接近于冲突成本时，作为理性个体的扰动为了追求在系统运行过程中的最大化利益，对鹰策略选择的概率会越来越大，选

择与适应度合作的鸽策略的概率越来越小。当适应度采取鸽策略时，扰动鹰策略较为激进，与适应度之间不存在合作的可能，此时，若是任由扰动对系统继续作用，扰动对系统的损害越来越大，适应度的作用越来越不明显，系统最终突破亚安全状态变为不安全态，造成事故的发生。由于系统的运行状态为持续性变化，此时，系统亚安全状态为偏向事故态的不稳定亚安全态。

因此，在维持短期亚安全态过程中，应该合理完善扰动和适应度的收益空间分配和对双方的监控管理策略，当扰动作用愈发明显时，适当增加适应度的强度，减缓扰动作用，以此增加双方冲突成本，降低一方冲突过程中增加的收益，减少扰动和适应度对鹰策略的选择，加强扰动和适应度合作空间，提高对鸽策略选择的概率。

7.3.3.2 博弈实力对比分析

讨论 X_0 与 S 即双方实力的对比之间的关系，对 S 求导有：

$$\frac{\partial X_0}{\partial S} = \frac{-R(1-R)(S+1)(S-1)}{[(1+S)^2 - (S^2+S+1)R]^2} \tag{7-35}$$

由前面假设知式（7-35）中 R 为常数，当 $0 < S < 1$ 时，$\frac{\partial X_0}{\partial S} > 0$，则 X_0 为关于 S 增函数；当 $S = 1$ 时，为 X_0 驻点；当 $S > 1$ 时，$\frac{\partial X_0}{\partial S} < 0$，则 X_0 为关于 S 减函数。因此当 $S = 1$ 时，即 $\frac{K}{K-1} = 1$ 时，$K = 0.5$ 时 X_0 最大，扰动和适应度两者之间选择鹰策略可能性最高，双方合作的可能性最小，发生冲突的概率最大，此时，亚安全状态振荡不稳定。由函数 X_0 的变化趋势可以看出，当 S 越远离 1 时，X_0 就越小，说明扰动和适应度之间合作的可能性越大，双方采取鸽策略的可能性越大，发生冲突的可能性越小，此时，亚安全状态为稳定态。

7.3.3.3 系统状态稳定性分析

由博弈过程可知，影响双方博弈策略的选择与单位博弈收益和实力大小有关，不同的策略选择会引起系统不同的运行状态的变化。尤其是在亚安全状态中，当双方发生激烈冲突时，系统运行状态由不稳定的亚安全态向安全态或者事故态转变的可能性加大，此时双方实力的大小具有决定性的作用。实力差距悬殊时，系统运行状态是不稳定的，扰动的实力大于适应度的实力时，即使适应度选择鹰策略，系统最终还是有转向事故态的趋势。当适应度的实力大于扰动的实力时，系统最终会在适应度的作用下，运行状态会越来越优，直到安全态运行。

当扰动和适应度同时选择鸽策略进行合作时，系统的亚安全状态是和谐、稳定的，此时，虽然系统亚安全态运行，但各个运行组成单位都是在不发生事故的前提下超负荷运行。由于航班架次猛增，出现的紧急情况较以往增多，在管制席位和人员不足的情况下，管制员不得不超负荷工作，空管设备超负荷运转，扇区容量达到饱和状态，空域中自然环境也较差，这些是当前民航运输业大发展过程中在所难免的。系统亚安全态虽然有发生事故的可能，但若此时能够保证上述情况的风险不会进一步扩大，风险对系统的扰动能与适应度达到一种平衡，这不仅能满足在目前空管资源尚未得到充足情况下系统对资源的充分利用，也能保证系统亚安全态运行不发生不安全事件的稳定性。

7.3.4 亚安全态调控策略

由对扰动和适应度博弈策略引发的系统运行状态稳定性分析可知，扰动只要采取鹰策略都会引发系统运行状态出现不稳定。一种是振荡不稳定，此时适应度采取鹰策略，和扰动在亚安全态中都是激烈冲突的，即使双方实力相当，所能获得的单位成本收益是相同的，但是这种亚安全态充满了不确定性，在双方激烈冲突中极不稳定，在安全态和事故态中来回摇摆，这种策略对于亚安全态的调控和安全管理带来很多巨大挑战。另一种是偏向事故的不稳定亚安全态，此时适应度采取鸽策略，双方在博弈过程中，采取鹰策略的扰动在实力大小和单位成本收益均强于适应度，系统的运行状态将由扰动主导，逐渐占据上风后导致事故的发生。

扰动采取鸽策略时，系统的运行状态会逐渐呈现良性变化。一种是适应度采取鸽策略，此时系统的亚安全态是稳定的，扰动和适应度能进行合作，双方维持一定的界限长期存在，亚安全态也会长期存在，直到某一方打破平稳状态才会导致运行状态的改变，虽然短期亚安全态是系统为了克服有限资源，极力发挥系统的极限来维持系统运行的一种表现，但是长期的亚安全态运行会极大耗费系统资源和能力，降低系统对风险的感知力和应激能力，对系统正常运行极具破坏力。另一种是适应度采取鹰策略，此时系统运行状态是偏向安全态的不稳定亚安全态。加强适应度的实力，增加适应度的单位成本收益，降低扰动的实力，减小扰动博弈的单位成本收益，就能引导系统亚安全态逐渐向安全态转变。

根据上述调控策略分析，为了能消除系统长期亚安全态运行，保持空管运行系统长期安全稳定，引导亚安全态向安全态的转变，应降低亚安全态中扰动的实力大小和单位成本收益，并增强系统适应度的实力大小和单位成本收益。基于此，在前文对空管运行系统脆弱性研究的基础上，结合空管运行不安全事件，以系统的暴露风险作为扰动作用的具体表现，从系统自身对风险的敏感性和适应性的角度出发，对引导亚安全态向安全态转变，以及对亚安全态的预防制定出调控政策建议。

7.3.4.1 提升管制员的综合素质

具有丰富的专业知识和专业技能是管制员的基本要求，选拔新的管制员时对学历、英语等级及计算机水平应严格要求，不仅要求管制员有着非常丰富的专业知识和专业技能，更应要求较强的英语沟通能力，口齿清晰，能熟练掌握各个国家不同层次英语水平飞行员的口语。还应具有较强的逻辑能力、敏锐的判断能力、快速的反应能力，能及时有效应对各种突发情况。

（1）加强管制员身体素质的提升。建立科学合理的轮休制度，养成管制人员良好的作息习惯，空中交通管制工作的顺利展开首先是对管制员的管制能力的提升和对管制员的自身综合素质的提升，在对管制人员的素质教育和素质优化过程中，应及时做到对管制优化程序和对应的管制人员结合，保证在结合过程中能充分发挥每个管制员的应用能力。每天规定具体时间来加强对管制人员身体素质的锻炼，管制人员的饮食习惯应给予合理的安排，科学化制定管制员的作息，保证每一位管制员不疲劳工作。

（2）加强管制员心理素质的建设。在空域和地面交通流复杂时，管制员不可避免的承受来自生理和心理上的压力，此时是对管制员自身抗压能力的严峻考验，需要在工作过程中，管制员对压力进行适当的调节，对大流量航班的运行风险要具有清醒的认知和极强的适应能力，能合理控制自身情绪的表达。还应在进入席位前对管制员的心理素质训练进行优化培训，在工作后应有专业的团队对管制员的生心压力进行疏导，保障管制员自身的生心健康，及时优化管制员的工作情绪和热情，避免管制员对之后的工作产生担忧和恐惧的情绪。

（3）注重团队合作意识的提升。空管工作需要各个部门相互配合，共同保障，因此，管制员应加强和各个部门协调的能力，及时提升团队化协同配合的有效率，保持空管工作能在高默契和高效率的团队配合中顺利完成。

（4）培养较强的管制员道德素养和职业精神。管制员应具有较强的道德素养，管制工作神圣而光荣，应当明确管制工作的意义是对自己负责，对生命负责，对国家负责。对自己所从事的事业应具有较强的奉献精神，是国家和人民对管制员的信任，应增强安全意识，端正思想，沉着冷静，临危不惧，拿出十分精力小心谨慎地做好指挥和保障工作，切不可马虎分神，对空管运行风险的察觉应细致入微，及时敏锐，确保每一架航班都能平安、准点到达。

7.3.4.2　优化空管设备的管理和维护

（1）空管设备的精细化管理。应依据一个人参与三套设备的管理，每人负责一套设备，一套设备有三个人负责，一个设备规定一个主要负责人的原则，能有效保证每套设备都有专人负责，对于设备的维修和更换工作也能做到及时高效。对设备的精细化管理要做到不同人员、不同设备的维护和管理标准的统一，避免个人擅作主张，以防引发对空管设备的误操作。

（2）空管设备的精细化维护。首先，要安排专业人员24小时不间断巡查，制定日常巡查作业指导手册，标注出所有空管设备的目录，程序单，检查人员资质，检查时间，检查方法及检查的频次，并绘制出具体的空管设备巡查路线。其次，定期对设备维护的操作准则进行规范，及时关注国际前沿对空管设备的检查和管理的研究进展，结合自身实际情况制定新的、详细的检查操作流程以定期对设备的检查内容和方法进行更新。最后，加强对设备操作和维修人员的应急和故障处理的能力，邀请行业内维护经验丰富或维护理论知识较强的专业人员参与应急预案的制定，合理安排好每个人员的职责，对设备的突发故障的应对做到各司其职，高效默契，能极大提高空管设备的维护率，降低故障发生率，保障空管安全运行。

7.3.4.3　加强气象部门的安全管理

气象人员责任意识、违规操作、错忘漏等是造成气象条件预测不准确和汇报不及时的主要原因。在对气象部门的安全管理中，首先，优化气象安全管理体系的建设，标准化运行规范。加强各部门信息收集的协调，保障信息深入分析和有效共享，从而优化空管运行安全信息平台的建设，以及时追踪和管控人为因素和违规操作。及时组织安全人员对不安全事件调查和分析，通过对危险源的识别及安全风险的评估，从而有效对风险进行控制并制定合理的改进策略。

其次，完善气象运行安全监督机制，建立一套自上而下的监管机制，加强安全管理者的职责要求，落实基层气象员的安全监察，鼓励基层气象员严谨识别安全风险，提出调控和优化措施。

最后，加强气象部门班组安全文化建设，加强班组的思想政治教育，制定严格的专业技能考核标准，加强班组现场管理能力的提升。多开展部门安全文化教育活动，加强班组和员工的安全责任意识的培养，增强班组执行力。

7.3.4.4 加强空域建设与改革

随着越来越多航空器逐渐进入中低空，空域服务的对象也从军用航空和运输航空走向多领域用空活动，对空域进行精细化管理，促进军民航融合是提高空域安全重要的手段，进而提高空管运行安全。

首先，完善法规标准。以国家统管为中心，立足于现有空域管理能力和不降低现有安全水平的前提下，逐步实现空地用语、性能等级和飞行间隔等统一规范和标准要求一致。

其次，更新数字化基础设施。对标欧美国家先进的空域系统数字化基础设施，协同空间卫星互联网，大飞机全球适航，北斗等，建立中国智慧空管基础设施，通过实施数字化管制，发送数字化管制指令，解决人工用语的模糊性问题；通过离散化空域，将空域网格化，解决空域动态使用问题；通过建立协同化运行理念，将空地态势协同成一致性精准预测，有效解决位置精准控制问题。加快空域运行服务安全标准和方案落实，推进全国高空、中低空航路网与终端区规划方案及空域分类管理标准的实施，对空域精细化管理与控制，从而优化空域组织结构，使空域扩容。

最后，建立军民航空中防撞安全监管机制，统一运行标准，构建空管空防一体化，空天一体化的空域管理，建立军民航融合的权责分明、联合管理机制，加强军民航运行协同，建立军民航空管信息互享机制和互信关系，对重大问题协同决策，提升空域安全。

7.3.4.5 建立空管安全管理全过程监察机制

（1）全面细致做好风险发生前的预防手段。每次上岗前带班领导对自身要保持清醒的头脑和严格的工作态度，对每个环节的检查要做到细致入微，仔细评估每个环节的安全风险，对存在安全隐患的人和物要做到立即疏导或更换，确保每一个岗位中都能以最安全的状态运行。尤其对管制员和飞行员的技能培训和考核要严格把关，轮休制度及心理安全教育要严格把控。从源头上根除可控的安全风险，弱化不可控风险对系统运行的影响。

（2）清醒镇定地应对风险的发生。在空管运行系统实际运行过程中，风险的发生总是不可避免，面对突如其来的风险最重要的先要保持冷静，安全管理参与者要协调好各个部门，按照规章和日常事故应急演练逐个排查风险源头，各个岗位各司其职，切不可越岗工作。面对风险要做到心中有数，解决风险要做到井然有序。

（3）细致深刻做好风险发生后的总结工作。在解决好风险隐患后，安全管理部门要及时开展风险总结会议，首先全面反思安全管理工作中存在的不足。其次总结风险出现的源头，应对和解决方法，对快速有效的解决方法要及时更新至安全管理手册中。最后对出现违章操作导致风险发生的岗位要进行严格的安全教育，对发生重大失误的部门和个人要提出严厉的批评，对严格按照规章执行的部门和个人要进行嘉奖，以此增强团队工作效率和工作积极性。

7.3.5 实例分析

本实例是基于 2021 年二季度某地区空管局管制系统运行数据进行仿真模拟，选择 3 月 14 日不安全事件发生之前 7 天的运行数据，和不安全事件发生之后 7 天的运行数据，以及不安全事件发生一个月后的 7 天运行数据，三组数据进行对比分析，来达到对本方法的具体实施过程进行说明的目的。

　　某地区空管局管制系统常年处于繁忙状态，对该管制系统运行数据进行抽取并分析，判断其是否处于亚安全态，管制系统运行数据包括监视数据、气象数据、流控数据和管制语音数据。

　　发现该管制系统每年发生多起不安全事件甚至严重事故征候，判断其处于亚安全态，对该管制系统运行数据进行实时监测，并建立鹰鸽博弈模型，建立鹰鸽博弈模型的具体过程如下：

　　鹰鸽博弈模型将管制系统亚安全态的风险扰动和适应度视为两个独立的个体，各自为了追求在亚安全态最大利益采取不同的策略，其中风险扰动若为已识别出的扰动，即为鸽策略，若为未识别扰动，则为鹰策略，适应度按照对扰动的作用程度有强弱之分，其中强适应度视为鹰策略，弱适应度视为鸽策略。

　　风险扰动和适应度的不同决策对应着系统不同运行趋势，当风险扰动和适应度都采取鸽策略时，系统趋于稳定的亚安全态；当风险扰动和适应度都采取鹰策略时，系统趋于震荡的亚安全态；当风险扰动采取鸽策略，适应度采取鹰策略时，系统趋于安全态；当风险扰动采取鹰策略，适应度采取鸽策略时，系统趋于危险态。

　　将博弈收益设为 V，即表示博弈双方所能获得的总收益，$V>0$，博弈收益 V 根据管制系统的不稳定程度来确定，管制系统的不稳定程度越高，则博弈收益 V 越大，反之亦然，管制系统的不稳定程度是根据该管制系统上一年度发生不正常事件和不安全事件的数量来确定；将博弈成本设为 C，即表示博弈双方发生冲突的成本，$C>0$，博弈成本 C 根据管制系统安全管理水平来确定，管制系统的安全管理水平越高，博弈成本 C 就越高，反之亦然。其中 $C \geqslant V$，否则博弈双方总能在冲突中获得正向收益，系统运行状态会超越亚安全态范围，这与管制系统处于亚安全态的前提相矛盾。

　　统计出当前时间点前一周内风险扰动次数 a 和管制员做出应

对措施次数 b，风险扰动的实力 $K=\dfrac{b}{a+b}$，适应度的实力 $(1-K)=$

$\dfrac{a}{a+b}$，因为某些风险扰动对管制系统的作用具有持续性，管制员需要多次做出应对措施，所以 $a<b$，故 $0.5<K<1$，前者实力大于后者，K 和 $1-K$ 表示为在风险扰动和适应度之间对争夺亚安全资源空间中发生冲突的获胜的概率，当博弈双方均采取鹰策略爆发冲突时，风险扰动得到的收益为 $\dfrac{V-C}{K}$，适应度所得到的收益为 $\dfrac{V-C}{1-K}$；当风险扰动和适应度都采取鸽策略时，适应度所得到的收益为 $(1-K)V$，风险扰动得到的收益为 KV；当风险扰动采取鹰策略，适应度采取鸽策略时，风险扰动所得到的收益等于博弈收益 V，适应度所得到的收益为 0；当适应度采取鹰策略，风险扰动采取鸽策略时，适应度得到的收益等于博弈收益 V，风险扰动得到的收益为 0。

从该管制系统运行数据中统计出所需数据，见表 7–12，3 月 14 日不安全事件发生之前、发生之后、发生一个月后三个时间点之前一周内风险扰动次数 a 分别为 8、3、4，管制员做出应对次数 b 分别为 18、14、17，根据步骤即可得到风险扰动实力 K 分别为 0.692、0.824、0.810，即可得到适应度实力 $1-K$ 分别为 0.308、0.176、0.190，根据不安全事件发生次数得到博弈收益 V 分别为 8、9、9，根据安全管理水平得到博弈成本 C 分别为 10、25、25。

将得到的风险扰动实力 K、适应度实力 $1-K$、博弈收益 V 和博弈成本 C 赋值结果代入纳什均衡概率计算公式 $P=\dfrac{(K^2-K)V}{KV-C+(1-K)^2V}$，即可得到风险扰动和适应度采取鹰策略的纳什均衡概率 P，计算结果见表 7–12。

表7-12 某地区空管局管制运行数据统计出的所需数据

数据统计时间	风险扰动次数 a	管制员做出应对次数 b	博弈收益 V	博弈成本 C	风险扰动实力 K	适应度实力 $1-K$	两者采取鹰策略的纳什均衡概率 P
发生之前	8	18	8	10	0.692	0.308	0.460
发生之后	3	14	9	25	0.824	0.176	0.076
发生一个月之后	4	17	9	25	0.810	0.190	0.080

根据得到的风险扰动和适应度采取鹰策略的纳什均衡概率 P，得到管制系统向不同运行状态转变的概率，管制系统向危险态转变的概率为 $P(1-P)$，向震荡的亚安全态转变的概率为 P^2，向稳定的亚安全态转变的概率为 $(1-P)^2$，向安全态转变的概率为 $P(1-P)$。计算结果见表7-13。

表7-13 管制系统向不同运行状态转变的概率

统计时间	危险态	震荡的亚安全态	稳定的亚安全态	安全态
发生之前	0.230	0.270	0.270	0.230
发生之后	0.038	0.462	0.462	0.038
发生一个月之后	0.040	0.460	0.460	0.040

由表7-13可知，在3月14日不安全事件发生之前，系统向危险态转变的概率为0.230，明显高于不安全事件发生之后的概率0.038和发生一个月后的概率0.040，需要立即采取调控措施，提高管制系统的安全管理水平，即提高风险扰动和适应度的博弈成本，使管制系统向危险态转变的概率有效降低，促使亚安全态的管制系统向安全态转变。同时通过表7-13数据还可以看出，发生之后和发生一个月之后两个时间点的管制系统向危险态转变的概率较低，只需加强系统运行态势监控，保证管制系统运

行态势在出现明显变化时能够及时感知即可。

本节首先借助反脆弱性理论肯定了扰动对于提升系统运行能力的作用，为能将扰动作为鹰鸽博弈模型中的博弈一方和适应度之间进行博弈做铺垫。在传统鹰鸽博弈模型的基础上，对亚安全态中对扰动和适应度进行非对称博弈。通过对博弈双方冲突的均衡解的分析发现在亚安全态中，不同的博弈策略能引发系统不同的运行趋势。最后，选用能调控系统向安全态运行的博弈策略，为减少系统亚安全运行，提升系统运行能力，制定出亚安全态的调控政策建议。

7.4 民用多旋翼无人机运行风险控制网络模型

近年来，民用无人机发展快速，在空中拍摄、植保、测绘等多个行业得到广泛应用，随之而来的是飞行事故的增加，尤其是入门门槛较低，持有量最大的多旋翼无人机，存在较大的安全隐患。因此，有必要找出民用多旋翼无人机事故的主要致因因素，并给予控制，提高无人机运行的安全水平。

目前无人机运行存在较大安全隐患，而研究多集中于无人机运行风险评估，对无人机运行风险控制相关研究较少，无法有效减少事故的发生。基于此，本节依据识别出的民用多旋翼无人机事故致因关键因素，从无人机操作人员的角度提出并选择控制效果最好，成本最低的组合控制策略，以期得出切实可行，能大幅降低事故发生概率的多旋翼无人机运行风险控制策略。

7.4.1 运行风险控制策略

对于事故致因，应该从事故链的源头予以防控，因此，对于贝叶斯网络灵敏度分析选择出的 15 个关键节点，选择处于事故链源头的节点进行防控。

对于失踪事故，有飞行方向错误、指南针失效、通信链路丢失、磁场干扰、指南针故障几个关键节点，其中磁场干扰和指南针故障是飞行方向错误、指南针失效和通信链路丢失的前置致因因素节点，因此只需要控制这两个节点就能有效避免另外 3 个节点发生。

对于空中碰撞事故，有鸟击、低空障碍物、卫星信号丢失、经验技能不足几个关键节点，其中低空障碍物是卫星信号丢失的前置致因节点，控制它就能有效避免卫星信号丢失。

对于坠落事故，有桨叶失效、电池故障、失去动力、空中失控几个关键节点，其中桨叶失效和电池故障是失去动力的前置致因节点，阻止这两个发生就能有效避免失去动力。

对于人员受伤事故，有人员密集区域、安全意识不足、失去动力、空中失控几个关键节点，节点间不存在前置关系。

综上所述，从 15 个关键节点中选择出磁场干扰、指南针故障、低空障碍物、鸟击、经验技能不足、桨叶失效、电池故障、人员密集区域、安全意识不足共 9 个需要进行防控的源头节点。

本节针对无人机操作人员，从风险回避、风险转移、损失控制和风险自留 4 个方面提出预防控制策略，旨在事故发生之前，对风险因素进行有效控制，防止风险进一步传播，控制策略见表 7-14。

表 7-14 控 制 策 略

致因因素	控 制 策 略
磁场干扰 (r_1)	提前制定飞行计划，规避干扰地点（x_{11}）
	提升飞行高度（脱离干扰区域）（x_{12}）
	采用手动、自稳、姿态等模式（x_{13}）
	缩短地面发射与无人机机身之间的距离（提升信号强度）（x_{14}）
指南针故障 (r_2)	起飞前检查，指南针工作是否正常（x_{21}）
	采用手动、自稳、姿态等模式（x_{22}）

表 7-14（续）

致因因素	控 制 策 略
低空障碍物 （r_3）	提前制定飞行计划，规避低空障碍物（x_{31}） 飞行前检查视觉模块是否工作正常（x_{32}） 提升飞行高度或就近降落（x_{33}） 使用模拟器训练，提升经验技能（x_{34}）
鸟击（r_4）	提前制定飞行计划，避免在鸟类活动频繁的时间与地点飞行（x_{41}） 提升飞行高度或就近降落（x_{42}）
经验技能不足 （r_5）	接受正规系统的培训（x_{51}） 使用模拟器训练，提升经验技能（x_{52}）
桨叶失效 （r_6）	采用高强度桨叶，并定期更新（x_{61}） 起飞前检查，桨叶安装是否正确，是否破损（x_{62}） 寻找合适地点，就近降落（x_{63}）
电池故障 （r_7）	起飞前检查，电池是否正常（x_{71}） 定期更新电池，淘汰旧电池（x_{72}） 寻找合适地点，就近降落（x_{73}）
人员密集区域 （r_8）	提前制定飞行计划，避免人员密集区域上空飞行（x_{81}） 接受正规系统的培训（x_{82}） 使用模拟器训练，提升经验技能（x_{83}）
安全意识不足 （r_9）	接受正规系统的培训（x_{91}） 定期进行无人机运行规章制度的学习（x_{92}） 飞行结束后总结经验，强化安全意识（x_{93}）

7.4.2 风险控制网络模型构建

针对选择出的需要重点防控的 9 个事故致因因素，运用图论相关知识，构建风险控制网络图；运用目标规划相关知识，建立风险控制网络模型，从而将风险控制过程转化为风险组合优化过程。

7.4.2.1 控制网络图

图论是一种基于网络的数学理论，常用于描述事物之间的特定关系。具体而言，图是一个二元组 (V, E)，其中集合 V 称为节点集，集合 V 中由两个元素组成的无序对的集合 E 称为边集，边集中的元素称为边，节点的数据 $|V|$ 称为图的阶，边的数目 $|E|$ 为图的边数。

将民用多旋翼无人机事故致因中选择出的 9 个需要重点防控的关键因素 r_i 分别视为一个风险因素节点 f_i，连接边 e_{ij} 对应该风险因素的控制策略 x_{ij}。为了便于建立模型，除了第一个节点外，把其他节点扩展为虚拟节点 f_{ij}，且和控制策略 x_{ij} 相对应，即与连接边 e_{ij} 相对应，虚拟节点和控制策略的数量相同。$N:\{1, 2, \cdots, m\}$ 为网络中所有风险节点 f_{ij} 的组合；E 为所有连接边 e_{ij} 的组合。前述的一个关键致因因素能对应多个控制策略，基于此，两节点间能有多条边。

从虚拟节点 f_{ij} 到 $f_{i+1,j}$ 能且只能选择 1 种风险控制策略，为了计算方便，假设存在一个最终节点 D，单个致因因素的多个控制策略通过虚拟节点连接为一个网络，且只能在节点上选择控制策略。至此，将民用多旋翼无人机运行风险控制问题转化为相互联系的整体风险组合控制问题，如图 7-13 所示。

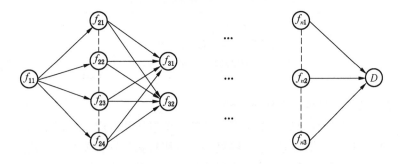

图 7-13 风险控制网络

7.4.2.2 控制网络模型

在进行民用多旋翼无人机运行风险控制时，需要考虑所需的成本投入。从民用多旋翼无人机操作人员角度出发，将操作人员工作负荷和时间成本作为所需要的投入成本。使用网络控制图来表述系统的风险控制过程，进而将民用多旋翼无人机事故致因的风险控制过程转变为寻求控制效果最好且综合成本最少的目标规划问题。

以 $x_{i,i+1}^j$ 表示节点在节点 i 与 $i+1$ 之间的第 j 个风险控制策略，当 $x_{i,i+1}^j$ 为 0 时，表示在节点 f_i 与 f_{i+1} 之间不选择该策略，而当 $x_{i,i+1}^j$ 为 1 时，表示选择该策略；$l_{i,i+1}^j$ 表示从节点 f_i 到 f_{i+1} 之间选择第 j 种控制策略所需的工作负荷，$t_{i,i+1}^j$ 表示从节点 f_i 到 f_{i+1} 之间选择第 j 种控制策略所需的时间成本，$q_{i,i+1}^j$ 为节点 f_i 实施第 j 种控制策略后的控制效果。

在进行运行风险控制时，为了使控制效果最佳时，工作负荷与时间成本最小，该风险网络模型的目标函数为

$$\min Z = \sum \frac{l_{i,i+1}^j + t_{i,i+1}^j}{q_{i,i+1}^j} \times x_{i,i+1}^j \tag{7-36}$$

因为在致因因素控制过程中，相邻两个节点之间只能选择一条路径，即一种控制策略，且该控制网络遵循从初始节点到最终节点的流守恒。控制过程中的工作负荷和时间成本还应该满足成本约束，模型约束为

$$\begin{cases} \sum x_{i,i+1}^j \leqslant 1 \\ \sum \sum x_{i,i+1}^j - \sum \sum x_{i+1,i}^j = \begin{cases} 1 & i=1 \\ -1 & i=n \\ 0 & i \neq 1,n \end{cases} \\ \dfrac{\sum (l_{i,i+1}^j + t_{i,i+1}^j)}{18} \leqslant M \\ x_{i,i+1}^j \in \{0,1\} \end{cases} \tag{7-37}$$

式中，第1约束表示每个风险因素只能选择一种控制策略；第2约束表示网络中的流守恒，从节点 f_{11} 出发，终止于节点 D；第3约束表示进行风险控制时所需的工作负荷与时间成本之和，即综合成本的平均值小于 M，M 表示约束条件；第4约束表明决策变量取整数0或1。

7.4.3 算例分析

邀请10位经验丰富，且取得驾驶执照的无人机驾驶员，从工作负荷、时间成本和控制效果3个方面对每条控制策略进行打分，评分标准见表7-15，其中分值为0时表示控制策略完全没有效果，分值为10时表示控制效果为100%。

表7-15 评分标准

划分区间	[0,2]	(2,4]	(4,6]	(6,8]	(8,10]
工作负荷	低	较低	一般	较高	高
时间成本	低	较低	一般	较高	高
控制效果	差	较差	一般	较好	好

将10位无人机驾驶员的评分结果求和平均，得到每条控制策略关于工作负荷、时间成本和控制效果的具体分值，结果见表7-16。

表7-16 评分结果

风险控制策略 (x_{ij})	工作负荷	时间成本	控制效果
提前制定飞行计划，规避干扰地点（x_{11}）	4.2	5.25	7.88
提升飞行高度（脱离干扰区域）（x_{12}）	1.6	1.83	5.85
采用手动、自稳、姿态等模式（x_{13}）	5.75	2.1	5.93
缩短地面发射与无人机机身之间距离（提升信号强度）（x_{14}）	3.05	4.05	4.75
起飞前检查，指南针工作是否正常（x_{21}）	2.5	4.05	8.14

表7-16（续）

风险控制策略（x_{ij}）	工作负荷	时间成本	控制效果
采用手动、自稳、姿态等模式（x_{22}）	5.75	2.1	6.38
提前制定飞行计划，规避低空障碍物（x_{31}）	4.6	4.97	7.63
飞行前检查视觉模块是否工作正常（x_{32}）	2.65	3.65	5.85
提升飞行高度或就近降落（x_{33}）	3.05	2.7	5.21
使用模拟器训练，提升经验技能（x_{34}）	4.93	8.2	5.41
提前制定飞行计划，避免在鸟类活动频繁的时间与地点飞行（x_{41}）	4.4	5.35	7.13
提升飞行高度或就近降落（x_{42}）	3.05	2.7	5.68
接受正规系统的培训（x_{51}）	6.3	7.5	7.37
使用模拟器训练，提升经验技能（x_{52}）	4.93	8.2	6.9
采用高强度桨叶，并定期更新（x_{61}）	2.65	3.5	7.95
起飞前检查，桨叶安装是否正确，是否破损（x_{62}）	3.1	4.9	7.03
寻找合适地点，就近降落（x_{63}）	2.65	2.58	4.47
起飞前检查，电池是否正常（x_{71}）	3.3	3.95	6.1
定期更新电池，淘汰旧电池（x_{72}）	3.25	5.7	5.79
寻找合适地点，就近降落（x_{73}）	2.65	2.58	4.04
提前制定飞行计划，避免人员密集区域上空飞行（x_{81}）	4.8	4.65	7.93
接受正规系统的培训（x_{82}）	6.3	7.5	6.7
使用模拟器训练，提升经验技能（x_{83}）	4.93	8.2	6.4
接受正规系统的培训（x_{91}）	6.3	7.5	7.45
定期进行无人机运行规章制度的学习（x_{92}）	4.6	7.65	7.09
飞行结束后总结经验，强化安全意识（x_{93}）	5.6	8.4	7.29

综上所述，将风险控制网络模型应用到民用多旋翼无人机运行风险的控制中，则该控制网络模型为

$$\min Z = \sum \frac{l_{i,i+1}^{j} + t_{i,i+1}^{j}}{q_{i,i+1}^{j}} \times x_{i,i+1}^{j}$$

$$\min \left[1.1992x_{12}^1 + 0.5863x_{12}^2 + 1.3238x_{12}^3 + 1.4947x_{12}^4 + \cdots \right.$$
$$\left. \cdots + 1.8523x_{9D}^1 + 1.7278x_{9D}^2 + 1.9024x_{9D}^3 \right]$$

$$\text{s.t}$$

$$\begin{cases} x_{12}^1 + x_{12}^2 + x_{12}^3 + x_{12}^4 = 1 \\ x_{23}^1 + x_{23}^2 = 1 \\ \cdots\cdots \\ x_{9D}^1 + x_{9D}^2 + x_{9D}^3 = 1 \\ \sum_{j=1}^k x_{1,2}^j - \sum_{j=1}^k x_{2,1}^j = 1 \\ \sum_{j=1}^k x_{9D}^j - \sum_{j=1}^k x_{D9}^j = -1 \\ \sum_{i=2}^{n-1}\sum_{j=1}^k x_{i,i+1}^j - \sum_{i=2}^8\sum_{j=1}^k x_{i+1,i}^j = 0 \\ \dfrac{\sum (t_{i,i+1}^j + t_{i,i+1}^j)}{18} = \dfrac{9.45x_{12}^1 + 3.43x_{12}^2 + \cdots + 14x_{9D}^3}{18} \leqslant M \\ x_{i,i+1}^j = 1 \text{ or } 0 \end{cases} \tag{7-38}$$

为使其中工作负荷与时间成本之和最小，将约束条件 M 依次设定为低、较低、一般、较高和高来进行模型求解，来选择出综合成本最小，控制效果最好的联合控制策略。结果显示，当约束条件为低，即 $M \leqslant 2$ 时，该模型无解，当约束条件为较低，即 $M \leqslant 4$ 时，该模型有解，此时满足综合成本最小，控制效果最好，结果见表7-17。

表7-17 算例结果

变量	取值	变量	取值
x_{11}	0	x_{13}	0
x_{12}	1	x_{14}	0

表 7-17（续）

变量	取值	变量	取值
x_{21}	1	x_{62}	0
x_{22}	0	x_{63}	0
x_{31}	0	x_{71}	1
x_{32}	1	x_{72}	0
x_{33}	0	x_{73}	0
x_{34}	0	x_{81}	1
x_{41}	0	x_{82}	0
x_{42}	1	x_{83}	0
x_{51}	1	x_{91}	0
x_{52}	0	x_{92}	1
x_{61}	1	x_{93}	0

从表 7-17 可以看出，变量 x_{ij} 取值为 1 时，表示致因因素 r_i 选择第 j 个控制策略，对于整个控制过程，应该采取的组合风险控制策略为 $\{x_{12},x_{21},x_{32},x_{42},x_{51},x_{61},x_{71},x_{81},x_{92}\}$，可以在控制效果最好的同时使得成本最低，因此，以上控制策略是有效的民用多旋翼无人机事故致因的最优组合控制方案，控制所需成本在较低范围内，此时的控制网络图如图 7-14 所示。

7.4.4　结果分析

将选择的组合控制策略作为控制节点，代入构建的贝叶斯网络中。控制效果的值越大，表明控制效果越好，相应的致因节点发生概率就会越小。在控制效果的划分分值中，0 分表示完全不起作用，10 分表示 100%控制，因此，这里将控制效果的分值百分化，进而将控制节点作用后的致因节点发生概率量化表达，公式如下：

$$P_{i,i+1}^j = \frac{1-q_{i,i+1}^j}{10} \times 100\% \times h \qquad (7-39)$$

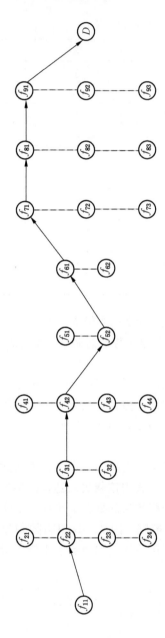

图 7-14 事故致因风险控制网络

式中，$p_{i,i+1}^{j}$ 表示实施控制策略后的致因因素节点发生概率；h 表示实施控制策略前的致因因素发生概率，结果见表 7-18。

表 7-18　控制策略作用后的节点发生概率

风险控制策略（x_{ij}）	百分化控制效果	节点原本发生概率	控制后节点发生概率
提升飞行高度（脱离干扰区域）（x_{12}）	58.5%	6%	2.55%
起飞前检查，指南针工作是否正常（x_{21}）	81.4%	2.5%	0.465%
飞行前检查视觉模块是否工作正常（x_{32}）	58.5%	48%	20.4%
提升飞行高度或就近降落（x_{42}）	56.8%	1.5%	0.648%
接受正规系统的培训（x_{51}）	73.7%	17%	4.471%
采用高强度桨叶，并定期更新（x_{61}）	79.5%	发生 27% 不发生 5%	发生 5.535% 不发生 1.025%
起飞前检查，电池是否正常（x_{71}）	61%	发生 15% 不发生 2%	发生 5.85% 不发生 0.78%
提前制定飞行计划，避免人员密集区域上空飞行（x_{81}）	79.3%	发生 50% 不发生 5%	发生 10.35% 不发生 1.035%
定期进行无人机运行规章制度的学习（x_{92}）	70.9%	16%	4.656%

表 7-18 中的控制策略 x_{61}、x_{71} 和 x_{81} 所对应的节点致因因素桨叶失效、电池故障和人员密集区域在贝叶斯网络中属于中间节点，都存在父节点，所以在考虑发生概率时分为其父节点致因因素发生和不发生两种状态。据此，将控制策略作为控制节点加入贝叶斯网络中，并更新相应节点的先验概率和条件概率，得到新的民用多旋翼无人机事故致因贝叶斯网络控制图，如图 7-15 所示。

由图 7-15 可知，在 $\{x_{12}, x_{21}, x_{32}, x_{42}, x_{51}, x_{61}, x_{71}, x_{81}, x_{92}\}$ 的组合控制策略共同作用下，失踪、空中碰撞、坠落和人员受伤 4 类事故的发生概率分别下降为 2.71%、2.85%、8.35% 和 0.12%，

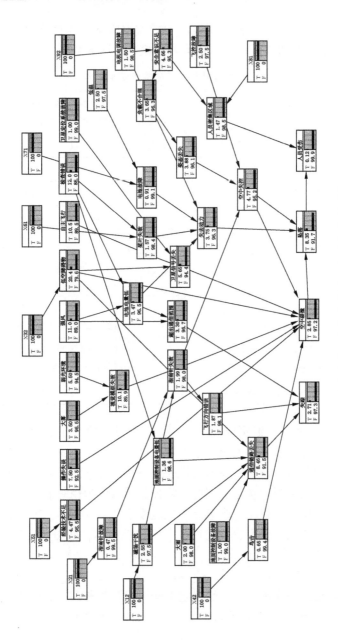

图 7-15 民用多旋翼无人机事故致因贝叶斯控制网络

相较于不采取任何控制策略时的 4.85%、8.6%、15% 和 1.71%，事故发生概率同比下降 44.12%、66.86%、44.33% 和 92.98%。

结果表明，民用多旋翼无人机事故致因的组合控制策略能有效降低各事故的发生概率，降低无人机运行风险。人员受伤事故发生率同比下降最高，为 92.98%，而空中碰撞、坠落和失踪相对较低，说明组合控制策略能有效降低无人机对人员造成伤害的概率，但是对无人机本身损伤概率降低有限，这是因为本节的控制策略仅针对无人机操作人员，控制效果有限。若要进一步提升控制效果，需无人机操作人员、无人机生产厂商和政府管理机构等协同决策，从操作人员、无人机系统、运行环境和运行管理几个方面来进一步加强风险控制，预防事故。

本节针对民用多旋翼无人机事故致因的关键致因因素，提出相应的风险控制策略，以降低无人机运行风险。15 个事故致因关键节点中，有 9 个事故链的初始节点需要重点防控；依据图论和目标规划理论构建了风险控制网络图，选择出综合成本最低、控制效果最好的组合控制策略；在组合控制策略作用下，4 类事故的发生概率同比下降 44.12%、66.86%、44.33% 和 92.98%，表明组合控制策略能有效降低事故发生概率；仅针对无人机操作人员的控制策略效果有限，控制后的事故发生概率仍较高，未来需要从操作人员、无人机系统、运行环境和运行管理几个方面来进一步加强风险控制，预防事故。

8 民航安全应急管理

8.1 改进 STAMP 应急响应系统设计与情报体系构建

虽然目前航空运输安全水平总体较高，但特情事件依然频发，例如川航 3U8633 航班挡风玻璃破裂紧急备降双流机场事件，国航 CA983 航班货舱遭遇火警备降俄罗斯阿纳德尔机场事件等。假若航空器特情无法得到有效应急处置，那么特情事件可能会进一步恶化为严重事故征候，甚至是航空事故，进而导致重大人员伤亡与财产损失。

中国民航系统应急管理主要有民航局颁布的一些管理规则与应急预案，如《中国民用航空局应对突发事件总体预案》《中国民用航空应急管理规定》（CCAR-397）。这些应急管理规范，可作为各组织单位制定应急管理措施的依据。然而，应急管理的实用工具与技术并未有较好的发展，且各组织单位（机场、管制单位、航空公司）各自制定应急预案、应急处置程序等，导致应急管理缺乏系统性。而航空器特情事件应急处置则需要多方互相配合，才能达到多方协同应急响应与应急处置的目的。

目前，航空器特情的应急管理相关研究较少。STAMP 模型是一个可用于复杂非线性系统安全性分析的事故模型，该模型是从系统论的角度来分析事故发生过程，识别出系统存在的不安全控制行为，对系统安全进行分析。目前，STAMP 模型已广泛应用于化工生产、交通运输、施工建筑等领域的事故致因研究或系统安全分析，也开始应用于应急联动系统的设计，如基于STAMP 模型的原理，设计了应对地铁拥挤踩踏的应急联动系统，用于监测人流密度与紧急疏散。

　　航空器特情具有突发性、复杂性及危害性等特征，为避免特情事件恶化而导致事故发生，本节基于 STAMP 模型的控制反馈原理，通过改进 STAMP 模型，构建航空器特情事件的应急协同联动响应系统，研究其闭环运作机制；并据此结合数据全生命周期理论，构建应急决策快速响应情报体系，分析情报体系在特情事件处置中发挥的作用，为航空器特情事件应急响应及决策提供新的研究思路。

8.1.1　应急协同联动响应系统的构建

8.1.1.1　STAMP 模型

　　STAMP 模型从系统的角度，对事故致因进行分析及通过一些安全约束实现安全属性，目前 STAMP 模型的运用集中于对已发生事故过程的建模及剖析，识别系统的控制缺陷。其原理是将安全问题转化为控制问题，如图 1-4 所示。

　　若将应急响应系统作为一个复杂系统，其应急决策、响应措施则可干预控制突发事件的进一步恶化，防止事故的发生。突发事件的应急响应措施本质上是系统的控制与反馈过程，利用 STAMP 模型的分层安全控制结构，识别各层的不安全行为，通过干预控制措施，阻止不安全行为的发展。因此，通过 STAMP 模型由上而下的分层安全控制结构，及时应急响应与决策，完成相应的控制过程，并通过情报的及时反馈，形成闭环运作机制，指导突发事件的应急响应与处置工作。

8.1.1.2　应急协同联动响应系统分层结构

　　航空器特情属于事故类突发事件，对突发事件的快速响应与处置一直是公共安全应急管理的研究重点，其中应急情报体系可对突发事件进行监控、判断、决策与处置。目前突发事件应急管理体系建设将全面纳入"十四五"规划中，同时以构建情报体系为导向的相关研究更是近年来的研究热点。无论是从航空器特情事件，还是公共安全的突发事件来说，应急决策体系都需要多部门、多层次、多环节等多方协调。而横向的多组织的协调、整合、互动能够使复杂系统的组织绩效提高，可见多方的协同决策与联动能够将突发事件发生时的应急处置有效性发挥到最大。因此，引入协同联动机制具有必要性。

综上所述，有必要："事前"对民航事故致因进行监测、识别及预警；"事中"在航空器特情发生时，及时通过干预控制措施的应急处置来阻止事态的进一步恶化；"事后"通过对事件本身起因与应急响应处置等的反馈与评价，进行预防改正工作。这表明，需要采取快速响应与有效的应急措施，为事前的预警、事中的干预以及事后的防控，提供强有力的保障与支持。而借助应急情报体系能够为突发事件的发生及演化提供监测、识别、预警、决策及干预控制提供支撑，同时也为应对危机的各参与主体提供情报服务，达到提升突发事件应急处置能力的目的。基于上述的 STAMP 模型的控制反馈原理，可知系统要达到由上而下的分层控制约束，需要以应急情报体系作为支撑，通过情报流的动态循环，指导应急响应工作。因此，本节结合应急情报体系以及民航运输运行的特点对 STAMP 模型进行改进，从情报的收集监控、判别告警、分析决策、控制策略及情报评价反馈出发，构建一个具有闭环更新机制的应急协同联动响应系统分层结构，如图8-1 所示。

改进后的 STAMP 模型，事故分析或系统安全性分析的STAMP 模型相比，更侧重于研究避免事态恶化的应急处置流程运作，具有事前、事中及事后的闭环运作的指导作用，并非用于具体分析事后（事故）的致因及机理。与 STAMP 模型类似，在基于改进 STAMP 模型设计的应急协同联动系统中，将防止事故进一步恶化的措施作为安全约束条件，经过情报采集、情报监控、情报判别等处理过程后，当所采集得到的数据大于系统所设定的阈值时，应急响应中心则会根据情报分析得到的告警等级与特情状况，协同决策应急处置方案，并发出对应的控制指令给执行机构与参与方的应急保障部门，共同做好应急响应的保障工

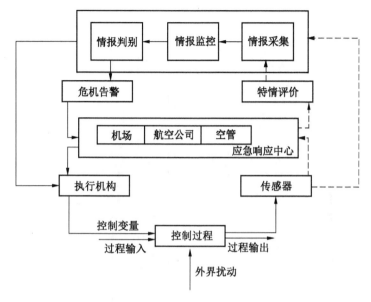

图 8-1 应急协同联动响应系统分层结构

作。当特情事件结束后，对事件进行评价与反馈，并搜集特情信息，录入情报库后更新情报，为后续的应急响应工作做储备。

8.1.1.3 应急协同联动响应系统控制过程

控制过程主要包括了各类特情事件征兆的识别、监控、判别以及告警后的应急响应处置。其中事件危机征兆的识别与监控也是情报工作的日常。应急协同联动响应系统控制过程，如图 8-2 所示。所收集的大量航班运行的相关数据，经过标准化与精简化处理后，主要用于对实时数据的监控与监测。将收集后的数据存储于数据采集库、事件案例库、知识库等，为应急决策起辅助作用。

判别环节的目的是对特情事件预警与告警，该环节是将数据采集库所采集的当前数据与预警系统中所设置的对应数据的安全阈值予以对比；若采集得到数据的当前值大于系统设定的安全阈

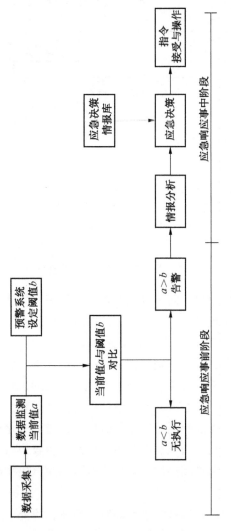

图 8-2 应急协同联动响应系统控制过程

值，则会立即发出告警信号传至应急响应中心；若采集得到数据的当前值小于系统设定的安全阈值，则无须采取行动。判别系统的建立，可以通过收集航空公司安全评价指标、机场运行安全评价指标与空管运行安全评价指标，以及各类特情事件案例、航空不安全事件报告与航空事故调查报告等，构建预警指标体系并赋予指标权重，采取合适的评价方法并设定安全阈值。

当预警系统判别当前的数据具有危机征兆时，则会立刻向应急响应中心告警，此时特情事件已发生，同时情报工作进入关键的应急状态。应急响应中心立刻对特情事件的相关数据进行情报分析，具体的表现形式包括特情事件类别判断、飞机运行状态评估、机上人员情况了解、就近机场的着陆条件、事态发展的趋势等，据此进行下一步的应急决策。

控制过程的情报输出主要为应急处置方案，借助与应急决策相关的情报库与应急响应指挥小组（专家组），制定可执行的应急方案，并将此控制指令传递给相应的执行机构，例如机组人员、机场、消防、医疗等。

8.1.1.4 应急协同联动响应系统反馈过程

反馈过程是指应急处置方案的执行指令已传达到执行机构并予以执行后，传达到应急响应中心，进行应急处置后的情报分析、评价与反馈，如图 8-3 所示。

将运行安全的相关数据与预警系统设定的安全阈值对比，或者由应急响应中心决定处置后的情况是否需要调整应急处置工作，若处置后的数据值大于阈值，或者响应中心认为有必要对应急处置工作进行调整，则由应急响应中心调整应急决策方案后，再次向执行机构传达指令，开展新的应急处置工作，直至特情事件结束。当特情事件结束后，还需要对特情事件的处置工作进行评价与反馈，及时更新情报，重新输入至相关的情报存储库中，开展下一次的事前、事中以及事后的情报服务，形成一个闭环的更新机制，应对特情事件。

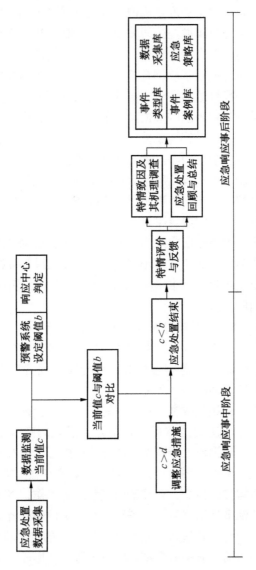

图 8-3 应急协同联动响应系统反馈过程

因此，该阶段的情报工作主要包括 3 个方面：一是对本次特情事件应急响应过程的回顾与分析，分析事件所造成的人员伤亡与财产损失情况，评估处置工作的效率与取得的效果，总结应急响应的经验教训；二是调查特情事件的起因，分析特情事件的致因因素及其发生机理，对相关单位提出相应的安全整改意见与预防措施；三是将此次特情事件所涉及的数据资料等，输入到特情事件的情报存储库，如事件类型库、数据采集库、事件案例库、应急策略库，丰富所构建的应急响应情报体系。

8.1.2 特情事件应急协同联动响应系统

根据中国对航空器特情事件的相关规定，本节将其分为 25 类。当航空器在飞行途中遇到直接或间接威胁飞行安全的情况时，为防止事件恶化，应立即采取有效应急处置措施，避免特情向事故发展。起落架故障是常见的航空器特情事件类型之一，且起落架是航空器的关键部件。当航空器在飞行途中发生起落架放不下或起落架告警的情况时，应立即采取应急处置措施，否则将导致冲偏出跑道严重事故征候或者事故的发生。因此，基于改进 STAMP 模型的分层结构，构建起落架故障特情事件的应急协同联动响应系统，如图 8-4 所示。

当发生起落架故障特情时，应由空管单位、航空公司与机场组成应急响应中心，通过监控设备、机组报告等方式进一步获取起落架故障的情况，并结合事件案例库、事件知识库、数据采集库等，评估此次事件的严重程度，预计造成的损失等。同时应急决策者根据当前的应急决策存储库综合研判分析，决定应急处置方案后，立即把指令发出给执行机构，向机组人员建议采用大坡度转弯、下降拉升等应急处置方式，将起落架放下，并要求管制单位及时指挥其他航空器避让，留有足够的空域让机组进行大坡度的转弯或紧急迫降等操作。若采取应急措施后，起落架可放下，此时管制单位应予以确认；若无法放下起落架，则应立即通知航空器在就近且满足降落条件的机场迫降，并询问机组有关飞

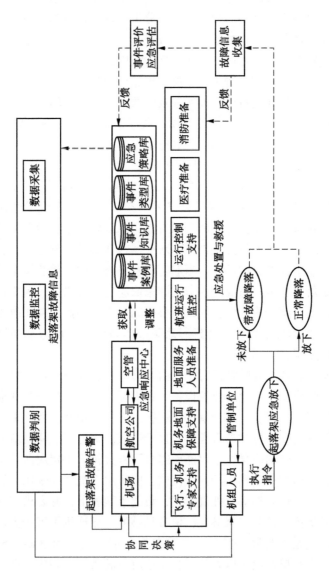

图 8-4 起落架故障特情事件的应急协同联动响应系统

机重量情况是否满足降落标准等，联动航空公司运控中心提供气象条件支持，机务提供航空器机械设备仪表检查判断支持，联动机场地面保障人员紧急就位，通知消防、医疗等应急救援队伍，做好可能发生冲偏出跑道、机身起火等事故的救援准备，机组人员按快速检查单（QRH）手册执行着陆程序。

8.1.3 应急决策快速响应情报体系构建

基于改进 STAMP 模型构建的应急协同联动系统的控制与反馈过程的情报流分析，结合航空器特情事件的特征，可知航空器特情事件的应急响应要做到决策响应时间短，应有信息数据作支撑、协同联动多个参与主体作保障以及先进技术作辅助。情报体系的建立不仅能实时监测潜在的危险信息，而且能分析特情状况，评估危害与预测事态发展。因此，可通过以数据全生命周期理论为基础，借助其数据流动过程，构建特情事件应急决策快速响应情报体系（图 8-5），用以分析应急响应情报流及运行机理。探讨围绕大数据时代、协同联动机制与先进技术下的航空器特情应急响应情报工作及功能。

以情报流为基础，分析情报体系的功能，具体如下：

（1）情报收集是情报工作的开始，情报的输入为情报源，其表现形式为各类信息源与数据源，广泛收集多类型的数据与信息是完成情报采集工作的基础，应保证情报的广度与精度。民航运输的情报源主要包括气象数据、通信导航监视设备记录的数据、飞机运行状态数据、航行情报、航线航路数据、地理空域环境数据，以及涉及保障飞行安全相关人员的行为数据。

（2）情报处理工作目的是将数量大及类型多的民航运输数据，进行密集度的提高与可用性的处理，并按照统一的数据处理标准进行标准化处理，以方便建立各航空器特情事件的统一规范的数据库，为预警系统和应急决策者获得精准的特征数据，便于数据库之间的交互与共享。

（3）情报储存是将数据与信息转换成为情报，提供应急决

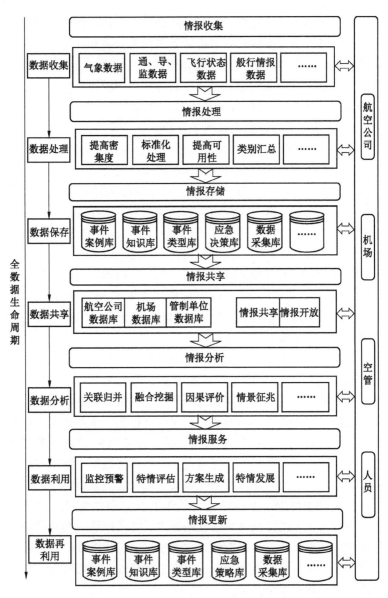

图 8-5　特情事件应急决策快速响应情报体系

策快速响应所使用的真正有用数据与信息。因此，要求云存储具备不同的功能类型，辅助决策者做出快速响应与决策。云存储库包括：事件案例库，用于存储历史发生的事件案例库；事件知识库，主要分为特情事件的基本信息与可参考的事件主体背景知识、规章制度等资源信息；事件类型库，按照航空器特情的不同类型进行存储；应急策略库，存储应对特情事件的综合性文件，例如应急政策、应急行动程序等；数据采集库，存储实时采集得到的数据，用于判别预警、辅助决策。

（4）情报共享是协同联动应急决策的基础，目的在于化解跨地域、多部门配合等难题。民航运输主要有航空公司、机场、空管三个参与方。将三方的数据与信息共享，以信息数据为基础，设计包括数据整合、应急传输等功能的通信系统，构建数据与信息在各参与方的流向关系，实现各参与方的信息数据共享、实时情报交互，并将应急决策快速响应的优势最大化。

（5）情报分析是应急决策快速响应的关键。考虑到航空器特情事件的复杂性、突发性、多样性，会出现不同类型的特情事件融合的现象，此时需要通过以数学模型为基础的技术手段，分析不同类型特情事件融合后生成的量变或质变的新型航空器特情事件，及其所造成的预计损失、事态发展趋势等。其中利用先进的技术手段，包括关联分析、因果评价以及情景征兆等。通过抽取不同情景下的事件特征数据，进行相互关联分析，事件因果关系评价，预测未来发展的态势等；利用隐马尔可夫模型、时间序列、灰色异构数据预测等数学模型，结合实时监测的数据或信息，研判相关数据是否突破安全阈值，发出危机告警。

各类型航空器特情事件融合框架如图8-6所示。

（6）情报服务是情报分析的结果，基于上述的改进STAMP模型的应急协同联动响应系统的控制与反馈过程，情报服务主要包括实时数据的监控与预警、特情事件的等级评估、预估事件发展及造成损失、辅助生成应急决策方案等。其中，应急决策是航

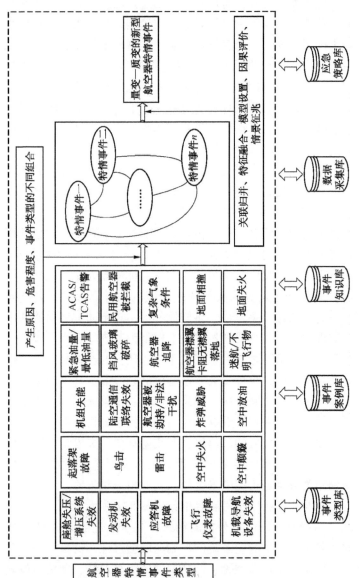

图 8-6 各类型航空器特情事件融合框架

空器特情事件应急响应的核心，为应急处置措施提供有效指导。情报服务应急决策辅助流程，如图8-7所示。

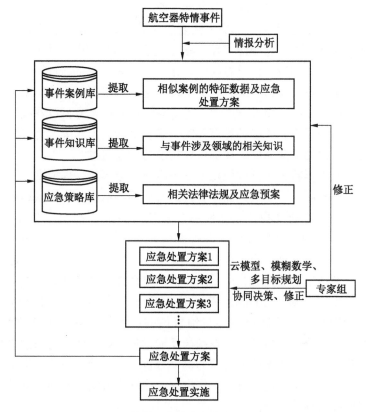

图8-7 情报服务应急决策辅助流程图

航空器特情事件经过情报分析，能够实现特情等级评估、特征数据提取、事态发展预估。基于此，通过案例推理、语义搜索及数据关联等技术手段，实现相关存储库的提取工作，具体表现为：借助事件案例库所提取的与本特情事件相似的案例；搜寻事件知识库所提取的航空运输与安全科学等领域的专业概念术语及行为规则；参照应急策略库所提取的民航相关的管理规则与应急预案，最终制定多个应急处置方案。对于多个方案决策的模糊性与不确定性，专家组可以借助云模型、模糊数学思想、多目标规划等方式，选择最优的应急处置方案。

（7）情报更新是指情报随着特情事件的发展，情报实时更新，动态调整应急响应工作。根据改进 STAMP 模型的反馈过程与闭环管理理论，情报更新体现在两个方面，一是当特情事件尚未结束，及时反馈给应急响应中心，用以调整下一步的应急处置工作；二是特情事件结束后，完成对特情的调查分析以及应急响应工作的评价，用以补充事件案例库、事件知识库等，为以后同类型事件的应急响应工作提供更精准的情报支撑。

航空器特情事件的应急处置是避免严重事故征候或事故的有效干预控制手段。通过建立有效的航空器特情应急协同联动响应系统与完善的情报体系，能够在特情处置时发挥重要的作用。STAMP 模型是利用安全约束将安全问题转化为控制问题来实现安全属性的复杂安全系统模型。该模型为应急响应系统的构建提供了新的思路，为分析应急响应情报体系提供新的视野。

因此，基于 STAMP 模型的控制与反馈原理，通过改进 STAMP 模型，构建航空器特情事件的应急协同联动响应系统，能够全面分析应急响应的控制与反馈过程中各个环节与因素之间的关系。以起落架故障特情为例，分析了航空器特情事件发生时应急协同联动响应系统的运作过程，能够为特情事件的应急处置工作提供理论基础。

以改进 STAMP 模型的应急协同联动响应系统为基础，借鉴全数据生命周期原理，构建了应急决策快速响应情报体系，该情报体系能够系统地、全面地分析情报体系在应对特情事件所发挥的作用。分析表明，该情报体系不仅具有危机监控与告警、应急决策辅助、事后反馈与评价等功能，而且能结合特情事件的复杂性与多样性，提供动态的事件变化趋势等，为应急决策者提供个性化情报服务。

8.2 民用机场应急管理能力评价方法研究

机场应急管理是民航安全的重要组成部分和基本保障。但在机场实际应急管理中仍存在一些问题，如应急预案体系不够完善，各救援单位间的联动不紧密等。如何全面、系统地提升民用机场的应急管理能力，这已成为民航安全发展的当务之急。

目前，国外主要对机场医疗应急响应、机场应急管理协议的学习和机场的应急反应等方面做了相关研究。国内对机场应急管理能力的评价，多采用层次分析法、模糊综合评价法、灰色综合评价法。这些方法虽一定程度上能够反映出机场应急管理水平，但易受主观偏好的影响且不能明显看出应急管理能力的发展趋势，此外，对于多指标因素来说，层次分析法工作量太大，模糊综合评价则需考虑多个方面，易降低评价精准度，灰色综合评价法则没有合理的"分辨率"选择标准。机场是乘客和航空公司之间的纽带，其应急管理复杂多样，评价内容涉及多个方面，因此，我们即要准确计算其应急管理能力等级，更需找出其应急管理能力的发展趋势，以不断提升机场自身的应急管理水平，这与物元可拓法的优点相吻合。机场安全评价和停机坪安全评价中，已有学者应用物元可拓理论。本节以机场航空器突发事件的应急管理为研究对象，基于应急管理周期 4 阶段分析机场应急管理过程，建立评价指标体系，构建物元可拓评价模型。该研究有助于准确找出机场应急管理的薄弱环节及其发展趋势，并有针对性地制定相应策略，同时可有效提高机场整体应急管理水平，降低应急管理成本。

8.2.1 评价指标体系构建

8.2.1.1 评价指标初选

目前，国内已有的研究中，虽能不同程度地找出机场应急管理水平，但也存在指标划分相对模糊、不够全面等瑕疵。

本节通过分析预防、准备、应对及恢复应急管理 4 阶段，按照系统性、独立性和代表性原则，结合《国家突发公共事件总体应急预案》《突发事件应对法》《中国民用航空应急管理规定》和《民用运输机场突发事件应急救援管理规则》等资料，提取应急预案体系、组织体系、运行机制、应急处置、应急保障、监督管理、预案管理7个方面作为构建机场应急管理能力一级指标的基础。

根据专家意见，将运行机制作为二级指标放在应急预案体系下。最终确定预防监测、人员组织、应急预案体系、资源保障、应急处置、恢复总结6个一级指标。通过分析、整理、总结相关案例及研究，初步确定35个二级指标要素，见表8-1。

8.2.1.2 检验评价指标合理性

运用 Likert 5 级量表采集相关信息，依据上述初选指标要素，结合相关专家及经验丰富的机场一线员工给出的意见，设计出机场应急管理能力调查问卷量表。

向 80 位具有 5 年及以上工作经验的受访者发放问卷，其中机场员工 72 名，民航地区监管局人员 8 名。回收问卷 74 份，其中有效问卷 72 份，问卷有效率为 90.00%。采用 SPSS22.0 软件检测信、效度，结果显示克朗巴哈系数为 0.872（>0.7），则数据可靠，KMO 值 0.812（>0.5），说明效度良好。问卷具体统计整理结果见表8-1。

表8-1 各指标要素频数分布及熵权

指标要素	非常不重要	不重要	一般重要	重要	非常重要	熵权	排序
应急流程危险源辨识	0	36	30	6	0	0.0310	15
监测预警	0	0	25	25	22	0.0365	5
净空保护	59	9	4	0	0	0.0210	30
安全检查	40	20	12	0	0	0.0260	19
危险区进出管制	61	10	1	0	0	0.0191	35

表 8-1（续）

指标要素	非常 不重要	不重要	一般 重要	重要	非常 重要	熵权	排序
应急职能及岗位配置	0	0	0	11	61	0.0388	1
应急人员素质	0	52	15	5	0	0.0297	16
专家队伍	58	13	1	0	0	0.0200	32
应急人员培训	0	0	24	35	13	0.0361	6
更新救援人员电话	60	11	1	0	0	0.0194	34
应急预案制定	0	12	49	11	0	0.0328	12
机场安全管理规则制度	23	46	3	0	0	0.0257	21
应急工作流程制定	13	53	6	0	0	0.0269	18
应急预案演练	0	0	6	28	38	0.0378	3
应急资金保障	46	13	13	0	0	0.0256	22
通信装备保障	0	0	30	28	14	0.0359	7
医疗装备保障	0	0	25	39	8	0.0358	9
救援装备保障	0	0	31	29	13	0.0358	8
促进救援信息化建设	60	10	2	0	0	0.0199	33
科技应用	51	16	5	0	0	0.0229	28
快速响应	0	19	51	2	0	0.0317	14
分析决策	0	6	64	2	0	0.0324	13
舆论沟通	25	43	4	0	0	0.0257	20
预案动态调整	0	0	3	20	49	0.0383	2
应急物资调配	0	0	9	38	25	0.0372	4
信息获取传递	0	0	37	33	2	0.0349	10
救援协调机制	0	0	60	8	2	0.0335	11
应急人员防护	49	17	6	0	0	0.0235	26

表8-1（续）

指标要素	非常不重要	不重要	一般重要	重要	非常重要	熵权	排序
救援人员有识别标志	58	11	2	1	0	0.0215	29
应急联合救护	39	30	3	0	0	0.0241	23
社会救援协会	56	14	2	0	0	0.0209	31
预案维护	38	32	2	0	0	0.0240	24
恢复重建	38	33	1	0	0	0.0237	25
事后评估总结	0	61	8	3	0	0.0286	17
事故问责	46	23	3	0	0	0.0231	27

8.2.1.3 民用机场应急管理能力主要指标要素的确定

由于所选多为定性指标，熵权法既可尽量降低主观因素对权重的影响，也可用于指标的筛选。因此，引入熵权法来确定主要指标要素及其权重，计算步骤如下：

（1）对受访者所给指标值 $x_{ij}(i=1,2,\cdots,n;j=1,2,\cdots,n)$ 标准化，即

$$y_{ij} = \frac{x_{ij} - x_{\min(i)}}{x_{\max(i)} - x_{\min(i)}} \beta - (1-\beta) \qquad (8-1)$$

其中：$x_{\max(i)} = \max(x_{i1}, x_{i2}, \cdots, x_{im})$；$x_{\min(i)} = \min(x_{i1}, x_{i2}, \cdots, x_{im})$，$0 < \beta < 1$，一般可取 $\beta = 0.9$。

（2）第 i 个被调查者对指标 j 评分的比重为

$$f_{ij} = \frac{y_{ij}}{\sum\limits_{i=1}^{n} y_{ij}} \qquad (8-2)$$

（3）要素 j 的熵值 E_j 为

$$E_j = -(\ln m)^{-1} \sum_{i=1}^{m} f_{ij} \ln y_{ij} \quad j=1,2,\cdots,n \qquad (8-3)$$

式中，n 为指标个数；m 为受访者数量。

（4）i 取值不同时，若 y_{ij} 差异越大，则 E_j 差异越小，指标 j 的差异系数 g_j 越大，则受访者越重视指标 j，即

$$g_j = 1 - E_j \qquad (8-4)$$

（5）要素 j 的熵权为

$$w_j = \frac{g_j}{\sum\limits_{i=1}^{n} g_i} \qquad (8-5)$$

运用式（8-1）至式（8-5）计算各指标熵权，见表 8-1。依据所求熵权值，结合专家意见，设定临界阈值 $\lambda = 0.023$，经剔除后得到 27 个二级指标，见表 8-2。

表8-2 应急管理能力评价指标体系

一级指标	二级指标	一级指标	二级指标
预防监测	应急流程危险源辨识（C_1）	应急处置	快速响应（C_{15}）
	监测预警（C_2）		分析决策（C_{16}）
	安全检查（C_3）		舆论沟通（C_{17}）
人员组织	应急职能及岗位配置（C_4）		预案动态调整（C_{18}）
	应急人员素质（C_5）		应急物资调配（C_{19}）
	应急人员培训（C_6）		信息获取传递（C_{20}）
应急预案体系	应急预案制定（C_7）		救援协调机制（C_{21}）
	机场安全管理规则制度（C_8）		应急人员防护（C_{22}）
	应急工作流程制定（C_9）		应急联合救护（C_{23}）
	应急预案演练（C_{10}）	恢复总结	事后评估总结（C_{24}）
资源保障	应急资金保障（C_{11}）		恢复重建（C_{25}）
	通信装备保障（C_{12}）		预案维护（C_{26}）
	医疗装备保障（C_{13}）		事故问责（C_{27}）
	救援装备保障（C_{14}）		

对 27 个二级指标的权重 ω_i 进行归一化处理后，依次为 $(0.037, 0.044, 0.031, 0.046, 0.036, 0.043, 0.039, 0.031, 0.032,$ $0.045, 0.031, 0.043, 0.043, 0.043, 0.038, 0.039, 0.031, 0.046,$ $0.045, 0.042, 0.040, 0.028, 0.029, 0.029, 0.028, 0.034, 0.028)$。

8.2.2 物元可拓评估模型

8.2.2.1 物元可拓理论

物元可拓法以可拓集合和物元理论来研究物元及其变换，把指标及其特征值作为物元，通过确定评价级别及测量数据，求出经典域、节域和关联度，进而进行定量分析。

1. 物元理论

物元是由事物、特征及事物关于该特征的值组成的有序三元组，即 $R = (N, C, V)$，N 为事物，C 为特征的名称域，V 为 N 对 C 的量值值域，三者称为物元三要素。则 N 关于特征 C_i ($i = 1, 2, \cdots, n$) 对应的量值 V_i ($i = 1, 2, \cdots, n$) 构成的矩阵为

$$\boldsymbol{R} = (N, C, V) = \begin{bmatrix} N & c_1 & v_1 \\ & c_2 & v_2 \\ & \vdots & \vdots \\ & c_n & v_n \end{bmatrix} \quad (8\text{-}6)$$

称为 n 维物元。

2. 可拓集合理论

$$\overline{A}(T) = \left\{ (u, y, y') \,\middle|\, \begin{array}{l} u \in U, y = k(u) \in (-\infty, +\infty), \\ y' = K(T_u) \in (-\infty, +\infty) \end{array} \right\} \quad (8\text{-}7)$$

可拓集合理论描述的是事物"是"与"非"相互转化及其拥有某种性质的程度。设 U 是论域，K 为 U 到实域 $(-\infty, +\infty)$ 的一个映射，T 是对 U 中元素的变换，称是 U 上关于 T 的一个可拓集合，$y = K(u)$ 是 $A(T)$ 的关联函数。

8.2.2.2 物元可拓模型

1. 经典域、节域和待评物元

根据物元理论，经典域物元定义为

$$R_j = (N_j, C_i, V_{ji}) = \begin{bmatrix} N_j & c_1 & v_{j1} \\ & c_2 & v_{j2} \\ & \vdots & \vdots \\ & c_n & v_{jn} \end{bmatrix} = \begin{bmatrix} N_j & c_1 & \langle a_{j1}, b_{j1} \rangle \\ & c_2 & \langle a_{j2}, b_{j2} \rangle \\ & \vdots & \vdots \\ & c_n & \langle a_{jn}, b_{jn} \rangle \end{bmatrix} \quad (8-8)$$

式中，N_j 指全部等级（$j=1,2,3,4,5$）；C_i 是评价等级 N_j 对应的第 i 个评价指标（$i=1,2,\cdots,n$）；V_{ji} 是 C_i 的量值范围；N_j 关于 C_i 的范围称为经典域 R_j；a_{ji} 和 b_{ji} 指 j 等级下 C^i 量值的上、下限。

取各指标所有等级取值范围的最大、最小值，即节域物元为

$$R_p = (N_p, C_i, V_{pi}) = \begin{bmatrix} N_j & c_1 & v_{p1} \\ & c_2 & v_{p2} \\ & \vdots & \vdots \\ & c_n & v_{pn} \end{bmatrix} = \begin{bmatrix} N_j & c_1 & \langle a_{p1}, b_{p1} \rangle \\ & c_2 & \langle a_{p2}, b_{p2} \rangle \\ & \vdots & \vdots \\ & c_n & \langle a_{pn}, b_{pn} \rangle \end{bmatrix} \quad (8-9)$$

式中，$V_{pi} = \langle a_{pi}, b_{pi} \rangle$ 是 N_p 对于 C_i 的量值范围，即 N_p 的节域；a_{pi} 和 b_{pi} 是各等级中每个指标量值的上、下限。

对于评价对象机场应急管理能力 N_o，用物元表示收集到的数据和分析结果，得出待评物元为

$$R_o = (N_o, C, V) = \begin{bmatrix} N_o & c_1 & v_1 \\ & c_2 & v_2 \\ & \vdots & \vdots \\ & c_n & v_n \end{bmatrix} \quad (8-10)$$

式中，V_i 是 N_o 关于 C_i 的量值，即待评指标的具体值。

2. 指标评价标准的确定

评价指标中有些可量化，如通信装备保障等；有些只能主观赋值，如应急职能及岗位配置等。因此，为使评价更客观，避免专家主观打分，参照国家条例、民航局规章和标准、国家层面应急预案、相关文献及机场人员意见，制定指标评价标准。邀请专家对各指标打分，打分值即为物元值 R_o。由于篇幅原因，这里只列举"应急预案演练"的评价标准，见表 8-3。

表8-3 指标评价标准

指标	评 价 标 准	分值
应急预案演练	组织不同类型的演练，演练次数多于 208 号令规定的最小值；在演练指挥机构之外另设演练督导组，演练和督导效果符合 208 号令及本单位要求	5
	组织不同类型的演练，演练次数刚好为 208 号令规定的最小值；不设演练督导组，演练和督导效果符合 208 号令及本单位要求	4
	组织不同类型的演练，演练次数少于 208 号令规定的最小值；不设演练督导组，演练效果符合 208 号令及本单位要求	3
	演练次数少于 208 号令规定的最小值，不设演练督导组，演练仅仅走形式，演练效果不符合 208 号令及本单位要求	2
	不进行应急救援演练	1

3. 各评价指标关联度的计算

关联度 $k_j(v_i)$ 指事物间的隶属关系，反映各指标隶属于其能力等级的程度。指标 i 关于等级 j 的关联度为

$$k_j(v_i) = \begin{cases} \dfrac{-\rho(v_i,v_{ji})}{|v_{ji}|} \\ \dfrac{\rho(v_i,v_{ji})}{\rho(v_i,v_{pi})-\rho(v_i,v_{ji})} \end{cases} \qquad (8-11)$$

式中

$$\rho(v_i,v_{ji}) = \left| v_i - \frac{1}{2}(a_{ji}+b_{ji}) \right| - \frac{1}{2}(b_{ji}-a_{ji})$$

$$\rho(v_i,v_{pi}) = \left| v_i - \frac{1}{2}(a_{pi}+b_{pi}) \right| - \frac{1}{2}(b_{pi}-a_{pi}) \qquad (8-12)$$

式中，v_i 为待评物元值；v_{ji} 为经典物元量值范围；v_{pi} 为节域物元量值范围；$\rho(v_i,v_{ji})$ 是点 v_i 到 v_{ji} 的距离；$\rho(v_i,v_{pi})$ 是点 v_i 与 v_{pi} 的距离。

4. 综合关联度及等级变量特征值的计算

综合关联度为

$$k_j(N_o) = \sum_{i=1}^{n} w_i k_j(v_i) \qquad (8-13)$$

令

$$\overline{k_j(N_o)} = \frac{k_i(N_o) - \min k_j(N_o)}{\max k_j(N_o) - \min k_j(N_o)}$$

$$j^* = \frac{\sum_{j=1}^{m} j \overline{k_j(N_o)}}{\sum_{j=1}^{m} \overline{k_j(N_o)}} \qquad (8-14)$$

式中，n 是指标数量；j^* 是等级变量特征值，j^* 值可反映同等级下评价对象偏向相邻等级的程度。

5. 机场应急管理能力等级的判断

依据关联度最大识别原则，确定机场应急管理能力所处等级为

$$k_{j_o} = \max \{k_j(N_o), j = 1, 2, \cdots, m\} \qquad (8-15)$$

式中，j_o 作为机场应急管理能力整体等级，充分考虑了隶属关系及应急管理能力组成要素对整体能力评价的影响。

8.2.3 案例分析

以中国 A 机场为例，只计算其整体的应急管理能力等级。综合专家意见，将机场应急管理能力等级划分为 $N_j = \{$优秀、良好、一般、差、很差$\}$，对应分值区间分别为 $\{[0,1]、(2,3]、(3,4]、(4,5]\}$。构建 A 机场应急管理能力经典域物元为

$$\boldsymbol{R}_j = \begin{bmatrix} & N_1 & N_2 & N_3 & N_4 & N_5 \\ c_1 & (4,5] & (3,4] & (2,3] & (1,2] & [0,1] \\ c_2 & (4,5] & (3,4] & (2,3] & (1,2] & [0,1] \\ \vdots & \vdots & \vdots & \vdots & \vdots & \vdots \\ c_{27} & (4,5] & (3,4] & (2,3] & (1,2] & [0,1] \end{bmatrix} \qquad (8-16)$$

依据指标评价标准，邀请 6 名专家（2 名机场经理、2 名应急人员和 2 名应急方面的政府专家）对 27 个主要指标进行打分。最后分值取平均值，保留 3 位小数，见表 8-4。

表8-4 A机场应急管理能力的各评价指标物元值

指标	物元值	指标	物元值
c_1	2.833	c_{26}	3.033
c_2	4.033	c_{27}	3.067
…	…		

计算 A 机场应急管理能力综合关联度，见表 8-5。

表8-5 A机场应急管理能力综合关联度及等级变量特征值

待评物元	综合关联度					等级	等级变量特征值 j^*
	N_1	N_2	N_3	N_4	N_5		
A	-0.125	0.115	-0.252	-0.503	-0.628	良好	2.070

A 机场的最大综合关联度为 0.115，表明其应急管理能力良好。由表 8-5 可知，A 机场应急管理能力等级变量特征值为 2.070，虽数值处于一般级 [2,3]，但极度趋近于良好级 [1,2]，故可认为 A 机场应急管理能力为良好级，且稍微偏离良好级。

本节通过对机场应急管理能力评价指标的综合考虑及细化，明确界定了指标间的层级关系，使指标体系更具科学性和实用性，运用熵权法筛选二级指标避免了指标筛选和权重配置的主观随意性。通过文献研究并结合专家意见制定了指标评价标准，不仅能够量化评价指标，而且可为专家打分提供参考依据。基于可拓学理论评价 A 机场应急管理能力，结果显示 A 机场应急管理能力处于良好级但稍微偏离良好级，说明该机场应急管理总体良好但存在不足。

8.3 航空安全风险管理模式探讨

随着航空运输量的持续增长，民航安全工作面临巨大的压力。目前，中国航空风险安全评价很多指标还存在局限性，缺乏标准性、敏感性，同时也存在时滞性，不利于风险的动态管理。据有关资料统计，世界民航的飞行事故有 70%是人为原因造成的，天气、机械故障和其他原因占 30%。因此，航空安全工作的中心是人，做好每一个参与安全生产的人的工作，就抓住了安全工作的关键。

问题管理正是紧紧以人为中心，充分调动人的主动性，所以实施问题管理为中心的安全管理模式，对于扭转安全工作局面具有重要的意义。问题管理倡导全方位、全时空、全过程地提出问题进而解决问题。问题管理变专职管理为全员管理；变间接管理为直接管理；变滞后管理为超前管理；变僵化管理为创新管理；变被动管理为主动管理；变模糊管理为务实管理。借鉴其他行业的成功经验，实施以问题管理为中心的安全管理模式，实现安全风险的动态管理、主动管理和超前管理，对于适应航空安全工作的新局面具有重要的意义。

8.3.1 问题管理与安全工作

所谓问题，是指需要研究讨论并加以解决的矛盾、疑难、事故或意外。问题管理是一种行动型的管理职能，它谋求确认那些可能影响组织的潜在或萌芽的各种问题（立法的、规章制度的、政治的或社会的）。然后，动员并协调该组织的一切资源，从策略上来影响那些问题的发展。问题管理的根本目的应该是促成有利于该组织的公共政策。

由于安全工作的目标难以确定，安全工作的结果难以量化，事故的偶然性等原因，给安全工作的计划部署、监督控制、验收评比等带来了许多困难。在这种情况下，更有必要在管理的大框架下，把注意力投向于问题，实实在在地在如何发现问题、解决问题上做工作。并以问题的解决程度，作为衡量安全工作达到水平的度量。通过实施问题管理，企业能及早地发现影响企业潜在的或萌芽状态的各种问题，及时采取必要措施，控制和解决这些问题。

8.3.2 问题管理模式

航空公司、机场和空管作为航空安全风险管理的三大责任主体，分别承担航空安全风险的不同方面。航空公司主要将安全工作集中于飞行安全、飞行员管理和部分机务维修等方面；机场的安全工作集中在安全检查、飞机正常起降的保障、净空管理等方面；空管将安全工作集中于空域管理、交通安全保障等方面，同时很多安全管理工作同时涉及三个责任主体。三个主体的安全管理过程均是化解安全问题的过程，提倡基于问题管理的航空安全风险管理模式，就是以务实的态度紧紧以航空安全问题为中心，注重问题的识别、分析和解决，切实有效的地解决安全问题。

基于问题管理的航空安全风险管理模式框架，航空业三大主体安全管理工作要围绕航空安全问题为中心进行制度、组织、日常管理方面的构建。构建基于问题管理的航空安全风险管理模式，首先是在制度层面，将问题管理制度化，落实问题管理责任，规范安全管理；在组织结构方面，为保证问题处理的有效和及时，需要进行组织流程的重构，尽可能使组织扁平化；在安全日常管理中，注重强调问题的发现、分析和解决，突出惯性、重点问题的控制，突出问题管理的分析和经验积累，将风险识别和恰当动作贯穿于问题管理的过程中。此外，还要注重将安全管理工作与企业危机管理工作有机结合起来。

在制度层面，通过将安全问题管理制度化、规范化，将问题的安全管理责任具体落实到个人，将人的积极性调动起来，变被动管理为主动管理。从一些问题管理的实践经验看，不但要将问题的后果影响落实到个人，而且需要鼓励人们积极识别自己的、别人的和组织的问题、暴露自己的、别人的和组织的问题，通过各种形式的讨论，启发和培养个人识别和解决问题的能力。随着中国航空发展步伐不断加大，风险积聚效应越来越明显，客观上越来越要求民航全体员工积极主动地参加到风险安全管理工作中。实施安全风险问题管理，能化过去专职部门的安全管理为全员管理，化过去被动管理为主动管理，无疑能适应航空业快速发展带来的风险管理客观要求。

在组织层面，航空安全管理三大主体具有人员多、组织层次丰富、规模大的特点，在实施基于安全问题管理的危险管理模式中，应进行组织流程的重构，尽可能使组织扁平化，提高安全问题信息的流动速度，保证安全问题处理的有效和及时。当然这种组织流程的重构也不需要每个信息流动环节上都设立相关部门，除了一定要有职责明确的由专家、管理者组成的专职安全问题处理委员会外，其他的可以是虚化的部门，由安全问题处理委员会赋予明确的职责。

在安全日常管理中，从问题管理的实践经验中看，通过绩效考核，强调员工和管理者，尤其是强调管理者的安全问题的发现、分析和解决能力，对于高效的安全管理工作具有十分重要的作用。突出惯性、重点安全问题的控制，对于一再发生，屡禁不止的安全问题，要有严厉的惩戒措施。由于航空业的风险种类复杂多样，管理面临的安全问题多，而安全管理可运用的资源总是有限的，安全管理工作不可能面面俱到，因此需要强调安全问题的轻重缓急，注重解决问题的整体效益考虑。对于直接危及航空安全的重点问题要突出管理，强调对于问题解决的适度反应，实现安全效益最大化。因此，需要不断加强安全问题的分析和管理经验积累，积累安全问题的适度反应阈值，注重对安全问题进行跟踪和分析，进而建立基于航空安全问题的风险预警系统，使解决安全问题的措施直接有效。

航空业实施基于问题管理的安全管理要注意与危机管理融为一体。危机管理属于企业公共关系的范畴，传统的危机管理是危机处理的狭义概念，随着现代风险的扩大和管理方法的进步，现代的危机管理理论强调危机的事前预防。航空业是高风险行业，安全问题处理不当，很容易引发危机，直接威胁企业生存空间，因此，经营者有必要从整体上注重资源部署，将安全管理与危机管理有机结合起来，通过实施基于问题的安全管理有效地消除危机的发生；同时一旦安全局面失控，发生危机，通过积极地实施基于问题的危机处理弥补安全管理的不足，并通过总结教训，进一步提升安全管理水平。危机管理理论指出，随着问题的发展，企业面临的压力将越来越大，付出的成本越来越多，因此，危机管理工作应该集中在问题生命周期的早期阶段。可见，在资源部署上在保障危机管理能够衔接安全管理工作的情况下，资源分配重心应向安全管理倾斜。

8.3.3 新模式优点

事故的发生可以说是"安全问题"的结果，通过直接抓安全问题，促进安全管理工作，可以说是抓住了安全管理的实质。问题管理倡导全方位、全时空、全过程地提出问题进而解决问题。提倡基于安全问题的管理模式可以归结为以下几个特征：一是由个别部门少数专职安全管理人员的安全管理变为各职能部门全员额的安全管理；二是使安全管理的层次扁平化，把安全工作直接伸向基层一线，使存在的问题及时被发现，并迅速反馈到决策层；三是将安全问题的发现和处理变成一种经常性的活动和制度；四是可营造一种安全危机意识和责任感，促使大家主动提自己的安全问题、提他人的安全问题、提组织的安全问题，强化领导和群众的权责意识，培养责任心，营造了安全文化氛围；五是这种管理模式本身也是一种务实的管理方法论，它强调的是安全管理的安全问题导向，有利于明确人们的思想，使安全工作中模糊的"管理"二字被清晰地界定。

参 考 文 献

[1] 岳仁田, 韩蒙. 基于四诊法的管制席安全运行状态诊断 [J]. 中国安全科学学报, 2021, 31 (09): 52-59.

[2] 罗云, 裴晶晶, 许铭, 等. 我国安全软科学的发展历程、现状与未来趋势 [J]. 中国安全科学学报, 2022, 32 (01): 1-11. DOI: 10.16265/j.cnki.issn1003-3033.2022.01.001.

[3] 陈志杰, 汤锦辉, 王冲, 等. 人工智能赋能空域系统, 提升空域分层治理能力 [J]. 航空学报, 2021, 42 (04): 7-15.

[4] Ancel E, Shih A T, Jones S M, et al. Predictive safety analytics: inferring aviation accident shaping factors and causation [J]. Journal of Risk Research, 2015, 18 (4): 428-451.

[5] Kuklev E, Žilinskis V Z. Accident Risk Assessment for Highly Reliable Aviation Systems in Emergency Situations [J]. Transport and Telecommunication Journal, 2018, 19 (1): 59-63.

[6] Kim D H. A Study on the Accident Model from the System Safety Perspective [J]. Journal of the Korean Society for Aviation and Aeronautics, 2020, 28 (2): 63-70.

[7] YUE Rentian, LI Junwei, HAN Meng. Aviation accident causation analysis based on complex net-work theory [J]. Transactions of Nanjing University of Aeronautics and Astronautics, 2021, 38 (4): 646-655.

[8] 岳仁田, 李君尉. 基于反向模糊 Petri 网的航空事故致因分析 [J]. 安全与环境学报, 2021, 21 (06): 2423-2429.

[9] 岳仁田, 李君尉. 基于多因素耦合的航空运输系统脆弱性分析 [J]. 中国安全生产科学技术, 2020, 16 (12): 150-156.

[10] 李君尉. 基于复杂系统理论的航空事故致因分析与控制技术研究 [D]. 天津: 中国民航大学, 2021.

[11] YUE Rentian, HAN Meng, HOU Bowen. Cause analysis of consumer-grade UAV accidents based on Grounded theory-Bayesian network [J]. Transactions of Nanjing University of Aeronautics and Astronautics, 2022, 39 (5): 584-592.

[12] 岳仁田, 韩亚雄, 赵嶷飞. 基于 ISM 的空管运行亚健康影响因素研

究 [J]. 安全与环境学报, 2020, 20(04): 1406-1411.

[13] 岳仁田, 韩亚雄, 赵嶷飞. 管制员个体因素对空管运行亚健康影响的结构方程模型 [J]. 科学技术与工程, 2019, 19(32): 377-382.

[14] 岳仁田, 韩亚雄. 航空公司安全风险因素分析的 DEMATEL-ISM 模型研究 [J]. 安全与环境学报, 2020, 20(06): 2091-2097.

[15] 韩亚雄. 基于结构方程模型的空管运行亚健康影响因素研究 [D]. 天津: 中国民航大学, 2020.

[16] 岳仁田, 韩亚雄, 赵嶷飞. 基于灰色层次分析法的空管运行亚健康评价研究 [J]. 武汉理工大学学报 (信息与管理工程版), 2019, 41 (01): 12-16, 21.

[17] 岳仁田, 贾天琪. 管制运行亚健康状态的 Ward 系统聚类及分析 [J]. 中国民航大学学报, 2018, 36(04): 15-19.

[18] 贾天琪. 基于工作负荷的管制运行系统亚健康态特征分析及评价 [D]. 天津: 中国民航大学, 2018.

[19] 岳仁田, 韩娜, 赵嶷飞. 基于熵权-FCM 的区域管制席亚健康状态划分方法 [J]. 安全与环境工程, 2020, 27(01): 204-208.

[20] 岳仁田, 韩娜, 赵嶷飞. 基于练习数据的管制席健康状态聚类分析及预测 [J]. 安全与环境学报, 2020, 20(05): 1782-1787.

[21] 岳仁田, 韩娜. 基于灰色聚类的管制扇区运行健康识别方法 [J]. 科学技术与工程, 2020, 20(16): 6697-6702.

[22] 韩娜. 管制扇区运行亚健康状态识别及预测研究 [D]. 天津: 中国民航大学, 2020.

[23] 岳仁田, 张知波. 脆弱性多因素耦合作用下空管亚安全态识别 [J]. 中国安全科学学报, 2022, 32(04): 8-14.

[24] 岳仁田, 韩亚雄, 赵嶷飞. 基于灰色层次分析法的空管运行亚健康评价研究 [J]. 武汉理工大学学报 (信息与管理工程版), 2019, 41 (01): 12-16, 21.

[25] 岳仁田, 高静. 基于 PSR 和未确知测度的空管运行系统风险评估 [J]. 中国民航大学学报, 2021, 39(06): 28-32.

[26] 高静. 基于 PSR 模型的空管运行系统健康评价与干预技术研究 [D]. 天津: 中国民航大学, 2021.

[27] 岳仁田, 李君尉, 韩亚雄. 基于决策试行与评价实验室-Choquet 积

分的航班运行风险评价［J］. 科学技术与工程，2020，20（33）：13936-13941.

［28］岳仁田，焦阳，赵嶷飞. 着陆阶段航空器航迹检测与风险识别方法［J］. 交通运输系统工程与信息，2015，15（06）：133-139，153. DOI：10. 16097/j. cnki. 1009-6744. 2015. 06. 021.

［29］焦阳. 基于图像识别的航空器场面运行监视技术研究［D］. 天津：中国民航大学，2016.

［30］岳仁田，刘敬轩，赵嶷飞，等. 基于 BP 神经网络的扇区空管运行亚健康关联因子预测［J］. 安全与环境工程，2020，27（02）：210-215，220.

［31］刘敬轩. 空管系统运行亚健康预警决策模式及方法研究［D］. 天津：中国民航大学，2020.

［32］岳仁田，王龙. 可接受空中交通流不均衡度模型构建［J］. 指挥信息系统与技术，2017，8（2）：77-81.

［33］王龙. 面向扇区的空管运行亚健康状态诊断方法研究［D］. 天津：中国民航大学，2017.

［34］张知波. 基于脆弱性的空管运行亚安全态识别与调控［D］. 天津：中国民航大学，2022.

［35］韩蒙. 用多旋翼无人机事故致因分析及控制技术研究［D］. 天津：中国民航大学，2022.

［36］岳仁田，李君尉. 基于改进 STAMP 模型的应急响应系统设计与情报体系构建分析——以航空器特情事件为例［C］//. 世界交通运输工程技术论坛（WTC2021）论文集（上），2021：2462-2470. DOI：10. 26914/c. cnkihy. 2021. 010685.

［37］杜红兵，袁亚飞，崔晓喆，等. 民用机场应急管理能力评价方法研究［J］. 中国民航大学学报，2017，35（03）：22-26.

［38］岳仁田，尹小贝，白福利. 航空安全风险管理模式探讨［J］. 中国安全生产科学技术，2007（02）：118-120.

［39］岳仁田. 矿山安全生产保障体系的研究［D］. 山东科技大学，2003.

［40］岳仁田. 空中交通流量管理系统危机处置的理论建模与控制优化［D］. 中国地质大学（北京），2008.